电脑组装与硬件维修

从新手到高手

龙马高新教育 编著

人民邮电出版社

北京

图书在版编目（CIP）数据

电脑组装与硬件维修从新手到高手 / 龙马高新教育
编著. -- 北京：人民邮电出版社，2017.5
ISBN 978-7-115-45050-0

Ⅰ. ①电… Ⅱ. ①龙… Ⅲ. ①电子计算机—组装②硬
件—维修 Ⅳ. ①TP30

中国版本图书馆CIP数据核字（2017）第038131号

内 容 提 要

本书以零基础讲解为宗旨，用实例引导读者学习，深入浅出地介绍了电脑组装与硬件维修的相关知识和操作方法。

全书分为5篇，共19章。第1篇【基础入门篇】介绍了电脑组装的基础知识以及电脑硬件的选购技巧等；第2篇【组装实战篇】介绍了电脑硬件的组装方法、BIOS 设置与硬盘分区、操作系统与设备驱动的安装以及电脑性能的检测等；第3篇【系统维护篇】介绍了电脑网络的连接与维护、电脑系统的优化以及电脑系统的备份、还原与重装等；第4篇【故障处理篇】介绍了电脑故障处理的基础知识，以及开关机、CPU、内存、主板、硬盘、其他设备、操作系统、软件和网络故障处理方法等；第5篇【高手秘籍篇】介绍了 U 盘/DVD 系统安装盘的制作方法以及如何进行数据的维护与修复等。

在本书附赠的 DVD 多媒体教学光盘中，包含了与图书内容同步的教学录像以及所有案例的配套素材和结果文件。此外，还赠送了大量相关学习资源，供读者扩展学习。除光盘外，本书还赠送了纸质《电脑维护与故障处理技巧随身查》，便于读者随时翻查。

本书不仅适合电脑组装与硬件维修的初、中级用户学习使用，也可以作为各类院校相关专业学生和电脑培训班学员的教材或辅导用书。

♦ 编　著　龙马高新教育
　　责任编辑　张　翼
　　责任印制　彭志环

♦ 人民邮电出版社出版发行　　北京市丰台区成寿寺路 11 号
　　邮编　100164　电子邮件　315@ptpress.com.cn
　　网址　http://www.ptpress.com.cn
　　北京隆昌伟业印刷有限公司印刷

♦ 开本：787×1092　1/16
　　印张：24
　　字数：540 千字　　　　　　　　　2017 年 5 月第 1 版
　　印数：1 – 3 000 册　　　　　　2017 年 5 月北京第 1 次印刷

定价：59.80 元（附光盘）

读者服务热线：(010)81055410　印装质量热线：(010)81055316
反盗版热线：(010)81055315
广告经营许可证：京东工商广字第 8052 号

前言

电脑是现代信息社会的重要工具，掌握丰富的电脑知识，正确熟练地操作电脑已成为信息时代对每个人的要求。为满足广大读者的学习需要，我们针对不同学习对象的接受能力，总结了多位电脑高手、高级设计师及电脑教育专家的经验，精心编写了这套"从新手到高手"丛书。

 丛书主要内容

本套丛书涉及读者在日常工作和学习中各个常见的电脑应用领域，在介绍软、硬件的基础知识及具体操作时，均以读者经常使用的版本为主，在必要的地方也兼顾了其他版本，以满足不同领域读者的需求。本套丛书主要包括以下品种。

《学电脑从新手到高手》	《电脑办公从新手到高手》
《Office 2013 从新手到高手》	《Word/Excel/PowerPoint 2013 三合一从新手到高手》
《Word/Excel/PowerPoint 2007 三合一从新手到高手》	《Word/Excel/PowerPoint 2010 三合一从新手到高手》
《PowerPoint 2013 从新手到高手》	《PowerPoint 2010 从新手到高手》
《Excel 2016 从新手到高手》	《Office VBA 应用从新手到高手》
《Dreamweaver CC 从新手到高手》	《Photoshop CC 从新手到高手》
《AutoCAD 2014 从新手到高手》	《Photoshop CS6 从新手到高手》
《Windows 7 + Office 2013 从新手到高手》	《PowerPoint 2016 从新手到高手》
《黑客攻防从新手到高手》	《老年人学电脑从新手到高手》
《Excel 2013 从新手到高手》	《中文版 Matlab 2014 从新手到高手》
《HTML+CSS+JavaScript 网页制作从新手到高手》	《Project 2013 从新手到高手》
《Windows 10 从新手到高手》	《AutoCAD 2016 从新手到高手》
《Word/Excel/PPT 2016 三合一从新手到高手》	《Office 2016 从新手到高手》
《电脑组装与硬件维修从新手到高手》	《电脑办公（Windows 10 + Office 2016）从新手到高手》
《AutoCAD 2017 从新手到高手》	《电脑办公（Windows 7 + Office 2016）从新手到高手》
《AutoCAD + 3ds Max+ Photoshop 建筑设计从新手到高手》	

本书特色

+ 零基础、入门级的讲解

无论读者是否从事相关行业，是否组装、维修过电脑硬件，都能从本书中找到最佳的起点。本书入门级的讲解，可以帮助读者快速地从新手迈向高手的行列。

+ 精心排版，实用至上

双色印刷既美观大方，又能突出重点、难点。精心编排的内容能够帮助读者深入理解所学知识并实现触类旁通。

✚ 实例为主，图文并茂

在介绍的过程中，每个知识点均配有实例辅助讲解，每个操作步骤均配有对应的插图以加深认识。这种图文并茂的表现方法，能够使读者在学习过程中直观、清晰地看到操作过程和效果，便于深刻理解和掌握相关知识。

✚ 高手指导，扩展学习

本书在每章的最后以"高手私房菜"的形式为读者提炼了各种高级操作技巧，同时在全书最后的"高手秘籍篇"中，还总结了大量实用的操作方法，以便读者学到更多的内容。

✚ 精心排版，超大容量

本书采用单双栏混排的形式，大大扩充了信息容量，在 300 多页的篇幅中容纳了传统图书 700 多页的内容，在有限的篇幅中为读者奉送更多的知识和实战案例。

✚ 书盘互动，手册辅助

本书配套的多媒体教学光盘中的内容与书中的知识点紧密结合并互相补充。在多媒体光盘中，我们模拟工作和学习场景，帮助读者体验实际应用环境，并由此掌握日常所需的技能和各种问题的处理方法，达到学以致用的目的。而赠送的纸质手册，更是大大增强了本书的实用性。

◉ 光盘特点

✚ 15 小时全程同步教学录像

教学录像涵盖本书的所有知识点，详细讲解每个实例的操作过程和关键点。读者可以轻松掌握书中所有的操作方法和技巧，而扩展的讲解部分则可使读者获得更多的知识。

✚ 超多、超值资源大放送

除了与图书内容同步的教学录像外，光盘中还奉送了大量超值学习资源，包括网络搜索与下载技巧手册、电脑维护与故障处理技巧查询手册、电脑使用技巧电子书、常用五笔编码查询手册、Windows 蓝屏代码含义速查表、电脑系统一键备份与还原教学录像、Windows 7 操作系统安装录像、Windows 8.1 操作系统安装录像、Windows 10 操作系统安装录像、9 小时 Photoshop CC 教学录像、15 小时系统安装 / 重装 / 备份与还原教学录像及本书配套的教学用 PPT 课件等，以方便读者扩展学习。

⚙ 配套光盘运行方法

❶ 将光盘印有文字的一面朝上放入 DVD 光驱中，几秒钟后光盘会自动运行。在 Windows 7 操作系统中，桌面右上角会显示快捷操作界面，单击该界面后，在其列表中选择【运行 MyBook.exe】选项即可运行光盘系统。或者单击【打开文件夹以查看文件】选项打开光盘文件夹，双击光盘文件夹中的 MyBook.exe 文件，也可以运行光盘系统。

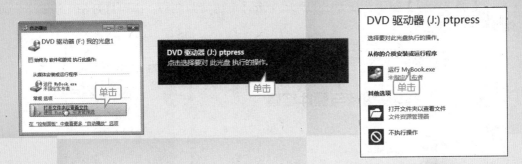

❷ 在 Windows 10 操作系统中，系统会弹出【自动播放】对话框，单击【运行 MyBook. exe】选项即可运行光盘系统。或者单击【打开文件夹以查看文件】选项打开光盘文件夹，双击光盘文件夹中的 MyBook.exe 文件，也可以运行光盘系统。

❸ 光盘运行后会首先播放片头动画，之后便可进入光盘的主界面，如下图所示。

❹ 单击【教学录像】按钮，在弹出的菜单中依次选择相应的篇、章、录像名称，即可播放相应录像，如下图所示。

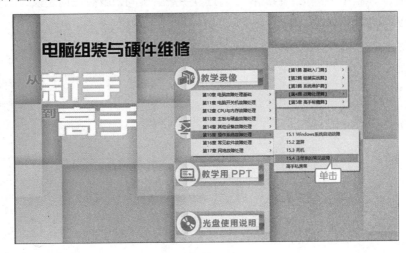

❺ 单击【赠送资源】按钮，在弹出的菜单中选择赠送资源名称，即可打开相应的赠送资源文件夹，如下图所示。

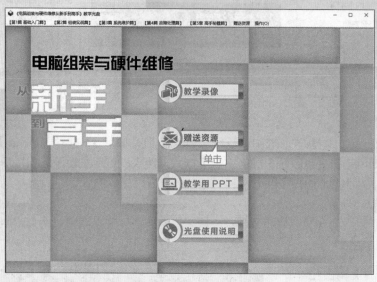

❻ 单击【教学用 PPT】按钮，即可打开相对应的文件夹。

❼ 单击【光盘使用说明】按钮，即可打开"光盘使用说明 .pdf"文档，该文档详细介绍了光盘在电脑上的运行环境和运行方法等。

❽ 选择【操作】▶【退出本程序】菜单选项，或者单击光盘主界面右上角的【关闭】按钮，即可退出本光盘系统。

👥 创作团队

本书由龙马高新教育策划，孔长征任主编，李震、赵源源任副主编。参与本书编写、资料整理、多媒体开发及程序调试的人员有孔万里、周奎奎、张任、张田田、尚梦娟、李彩红、尹宗都、王果、陈小杰、左琨、邓艳丽、崔姝怡、侯蕾、左花苹、刘锦源、普宁、王常吉、师鸣若、钟宏伟、陈川、刘子威、徐永俊、朱涛和张允等。

在编写过程中，我们竭尽所能地将最好的讲解呈现给读者，但也难免有疏漏和不妥之处，敬请广大读者不吝指正。若您在学习过程中产生疑问，或有任何建议，可发送电子邮件至 zhangyi@ptpress.com.cn。

编者

目录

第1篇 基础入门篇

目前，电脑的应用已经非常普遍，各种电脑问题也层出不穷，因此我们有必要了解一下电脑组装的基础知识及电脑硬件的选购技巧。

本章视频教学录像：58分钟

本章主要介绍了电脑的分类、硬件、软件、外部设备等电脑组装的基础知识。

高手私房菜

本章视频教学录像：2 小时 36 分钟

本章主要介绍电脑硬件的类型、型号、性能指标、主流品牌及选购技巧等，充分阐述电脑硬件知识及电脑硬件的选购技巧。

🍲 高手私房菜

第 2 篇　组装实战篇

掌握电脑装机流程，可以方便广大电脑用户快速掌握装机的基本技能。

🎬 本章视频教学录像：23 分钟

本章中主要介绍机箱内部硬件的组装、外部设备的连接及电脑组装后的检测等基本技能。

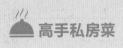高手私房菜

第 4 章　BIOS 设置与硬盘分区 79

📽 本章视频教学录像：37 分钟

在安装电脑操作系统前，首先应对 BIOS 进行设置，并对硬盘进行分区。本章主要介绍 BIOS 的设置和硬盘的分区。

🍲 高手私房菜

第 5 章　操作系统与设备驱动的安装 95

📽 本章视频教学录像：30 分钟

本章主要介绍如何安装 Windows 操作系统及驱动程序。

高手私房菜

第 6 章　电脑性能的检测 115

本章视频教学录像：40 分钟

　　本章主要介绍通过专业检测软件测试电脑性能的方法，以帮助用户了解自己的电脑。

高手私房菜

第3篇　系统维护篇

在我们使用电脑的同时，也应该对电脑系统进行维护，让我们的电脑寿命更长。

本章视频教学录像：54 分钟

网络影响着人们的生活和工作方式。通过上网，我们可以和万里之外的人交流信息。上网有多种方式，如拨号上网、ADSL 宽带上网、小区宽带上网、无线上网等。

高手私房菜

🍲 高手私房菜

第 4 篇　故障处理篇

在使用电脑时可能会遇到各种各样的故障，本篇主要介绍电脑常见故障的诊断与处理，包括电脑故障处理的基础知识、电脑开关机故障、常见软件故障处理以及网络故障处理等。

🎬 本章视频教学录像：37 分钟

本章主要讲介绍故障处理的基础知识、故障产生的原因、故障的诊断原则和故障的分析方法等。

高手私房菜

第11章 电脑开关机故障处理 211

本章视频教学录像：40 分钟

电脑具有一个较长时间的硬件和软件的启动和检测过程，这个过程正常、安全完成后，电脑才可以正常使用。

高手私房菜

🍲 高手私房菜

第 14 章　其他设备故障处理 247

🎬 本章视频教学录像：43 分钟

除了 CPU、内存、主板和硬盘等主要原件外，显示器、显卡、声卡、USB、打印机和扫描仪等设备出了问题，电脑同样也无法正常工作。

高手私房菜

第 15 章　操作系统故障处理 261

本章视频教学录像：30 分钟

在用户使用计算机的过程中，由于操作不当、误删除系统文件、病毒木马危害性文件的破坏等原因，会导致系统出现启动故障、蓝屏、死机、注册表遭到破坏等故障。

高手私房菜

本章视频教学录像：26 分钟

在各种各样的电脑故障中，软件故障是出现频率最高的故障。如果软件出现了故障，用户就不能正常地利用电脑工作和学习，所以需要了解常见的软件故障处理方法。

高手私房菜

本章视频教学录像：47 分钟

网络故障主要来源于网络设备、操作系统、相关网络软件等方面。

高手私房菜

第 5 篇　高手秘籍篇

本篇介绍高手如何制作 U 盘 /DVD 系统安装盘和对数据进行维护与修复。

本章视频教学录像：25 分钟

本章主要介绍如何制作 U 盘启动盘、如何使用 U 盘启动 PE 后再安装系统，以及如何使用 U 盘安装系统、如何刻录 DVD 系统安装盘等内容。

🍲 **高手私房菜**

第 19 章　数据的维护与修复 333

🎬 本章视频教学录像：46 分钟

随着电脑的普及，数据安全问题也日益突出，保护好自己的数据安全就显得十分重要，以免对用户的工作与学习带来影响。

🍲 **高手私房菜**

光盘赠送资源

赠送资源1　电脑维护与故障处理技巧查询手册

赠送资源2　Windows蓝屏代码含义速查表

赠送资源3　电脑系统一键备份与还原教学录像

赠送资源4　15小时系统安装、重装、备份与还原教学录像

赠送资源5　Windows 7操作系统安装录像

赠送资源6　Windows 8.1操作系统安装录像

赠送资源7　Windows 10操作系统安装录像

赠送资源8　电脑使用技巧电子书

赠送资源9　网络搜索与下载技巧手册

赠送资源10　常用五笔编码查询手册

赠送资源11　9小时Photoshop CC教学录像

第1篇

基础入门篇

第1章　电脑组装基础

第2章　电脑硬件的选购技巧

第1章

电脑组装基础

 本章视频教学录像：58 分钟

高手指引

在学习电脑组装之前，首先需要对电脑硬件、软件的基础内容有所了解。本章主要介绍了电脑的分类、硬件、软件、外部设备等电脑组装基础知识。

重点导读

- 认识电脑的分类
- 熟悉电脑的硬件组成
- 熟悉电脑的软件组成
- 认识电脑外部设备

1.1　电脑的分类

本节视频教学录像：9 分钟

随着电脑的更新换代，其类型也日新月异，市面上最为常见的有：台式机、笔记本、平板电脑等，另外智能家居、智能穿戴设备、智能手机也一跃成为了当下热点。本节就介绍不同种类的电脑及其特点。

1.1.1　台式机

台式机也称为桌面计算机，是最为常见的电脑，其特点是体积大且较为笨重，一般需要放置在电脑桌或专门的工作台上，主要用于比较稳定的场合，如公司与家庭。

目前台式机主要分为分体式和一体机。分体式是产生最早的传统机型，显示屏和主机分离，占位空间大，通风条件好，与一体机相比，用户群更广。下图就是一款台式机展示图。

一体机

分体式台式机

一体机是将主机、显示器等集成到一起，与传统台式机相比，结合了台式机和笔记本的优点，具有连线少、体积小、设计时尚的特点，吸引了无数用户的眼球，成为一种新的产品形态。

当然，除了分体式和一体机外，迷你PC 产品逐渐进入市场，成为时下热门。虽然迷你 PC 产品体积小，有的甚至与 U 盘大小一般，却搭载着处理器、内存、硬盘等，并配有操作系统，可以插入电视机、显示器或者投影仪等，使之成为一个电脑，用户还可以使用蓝牙鼠标、键盘连接操作。下图所示就是英特尔推出的一款一体式迷你电脑棒。

1.1.2　笔记本

笔记本电脑，又称为笔记型、手提或膝上型电脑，是一种方便携带的小型个人电脑。笔记本与台式机有着类似的结构组成，包括显示器、键盘 / 鼠标、CPU、内存和硬盘等。笔记本电脑主要优点有体积小、重量轻、携带方便，所以便携性是笔记本电脑相对于台式机电脑最大的优势。

笔记本

(1) 便携性比较

与笨重的台式电脑相比，笔记本电脑小巧便携，且消耗的电能和产生的噪声都比较少。

(2) 性能比较

相对于同等价格的台式电脑，笔记本电脑的运行速度通常会稍慢一点，对图像和声音的处理能力也比台式电脑稍逊一筹。

(3) 价格比较

对于同等性能的笔记本电脑和台式电脑来说，笔记本电脑由于对各种组件的搭配要求更高，其价格也相应较高。但是，随着现代工艺和技术的进步，笔记本电脑和台式电脑之间的价格差距正在缩小。

 1.1.3 平板电脑

平板电脑是 PC 家族新增加的一名成员，其外观和笔记本电脑相似，是一种小型、携带方便的个人电脑。集移动商务、移动通信和移动娱乐为一体，是平板电脑的最重要的特点，其具有与笔记本电脑一样的体积小而轻的特点，可以随时转移使用场所，与台式机相比具有移动灵活性。

平板电脑最为典型的产品是苹果 iPad，它的产生，在全世界掀起了平板电脑的热潮。如今，平板电脑种类、样式、功能更多，可谓百花齐放，如有支持打电话的、带全键盘滑盖的、支持电磁笔双触控的，另外根据应用领域可划分为商务型、学生型、工业型等不同类型。

平板电脑

1.1.4　智能手机

　　智能手机已基本替代了传统的、功能单一的手持电话，它像个人电脑一样，拥有独立的操作系统、运行和存储空间。除了具有手机的通话功能外，还具备 PDA 的功能。

　　智能手机与平板电脑相比，以通讯为核心，尺寸小，便携性强，可以放入口袋中，随身携带，从广义上说，是使用人群最多的个人电脑。

智能手机

1.1.5　可穿戴电脑与智能家居

　　从表面上看，可穿戴电脑、智能家居和电脑有些风牛马不相及，但它们却都属于电脑的范畴，可以像电脑一样智能。

1. 可穿戴电脑

　　可穿戴电脑通常称为可穿戴计算设备，指可穿戴于身上进行活动的微型电子设备，它由轻巧的装置构成，更具有便携性，需要满足可佩戴的形态、具备独立的计算能力及拥有专用的应用程序和功能的设备，它可以完美地将电脑和穿戴设备结合，如眼镜、手表、项链，给用户提供全新的人机交互方式和用户体验等。

　　随着 PC 互联网向移动互联网过渡，可穿戴计算设备也会以更多的产品形态和更好的用户体验，逐渐实现大众化。

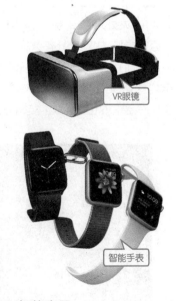

VR眼镜

智能手表

2. 智能家居

智能家居相对于可穿戴电脑，则提供了

一个无缝的环境，以住宅为平台，利用综合布线技术、网络通信技术、安全防范技术、自动控制技术、音视频技术实现家居生活有关的设施集成，构建高效的住宅设施与家庭日程事务的管理系统，提升家居安全性、便利性、舒适性、艺术性，并实现环保节能的居住 环境。

传统家电、家居设备、房屋建筑等都成为智能家居的发展方向，尤其是物联网的快速发展和"互联网＋"的提出，使更多的家电和家居设备成为连接物联网的终端和载体。如今，我国的智能电视市场已基本完成市场布局，逐渐替代和淘汰了传统电视，传统电视在市场上已基本无迹可寻。

智能家居的实现给用户提供了更多的场景，如电灯可以根据光线、用户位置或用户需求，自动打开或关闭、自动调整灯光颜色；电视可以感知用户的观看状态，自动关闭电视等；手机可以控制插座、定时开关、充电保护等。

智能插座

1.2 电脑的硬件组成

本节视频教学录像：15 分钟

硬件是指组成电脑系统中看得见、摸得着的各种物理部件，主要包括 CPU、主板、内存、硬盘、电源、显卡、声卡、网卡、光驱、机箱、键盘、鼠标等，本节主要介绍这些硬件的基本知识。

1.2.1 CPU

CPU 也叫中央处理器，是一台电脑的运算核心和控制核心，作用和大脑相似，因为它负责处理、运算电脑内部的所有数据；而主板芯片组则更像是心脏，它控制着数据的交换。CPU 的种类决定了所使用的操作系统和相应的软件，CPU 的型号往往决定了一台电脑的档次。

目前市场上较为主流的是双核心和四核心 CPU，也不乏六核心和八核心更高性能的 CPU，而这些产品主要由 Intel（英特尔）和 AMD（超微）两大 CPU 品牌的产品构成。

1.2.2　内存

内存储器（简称内存，也称主存储器）用于存放电脑运行所需的程序和数据。内存的容量与性能是决定电脑整体性能的一个决定性因素。内存的大小及其时钟频率（内存在单位时间内处理指令的次数，单位是 MHz）直接影响到电脑运行速度的快慢，即使 CPU 主频很高，硬盘容量很大，但如果内存很小，电脑的运行速度也快不了。

下图为一款容量为 8GB 的金士顿 DDR4 2133 内存。

1.2.3　硬盘

硬盘是电脑最重要的外部存储器之一，由一个或多个铝制或者玻璃制的碟片组成。这些碟片外覆盖有铁磁性材料。绝大多数硬盘都是固定硬盘，被永久性地密封固定在硬盘驱动器中。由于硬盘的盘片和硬盘的驱动器是密封在一起的，所以通常所说的硬盘或硬盘驱动器其实是一回事。

硬盘有固态硬盘（SSD）、机械硬盘（HDD）、混合硬盘（HHD，基于传统机械硬盘诞生出来的新硬盘）；SSD 采用闪存颗粒来存储，HDD 采用磁性碟片来存储，混合硬盘是把磁性硬盘和闪存集成到一起的一种硬盘。

1.2.4　主板

如果把 CPU 比作电脑的"心脏"，那么主板便是电脑的"躯干"。几乎所有的电脑部件都是直接或间接连接到主板上的，主板性能的好坏对整机的速度和稳定性都有极大影响。主板又称系统板或母板，是电脑系统中极为重要的部件。主板一般为矩形电路板，上面安装了组成电脑的主要电路系统，并集成了各式各样的电子零件和接口。下图所示即为一个主板的外观。

 1.2.5　显卡

　　显卡是个人电脑最基本的组成部分之一。其用途主要是将电脑系统所需要的显示信息进行转换驱动，并向显示器提供行扫描信号，控制显示器的正确显示，承担着输出显示图形的任务。下图所示为七彩虹 iGame 1060 烈焰战神 X-6GD5 显卡。

 1.2.6　电源

　　主机电源是一种安装在主机箱内的封闭式独立部件，它的作用是将交流电通过一个开关电源变压器转换为 +5V、-5V、+12V、-12V、+3.3V 等稳定的直流电，以供应主机箱内主板驱动、硬盘驱动及各种适配器扩展卡等系统部件使用。

1.2.7　机箱

机箱为 CPU、主板、内存、硬盘等硬件提供了充足的空间，使之可以有条理地布置在机箱内，是它们的保护伞，同时起到隔声、防辐射和防电磁干扰的作用。下图为机箱外观图。

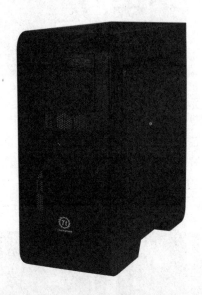

1.3　电脑的软件组成

本节视频教学录像：14 分钟

软件是电脑系统的重要组成部分。电脑的软件系统可以分为系统软件、驱动软件和应用软件 3 大类。使用不同的电脑软件，电脑可以完成许多不同的工作，使电脑具有非凡的灵活性和通用性。

1.3.1　操作系统

操作系统是一款管理电脑硬件与软件资源的程序，同时也是电脑系统的内核与基石。目前，常用的操作系统主要有 Windows 7、Windows 8 和 Windows 10 等。

（1）流行的 Windows 系统——Windows 7

Windows 7 是由微软公司开发的操作系统，具有革命性的意义。该系统旨在让人们的日常电脑操作更加简单和快捷，为人们提供高效易行的工作环境。Windows 7 系统和以前的系统相比，具有很多的优点：更快的速度和性能，更个性化的桌面，更强大的多媒体功能，Windows Touch 带来极致触摸操控体验，Homegroups 和 Libraries 简化局域网共享，全面革新的用户安全机制，超强的硬件兼容性，革命性的工具栏设计等。

Windows 7 系统的桌面

(2) 革命性 Windows 系统——Windows 8.1

Windows 8 是由微软公司开发的、具有革命性变化的操作系统。Windows 8 系统支持来自 Intel、AMD 和 ARM 的芯片架构，这意味着 Windows 系统开始向更多平台迈进，包括平板电脑和 PC。Windows 8 增加了很多实用功能，主要包括全新的 Metro 界面、内置 Windows 应用商店、应用程序的后台常驻、资源管理器采用"Ribbon"界面、智能复制、IE 10 浏览器、内置 pdf 阅读器、支持 ARM 处理器和分屏多任务处理界面等。

Windows 8 系统的桌面

Windows 8系统的 Metro桌面

(3) 新一代 Windows 系统——Windows 10

Windows 10 是美国微软公司正在研发的新一代跨平台及设备应用的操作系统，将涵盖 PC、平板电脑、手机、XBOX 和服务器端等。Windows 10 采用全新的"开始"菜单，并且重新设计了多任务管理界面，在桌面模式下可运行多个应用和对话框，并且还能在不同桌面间自由切换，而且 Windows 10 使用新的浏览器 Spartan（斯巴达）。

Windows 10系统的桌面

1.3.2　驱动程序

驱动程序的英文名为"Device Driver"，全称为"设备驱动程序"，是一种可以使电脑和设备通信的特殊程序，相当于硬件的接口。操作系统只有通过驱动程序才能控制硬件设备的工作，假如某个硬件的驱动程序没有正确安装，则该硬件不能正常工作。因此，驱动程序被誉为"硬件的灵魂""硬件的主宰"和"硬件和系统之间的桥梁"等。

在操作系统中，如果不安装驱动程序，则电脑会出现屏幕不清楚、没有声音和分辨率不能设置等现象，所以正确安装操作系统是非常必要的。

1.3.3　应用程序

所谓应用程序，是指除了系统软件以外的所有软件，它是用户利用电脑及其提供的系统软件为解决各种实际问题而编制的电脑程序。由于电脑已应用于各个领域，因此，应用软件是多种多样的。目前，常见的应用软件有各种用于科学计算的程序包、各种字处理软件、信息管理软件、电脑辅助设计教学软件、实时控制软件和各种图形软件等。

应用软件是指为了完成某项工作而开发的一组程序，它能够为用户解决各种实际问题。下面列举几种应用软件。

1. 办公类软件

办公类软件主要指用于文字处理、电子表格制作、幻灯片制作等的软件，如微软公司的Office Word 是应用最广泛的办公软件之一，如下图所示的是 Word 2016 的主程序界面。

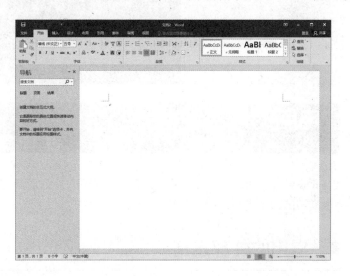

2. 图像处理软件

图像处理软件主要用于编辑或处理图形图像文件，应用于平面设计、三维设计、影视制作等领域，如 Photoshop 、Corel DRAW、绘声绘影、美图秀秀等，下图所示为Photoshop CC 界面。

3. 媒体播放器

媒体播放器是指电脑中用于播放多媒体的软件，包括网页、音乐、视频和图片 4 类播放器软件，如 Windows Media Player 、迅雷看看、Flash 播放器等。

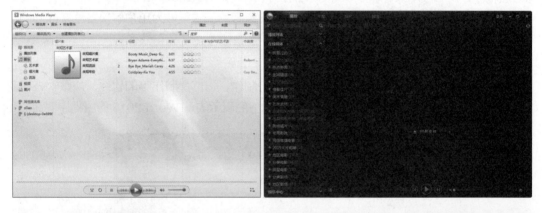

1.4 电脑的外部设备

本节视频教学录像：17 分钟

外部设备主要是指除电脑主机外的外部硬件设备，如常用的外部设备有显示器、鼠标、键盘等，而在办公中常用的设备有打印机、扫描仪等。

1.4.1 常用的外部设备

本节主要介绍常用的外部设备，包括显示器、鼠标、键盘、麦克风、摄像头、音箱等。

1. 显示器

显示器是电脑重要的输出设备。电脑操作的各种状态、结果、编辑的文本、程序、图形等都是在显示器上显示出来的。下图所示为液晶显示器。

显示器

2. 键盘

键盘是电脑最基本的输入设备。用户给电脑下达的各种命令、程序和数据都可以通过键盘输入电脑中。按照键盘的结构可以将键盘分为机械式键盘和电容式键盘，按照键盘的外形可以将键盘分为标准键盘和人体工学键盘，按照键盘的接口可以将键盘分为AT 接口（大口）、PS/2 接口（小口）、USB 接口、无线等种类的键盘。

键盘

3. 鼠标

鼠标用于确定光标在屏幕上的位置。在应用软件的支持下，鼠标可以快速、方便地完成某种特定的功能。鼠标包括鼠标右键、鼠标左键、鼠标滚轮、鼠标线和鼠标插头。鼠标按照插头的类型可分为 USB 接口的鼠标、PS/2 接口的鼠标和无线鼠标。

鼠标

4. 耳麦 / 麦克风

耳麦是耳机和麦克风的结合体，在电脑外部设备中是重要的设备之一，与耳机最大的区别是加入了麦克风，可以用于录入声音、语音聊天等。也可以分别购买耳机和麦克风，追求更好的声音效果，麦克风建议购买家用多媒体类型的即可。下图所示为耳麦和麦克风。

耳麦

麦克风

5. 摄像头

摄像头又称为电脑相机，电脑眼等，是一种视频输入设备，被广泛地运用于视频会议、远程医疗、实时监控，并且我们可以通过摄像头在网上进行有影像、有声音的交谈和沟通等。下图所示为摄像头。

摄像头

6. 路由器

路由器，是用于连接多个逻辑上分开的网络的设备，可以用来建立局域网，实现家庭中多台电脑同时上网，也可将有线网络转换为无线网络。如今手机、平板电脑广泛使用，路由器是不可缺少的网络设备，而智能路由器也随之出现，具有独立的操作系统，可以实现智能化管理路由器，安装各种应用，自行控制带宽、自行控制在线人数、自行控制浏览网页、自行控制在线时间，同时拥有强大的 USB 共享功能等。下图所示分别为腾达的三天线无线路由器和小米智能路由器。

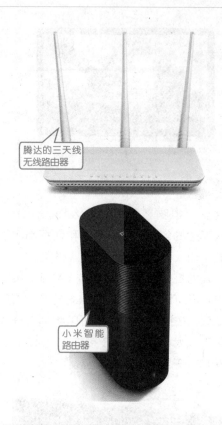

腾达的三天线无线路由器

小米智能路由器

1.4.2 办公常用的外部设备

在企业办公中，电脑常用的外部相关设备包括：可移动存储设备、打印机、复印机、扫描仪等。有了这些外部设备，电脑如虎添翼，可以充分发挥其优异性能。

1. 可移动存储设备

可移动存储设备是指可以在不同终端间移动的存储设备，方便了资料的存储和转移。目前较为普遍的可移动存储设备主要有移动硬盘和 U 盘。

（1）移动硬盘

移动硬盘是以硬盘为存储介质，实现电脑之间的大容量数据交换，其数据的读写模式与标准 IDE 硬盘是相同的。移动硬盘多采用 USB、IEEE1394 等传输速度较快的接口，可以以较高的速度与电脑进行数据传输。

下图所示为移动硬盘。

（2）U 盘

U 盘是一种无需物理驱动器的微型高容量移动存储产品，通过 USB 接口与电脑连接，实现"即插即用"。因此，也叫"USB 闪存驱动器"。

U 盘主要用于存放照片、文档、音乐、视频等中小型文件，它的最大优点是体积小，价格便宜。体积如大拇指般大小，携带极为方便，可以放入口袋中、钱包里。一般 U 盘容量常见的有 8GB、16GB、32GB 等，根据接口类型主要分为 USB 2.0 和 USB 3.0 两种，另外还有一种支持插到手机中的双接口 U 盘。下图所示为 U 盘。

2. 打印机

打印机是使用电脑办公不可缺少的一个组成部分，是重要的输出设备之一。通过打印机，用户可以将在电脑中编辑好的文档、图片等数据资料打印输出到纸上，从而方便用户将资料进行长期存档或报送到上级（或部门）及用作其他用途。

近年来，打印机技术取得了较大的进展，各种新型实用的打印机应运而生，一改以往针式打印机一统天下的局面。目前，针式打印机、喷墨打印机、激光打印机和多功能一体机百花齐放，各自发挥其优点，满足用户不同的需求。

喷墨打印机

激光打印机

3. 复印机

我们通常所说的复印机是指静电复印机，它是一种利用静电技术进行文书复制的设备。复印机是从书写、绘制或印刷的原稿得到等倍、放大或缩小的复印品的设备。复印机复印的速度快，操作简便，与传统的铅字印刷、蜡纸油印、胶印等的主要区别是无需经过其他制版等中间手段，而能直接从原稿获得复印品。

复印机

4. 扫描仪

扫描仪的作用是将稿件上的图像或文字输入到电脑中。如果是图像，则可以直接使用图像处理软件进行加工；如果是文字，则可以通过 OCR 软件，把图像文本转化为电脑能识别的文本文件，这样可节省把字符输入电脑的时间，大大提高输入速度。

扫描仪

高手私房菜

本节视频教学录像：3 分钟

技巧：选择品牌机还是组装机

1. 品牌机

品牌机是指由具有一定规模和技术实力的正规生产厂家生产，并具有明确品牌标识的电脑，如 Lenovo（联想）、Haier（海尔）、Dell（戴尔）等。品牌机是由公司组装起来的，且经过兼容性测试正式对外出售的整套的电脑，它有质量保证以及完整的售后服务。

一般选购品牌机，不需要考虑配件搭配问题，也不需要考虑兼容性。只要付款做完系统后就可马上搬机走人，省去了组装机硬件安装和测试的过程，可以节省很多时间。

2. 组装机

组装机也就是非厂家原装，完全根据顾客的要求进行配置的机器，其中的元件可以是同一厂家出品的，但更多的是整合各家之长的。组装机在进货、组装、质检、销售和保修等方面随意性很大。

与品牌机相比，组装机的优势在于以下几点。

(1) 组装机搭配随意，可根据用户要求随意搭配。

(2) DIY 配件市场更新换代速度比较快，品牌机很难跟上其更新的速度，比如说有些在散件市场已经淘汰了的配件还出现在品牌机上。

(3) 价格优势。电脑散件市场的流通环节少，利润也低，而品牌机流通环节多，利润较高，所以没有价格优势。值得注意的是由于大部分电脑新手主要看重硬盘大小和 CPU 高低，而忽略了主板和显卡的重要性，品牌机往往会降低主板和显卡的成本。

第2章

电脑硬件的选购技巧

本章视频教学录像：2 小时 36 分钟

高手指引

在电脑组装与硬件维修中，硬件的选购是非常重要的一步，这就需要对硬件足够了解。本章主要介绍电脑内部硬件的类型、型号、性能指标、主流品牌及选购技巧等，充分阐述电脑硬件知识及电脑硬件的选购技巧。

重点导读

+ 掌握 CPU 和主板的选购技巧
+ 掌握内存和硬盘的选购技巧
+ 掌握显卡和电源的选购技巧
+ 掌握电脑其他硬件的选购技巧

2.1 CPU 的选购

本节视频教学录像：32 分钟

CPU（Central Processing Unit，中央处理器），负责进行整个电脑系统指令的执行、算术与逻辑运算、数据存储、传送及输入和输出控制，也是整个系统最高的执行单位，因此，正确地选择 CPU 是组装电脑的首要问题。

CPU 主要由内核、基板、填充物以及散热器等部分组成。它的工作原理是：CPU 从存储器或高速缓冲存储器中取出指令，放入指令寄存器，并对指令译码。它把指令分解成一系列的微操作，然后发出各种控制命令，执行微操作系列，从而完成一条指令的执行。

2.1.1 CPU 的性能指标

CPU 是整个电脑系统的核心，它的性能大体上可以反映出电脑的性能，因此它的性能指标十分重要。CPU 主要的性能指标有以下几个。

1. 主频

主频即 CPU 的时钟频率，单位是 MHz（或 GHz），用来表示 CPU 运算、处理数据的速度。一般说来，主频越高，CPU 的速度越快。但由于内部结构不同，并非所有的时钟频率相同的 CPU 的性能都一样。

2. 外频

外频是 CPU 的基准频率，单位是 MHz。CPU 的外频决定着整块主板的运行速度。一般情况下在台式机中所说的超频，都是超 CPU 的外频。

3. 扩展总线速度

扩展总线速度（Expansion-Bus Speed）指安装在电脑系统上的局部总线如 VESA 或 PCI 总线接口卡的工作速度。我们打开电脑时会看见一些插槽，这些就是扩展槽，而扩展总线就是 CPU 联系这些外部设备的桥梁。

4. 缓存

缓存大小也是 CPU 的重要指标之一，而且缓存的结构和大小对 CPU 速度的影响非常大，CPU 缓存的运行频率极高，一般是和处理器同频运作，工作效率远远大于系统内存和硬盘。实际工作时，CPU 往往需要重复读取同样的数据块，而缓存容量的增大，可以大幅度提升 CPU 内部读取数据的命中率，而不用再到内存或者硬盘上寻找，以此提高系统性能。但是从 CPU 芯片面积和成本的因素来考虑，缓存都很小。常见分为一级、二级和三级缓存，L1 Cache 为 CPU 第一层缓存，L2 Cache 为 CPU 第二层高级缓存，L3 Cache 为 CPU 第三层缓存，其中缓存越靠前速度越快，一级缓存最大，速度最快，二级、三级次之。

5. 前端总线频率

前端总线（FSB）频率（即总线频率）直接影响 CPU 与内存之间数据交换速度。有一条公式可以计算，即数据带宽 ＝（总线频率 × 数据位宽）÷ 8，数据传输最大带宽取决于所有同时传输的数据的宽度和传输频率。

6. 制造工艺

制造工艺的长度（以微米为单位）是指 IC 内电路与电路之间的距离。制造工艺的趋势是向密集度高的方向发展。密度愈高的 IC 电路设计，意味着在同样大小面积的 IC 中，可以拥有数量更多、功能更复杂的电路设计。目前主流的 CPU 制作工艺有 22nm、28nm、32nm、45nm、65nm 等，而 Intel 最新 CPU 为 14nm，这也将成为下一代 CPU 的发展趋势，其功耗和发热量更低。

7. 插槽类型

CPU 通过某个接口与主板连接才能正常工作，目前 CPU 的接口都是针脚式接口，对应到主板上有相应的插槽类型。不同类型的 CPU 具有不同的 CPU 插槽，因此选择 CPU，就必须选择带有与之对应插槽类型的主板。主板 CPU 插槽类型不同，插孔数、体积、形状都有变化，所以不能互相接插。一般情况下，Intel 的插槽类型是 LGA、BGA，不过 BGA 的 CPU 与主板焊接，不能更换，主要用于笔记本中，在电脑组装中不常用。而 AMD 的插槽类型是 Socket。

下表列出了主流插槽类型及对应的 CPU。

插槽类型	适用的 CPU
LGA 775	Intel 奔腾双核、酷睿 2 和赛扬双核系列等，如 E5700、E5300、E3500 等
LGA 1150	Intel 酷睿 i3、i5 和 i7 四代系列、奔腾 G3XXX 系列、赛扬 G1XXX 系列、至强 E3 系列等，如 i3 系列 4130、4160、4170、4370 等；如 i5 系列 4590、4690K、4460、4570、4690 等；如 i7 系列 4790K、4790、4470K、4770 等，其他有 G32600、G3258、3220、E3-1231 V3 等
LGA 1151	Intel 2 代 14nm CPU，如 E3-1230 V5、E3-1230 V6 等
LGA 1155	Intel 奔腾双核 G 系列，酷睿 i3、i5 和 i7 二代 \ 三代系列、至强 E3 系列等，如 G2030、i3 3240、i5 3450、i7 3770、E3-1230V2
LGA 2011	Intel 酷睿 i7 3930K、3960X 至尊版、3970X、4930K、4820K、4960X、至强系列 E5-2620V2 等
LGA 2011-v3	Intel 酷睿 i7 5820K、5960X、6950X、6900K、6850X 等
Socket AM3	AMD 羿龙 II X4、羿龙 II X6、速龙 II X2、速龙 II X4、闪龙 X2、AMD FX-4110 等
Socket AM3+	AMD FX（推土机）系列等，如 FX-8350、FX-6300、FX8300 等
Socket FM1	AMD APU 的 A4、A6 和 A8 系列、速龙 II X4 等
Socket FM2	AMD APU 的 A4、A6、A8 和 A10 系列、速龙 II X4 等
Socket FM2+	AMD A6-7400K、A8-7650K、A8-7600、A10-7800、A10-7850K、AMD 速龙 X4 860K（盒）等

2.1.2　Intel 的主流 CPU

CPU 作为电脑硬件的核心设备，其重要性好比心脏对于人一样。CPU 的种类决定了所使用的操作系统和相应的软件，而 CPU 的型号往往决定了一台电脑的档次。目前市场上的 CPU 产品主要是由美国的 Intel 公司和 AMD 公司所生产的。本节主要对 Intel 公司的 CPU 进行介绍。

目前，Intel 生存的 CPU 主要包括桌面用 CPU、笔记型电脑用 CPU 和服务器用 CPU，而用于台式电脑组装主要为桌面 CPU，其中包括一代、二代、三代、四代、五代 Core i 系列，酷睿 2 系列，奔腾系列；赛扬系列等。

1. 奔腾（Pentium）系列处理器

奔腾系列处理器主要为双核处理器，采用与酷睿 2 相同的架构。奔腾双核系列桌面处理器主要包括 G 系列、E 系列和 J 系列，主流的 CPU 如下表所示。

系列	型号	插槽	主频	核心	线程	工艺	TDP	L3
G 系列	G4400	LGA 1151	3.2GHz	双	双	14nm	54W	3MB
G 系列	G620	LGA 1155	2.6GHz	双	双	32nm	65W	3MB
G 系列	G640	LGA 1155	2.8GHz	双	双	32nm	65W	3MB
G 系列	G2030	LGA 1155	3GHz	双	双	22nm	55W	3MB
G 系列	G3220	LGA 1150	3GHz	双	双	22nm	54W	3MB
G 系列	G3240	LGA 1150	3.1GHz	双	双	22nm	53W	3MB
G 系列	G3250	LGA 1150	3.2GHz	双	双	22nm	35W	3MB
G 系列	G3250T	LGA 1155	2.8GHz	双	双	32nm	65W	3MB
G 系列	G3258	LGA 1150	3.2GHz	双	双	22nm	53W	3MB
G 系列	G2030	LGA 1155	3GHz	双	双	22nm	55W	3MB
E 系列	E5700	LGA 775	3GHz	双	双	45nm	65W	2MB
J 系列	J2900	LGA 1170	2.41GHz	四	四	22nm	10W	2MB

注：上表中 TDP 表示 CPU 的热设计功耗，L3 表示三级缓存，下同。

2. 赛扬（Celeron）系列处理器

赛扬系列处理器和奔腾系列一样主要为双核处理器，主要包括 G 系列、E 系列和 J 系列，属于入门级处理器，主流的 CPU 如下表所示。

系列	型号	插槽	主频	核心	线程	工艺	TDP	L3
G 系列	G1610	LGA 1155	2.6GHz	双	双	22nm	55W	3MB
G 系列	G1630	LGA 1155	2.8GHz	双	双	22nm	55W	3MB
G 系列	G1820	LGA 1150	2.7GHz	双	双	22nm	53W	3MB
G 系列	G1830	LGA 1150	2.8GHz	双	双	22nm	53W	3MB
G 系列	G1840	LGA 1150	2.8GHz	双	双	45nm	53W	3MB
E 系列	E3500	LGA 775	2.7GHz	双	双	22nm	65W	3MB
J 系列	J1800	LGA 1170	2.41GHz	双	双	22nm	10W	3MB

3. 酷睿双核处理器

酷睿双核处理器主要为 i3 系列，主流的 CPU 如下表所示。

系列	型号	插槽	主频	核心	线程	工艺	TDP	L3
i3 系列	6100	LGA1151	3.7GHz	双	四	14nm	51W	3MB
i3 系列	6300	LGA 1151	3.8GHz	双	四	22nm	51W	4MB
i3 系列	4170	LGA 1150	3.7GHz	双	四	22nm	55W	3MB
i3 系列	4160	LGA 1150	3.6GHz	双	四	22nm	54W	3MB
i3 系列	3220	LGA 1155	3.3GHz	双	四	22nm	55W	3MB
i3 系列	3220T	LGA 1155	2.8GHz	双	四	22nm	35W	3MB
i3 系列	4130	LGA 1150	3.4GHz	双	四	22nm	54W	3MB
i3 系列	4150	LGA 1150	3.5GHz	双	四	22nm	54W	3MB
i3 系列	4160	LGA 1150	3.6GHz	双	四	22nm	54W	3MB
i3 系列	4350	LGA 1150	3.6GHz	双	四	22nm	54W	4MB
i3 系列	4360	LGA 1150	3.7GHz	双	四	22nm	54W	4MB

4. 酷睿四核处理器

酷睿四核处理器主要包括 i5、i7 及至强系列，主流的 CPU 如下表所示。

系列	型号	插槽	主频	睿频	核心	线程	工艺	TDP	L3
i5 系列	4460	LGA 1150	3.2GHz	3.4GHz	四	四	22nm	84W	6MB
i5 系列	4590	LGA 1150	3.2GHz	3.7GHz	四	四	22nm	84W	6MB
i5 系列	6400	LGA 1151	2.7GHz	3.3GHz	四	四	14nm	65W	6MB
i5 系列	6500	LGA 1151	3.2GHz	3.6GHz	四	四	14nm	65W	6MB
i5 系列	6600K	LGA 1151	3.5GHz	3.9GHz	四	四	14nm	65W	6MB
i5 系列	4690	LGA 1150	3.5GHz	3.9GHz	四	四	22nm	84W	6MB
i5 系列	4690K	LGA 1150	3.5GHz	3.9GHz	四	四	22nm	88W	6MB
i7 系列	6700K	LGA 1151	4GHz	4.2GHz	四	八	14nm	95W	8MB
i7 系列	4770K	LGA 1150	3.5GHz	3.9GHz	四	八	22nm	84W	8MB
i7 系列	4790K	LGA 1150	4GHz	4.4GHz	四	八	22nm	88W	8MB
至强	1231 V3	LGA 1151	3.4GHz	3.8GHz	四	八	22nm	80W	8MB
至强	1231 V5	LGA 1151	3.4GHz	3.8GHz	四	八	22nm	80W	8MB

5. 酷睿六核处理器

酷睿六核处理器主要为 i7 系列，主流的 CPU 产品如下表所示。

系列	型号	插槽	主频	睿频	核心	线程	工艺	TDP	L3
i7 系列	5930K	LGA 2011	3.5GHz	3.7GHz	六	十二	22nm	140W	15MB
i7 系列	6800K	LGA 2011-v3	3.4GHz	3.8GHz	六	十二	14nm	140W	15MB
i7 系列	5820K	LGA 2011-v3	3.3GHz	3.6GHz	六	十二	22nm	140W	15MB
i7 系列	6850K	LGA 2011-v3	3.6GHz	3.8GHz	六	十二	22nm	140W	15MB
i7 系列	5930K	LGA 2011-v3	3.5GHz	3.7GHz	六	十二	22nm	140W	15MB

6. 酷睿八核处理器

酷睿八核处理器主要为酷睿 i7 系列，目前主要产品包括 5960X 和 6900K，具体参数如下表所示。

系列	型号	插槽	主频	睿频	核心	线程	工艺	TDP	L3
i7 系列	5960X	LGA 2011-v3	3.0GHz	3.8GHz	八	十六	22nm	140W	20MB
i7 系列	6900K	LGA 2011-v3	3.2GHz	3.7GHz	八	十六	14nm	140W	20MB

2.1.3　AMD 的主流 CPU

AMD 公司以其独特的数据处理方式和图形方面的优势，在 CPU 市场上占据着重要位置，其主要桌面 CPU 产品包括闪龙、速龙、羿龙、FX（推土机）和 APU 系列，不过闪龙已逐渐淘汰，其性价比也不高，下面详细介绍其他几个系列的主流产品。

1. 速龙（Athlon）II 系列处理器

AMD 速龙（Athlon）II 系列处理器主要以速龙 II X4 系列的四核心处理器为主，并有系列的三核心和 X2 系列双核心的入门级处理器，主流速龙 II X4 系列 CPU 产品如下表所示。

系列	型号	插槽	主频	核心	工艺	TDP	L2
X2 系列	250	Socket AM3	3GHz	双	45nm	65W	2MB
X2 系列	280	Socket AM3	3.6GHz	双	45nm	65W	2MB
X3 系列	445	Socket AM3	3.1GHz	三	45nm	95W	3×512KB
X3 系列	460	Socket AM3	3.4GHz	三	45nm	95W	3×512KB
X4 系列	640	Socket AM3	3GHz	四	45nm	96W	4MB
X4 系列	651	Socket FM1	3GHz	四	32nm	100W	4MB
X4 系列	740	Socket FM2	3.2GHz	四	32nm	65W	4MB
X4 系列	750X	Socket FM2	3.4GHz	四	32nm	65W	4MB
X4 系列	760K	Socket FM2	3.8GHz	四	32nm	100W	4MB

注：上表中 L2 指二级缓存，下同。

2. 羿龙（Phenom）II 系列处理器

目前，AMD 羿龙（Phenom）II 系列处理器以羿龙 II X4 系列的四核心处理器为主，双核核心处理器已基本淘汰或停产，主流羿龙 II 系列 CPU 产品如下表所示。

系列	型号	插槽	主频	核心	工艺	TDP	L2	L3
X4 系列	840	Socket AM3	3.2GHz	四	45nm	95W	2MB	无
X4 系列	965	Socket AM3	3.4GHz	四	45nm	65W	4×512KB	6MB
X4 系列	945	Socket AM3	3GHz	四	45nm	95W	4×512KB	6MB
X4 系列	905e	Socket AM3	2.5GHz	四	45nm	65W	4×512KB	6MB
X6 系列	1090T	Socket AM3	3.2GHz	六	45nm	96W	6×512KB	6MB

3.FX（推土机）系列处理器

FX（推土机）是 AMD 推出取代羿龙 II 系列，面向高端发烧级用户的处理器，主要以四、六和八核心为主，主流 FX 系列 CPU 产品如下表所示。

型号	插槽	主频	核心	工艺	TDP	L2	L3
4130	Socket AM3+	3.8GHz	四	32nm	125W	4MB	4MB
4300	Socket AM3+	3.8GHz	四	32nm	95W	4MB	4MB
6200	Socket AM3+	3.8GHz	六	32nm	125W	6MB	8MB
6300	Socket AM3+	3.5GHz	六	32nm	95W	6MB	8MB
6330	Socket AM3+	3.6GHz	六	32nm	95W	6MB	8MB
6350	Socket AM3+	3.9GHz	六	32nm	125W	6MB	8MB
8150	Socket AM3+	3.8GHz	八	32nm	125W	8MB	8MB
8300	Socket AM3+	3.3GHz	八	32nm	95W	8MB	8MB
8320	Socket AM3+	3.5GHz	八	32nm	125W	8MB	8MB
8350	Socket AM3+	4GHz	八	32nm	125W	8MB	8MB
8370	Socket AM3+	4.3GHz	八	32nm	125W	8MB	8MB

4.APU 系列处理器

APU 系列处理器是 AMD 推出的新一代加速处理器，它将中央处理器和独显核心集成在一个芯片上，具有高性能处理器和独立显卡的处理功能，可以大幅度提升电脑的运行效率。APU 系列处理器主要包括 A4、A6、A8 和 A10 四个系列，以四核处理器为主，主流 APU 系列四核 CPU 产品如下表所示。

系列	型号	插槽	主频	工艺	TDP	L2
A4	6300	Socket FM2	3.7GHz	32nm	65W	1MB
A6	3670K	Socket FM2	3.9GHz	32nm	65W	4MB
A8	3850	Socket FM2	2.7GHz	32nm	100W	4MB
A8	7600	Socket FM2+	3.1GHz	32nm	65W	4MB
A8	7650K	Socket FM2+	3.3GHz	32nm	95W	4MB
A10	6700	Socket FM2	3.7GHz	32nm	65W	4MB
A10	6800K	Socket FM2	4.1GHz	32nm	100W	4MB
A10	7700	Socket FM2+	3.4GHz	28nm	95W	4MB
A10	7800	Socket FM2+	3.5GHz	28nm	65W	4MB
A10	7850K	Socket FM2+	3.7GHz	28nm	95W	4MB
A10	7860K	Socket FM2+	3.6GHz	28nm	65W	4MB
A10	7870K	Socket FM2+	3.9GHz	28nm	95W	4MB
A10	7890K	Socket FM2+	4.1GHz	28nm	95W	4MB

2.1.4　CPU 的选购技巧

用户在选购 CPU 时应该着重考虑以下几个方面。

1. 通过"用途"选购

电脑的用途体现在 CPU 的档次上。如果是用来学习或一般性的娱乐，可以选择一些性价比较高的 CPU，例如：Intel 的酷睿双核系列、AMD 的四核系列等；如果电脑是用来做专业设计或玩游戏，则需要买高性能的 CPU，当然价格也相应地高一些，例如酷睿四核或 AMD 四核系列产品。

2. 通过"品牌"选购

市场上 CPU 的厂家主要是 Intel 和 AMD，他们推出的 CPU 型号很多。当然这一系列型号的名称也很容易让用户迷糊，因此，在购买前要认真查阅相关资料。

3. 通过"散热性"选购

CPU 工作的时候会产生大量的热量，从而达到非常高的温度，选择一个好的风扇可以使 CPU 使用的时间更长，一般正品的 CPU 都会附赠原装散热风扇。

4. 通过"产品标识"识别 CPU

CPU 的编号是一串字母和数字的组合，通过这些编号就能了解 CPU 的基本情况。能够正确地解读出这些字母和数字的含义，将帮助我们正确购买所需的产品。

5. 通过"质保"选购

盒装正品的 CPU，厂家一般提供 3 年的质保，但价格较贵。散装 CPU 则较便宜，厂家最多提供一年的质保。当然盒装 CPU 的价格相比散装 CPU 也要贵一点。

2.2 主板的选购

本节视频教学录像：25 分钟

如果把 CPU 比作电脑的"心脏"，主板便是电脑的"躯干"。几乎所有的电脑部件都是直接或间接连接到主板上的，主板性能的好坏对整机的速度和稳定性都有极大影响。主板又称系统板或母板，是电脑系统中极为重要的部件。

2.2.1 主板的结构分类

市场上流行的电脑主板种类较多，不同厂家生产的主板其结构也有所不同。目前电脑主板的结构可以分类为 AT、Baby-AT、ATX、Micro ATX、LPX、NLX、Flex ATX、EATX、WATX 以及 BTX 等结构。

其中，AT 和 Baby-AT 是多年前的老主板结构，现在已经淘汰；而 LPX、NLX、Flex ATX 则是 ATX 的变种，多见于国外的品牌机，国内尚不多见；EATX 和 WATX 则多用于服务器 / 工作站；Micro ATX 又称 Mini ATX，是 ATX 结构的简化版，就是常说的"小板"，扩展插槽较少，PCI 插槽数量在 3 个或 3 个以下，多用于品牌机并配备小型机箱；而 BTX 则是 Intel 制定的最新一代主板结构；ATX 是目前市场上最常见的主板结构，扩展插槽较多，PCI 插槽数量在 4~6 个，大多数主板都采用此结构。下图所示为 ATX 型主板。

2.2.2 主板的插槽模块

主板上的插槽模块主要有对内的插槽和对外接口两部分。

1.CPU 插座

CPU 插座是 CPU 与主板连接的桥梁，不同类型的 CPU 需要和与之相适应的插座配合使用。按 CPU 插座的类型可将主板分为 LGA 主板和 Socket 型主板。右图为 LGA 1150 插座，下图为 Socket FM2/FM2+ 插座。

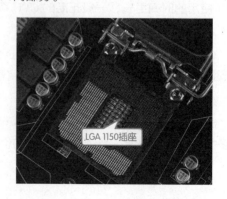

2. 内存插槽

内存插槽一般位于 CPU 插座下方，如下图所示。

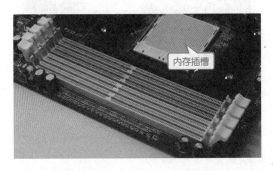

3.AGP 插槽

AGP 插槽颜色多为深棕色，位于北桥芯片和 PCI 插槽之间。AGP 插槽有 1×、2×、4× 和 8× 之分。AGP4× 的插槽中间没有间隔，AGP2× 则有。在 PCI Express 出现之前，AGP 显卡较为流行，目前最高规格的 AGP 8X 模式下，数据传输速度达到了 2.1GB/s。

4.PCI Express 插槽

随着 3D 性能要求的不断提高，AGP 已越来越不能满足视频处理带宽的要求，目前主流主板上显卡接口多转向 PCI Express。PCI Express 插 槽 有 1×、2×、4×、8× 和 16× 之分。

5.PCI 插槽

PCI 插槽多为乳白色，是主板的必备插槽，可以插上软 Modem、声卡、股票接收卡、网卡、多功能卡等设备。

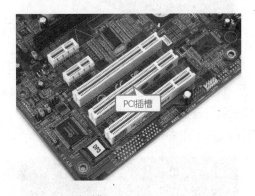

6.CNR 插槽

多为淡棕色，长度只有 PCI 插槽的一半，可以插 CNR 的软 Modem 或网卡。这种插槽的前身是 AMR 插槽。CNR 和 AMR 不同之处在于：CNR 增加了对网络的支持，并且占用的是 ISA 插槽的位置。共同点是它们都是把软 Modem 或是软声卡的一部分功能交由 CPU 来完成。这种插槽的功能可在主板的 BIOS 中开启或禁止。

7.SATA 接口

SATA 的全称是 Serial Advanced Technology Attachment，中文含义为串行高级技术附件，是一种基于行业标准的串行硬件驱动器接口，用于连接 SATA 硬盘及 SATA 光驱等存储设备。

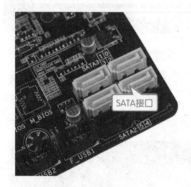

8. 前面板控制排针

将主板与机箱面板上的各开关按钮和状态指示灯连接在一起的针脚，如电源按钮、重启按钮、电源指示灯和硬盘指示灯等。

9. 前置 USB 接口

将主板与机箱面板上 USB 接口连接在一起的接口，一般有两个 USB 接口，部分主板有 USB 3.0 接口。

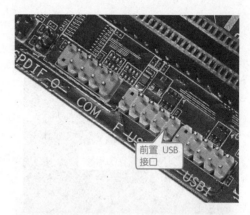

10. 前置音频接口

前置音频接口是主板连接机箱面板上耳机和麦克风的接口。

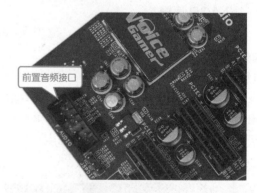

11. 背部面板接口

背部面板接口是连接电脑主机与外部设备的重要接口，如连接鼠标、键盘、网线、显示器等。

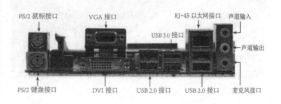

2.2.3 主板性能指标：芯片组

芯片组是构成主板电路的核心，是整个主板的神经，决定了主板的性能，进而影响整个电脑系统性能的发挥。这是因为目前 CPU 的型号与种类繁多、功能特点不一，如果芯片组不能与 CPU 良好地协同工作，将严重地影响计算机的整体性能甚至使计算机不能正常工作。

芯片组是由"南桥"和"北桥"组成的，是主板上最重要、成本最高的两颗芯片，它把复杂的电路和元件最大限度地集成在几颗芯片内的芯片组。

北桥芯片是主板上离 CPU 最近的芯片，位于 CPU 插座与 PCI-E 插座中间，它起着主导作用，也称"主桥"，负责内存控制器、PCI-E 控制器、集成显卡、前 / 后端总线等，由于其工作强度大，发热量也大，因此北桥芯片都覆盖着散热片用来加强散热，有些主板的北桥芯片还配有风扇进行散热。

南桥芯片一般位于主板上离 CPU 插槽较远的下方，PCI 插槽的附近，负责外围周边功能，包括磁盘控制器、网络端口、扩展卡槽、音频模块、I/O 接口等。南桥芯片相对于北桥芯片来说，其数据处理量并不算大，因此南桥芯片一般都不覆盖散热片。

目前，在台式机市场上，主要芯片组来自 Intel 和 AMD 公司。Intel 公司的主要芯片组产品包括 9 系列芯片组、8 系列芯片组、7 系列芯片组和 6 系列芯片组等，而 AMD 公司的芯片组产品包括 9 系列芯片组、8 系列芯片组、7 系列芯片组和 APU 系列芯片组等。芯片组的主流型号如下表所示。

公司名称	芯片系列	型号
Intel	9 系列芯片组	Z97/H97 等
	8 系列芯片组	Z87/H87/Q87/B85/H81 等
	7 系列芯片组	Z77/Z75/H77/Q77/X79/B75 等
	6 系列芯片组	Z68/Q67/Q65/P67/B65/H67/H61 等
AMD	9 系列芯片组	990FX/990X/970 等
	8 系列芯片组	890FX/890GX/880G/870 等
	7 系列芯片组	790FX/790X/785G/780G/770/760G 等
	APU 系列芯片组	A88X/A85X/A78/A75/A55

2.2.4 主板的主流产品

相对于 CPU 而言，主板的生产商呈现着百家争鸣的状态，如华硕、技嘉、微星、七彩虹、精英、映泰、梅捷、翔升、索泰、升技、昂达、盈通、华擎、Intel、铭瑄、富士康等，在此不一一列举，只介绍下目前主流的主板产品。

1. 支持 Intel 处理器的主板

下面介绍支持 Intel 处理器的主板产品。

(1) 支持 Intel 双核处理器的主板

Intel 双核处理器主要包括奔腾、赛扬和酷睿几个系列产品，主要采用 LGA 775、LGA 1150 和 LGA 1155 接口类型。主要采用 LGA 775 接口芯片组的有 945、965、G31、G35G41、G45、P35、P43、P45、X38、X48 等，如 G31 芯片组的华硕 P5KPL-AM SE、P45 芯片组的技嘉 GA-P45T-ES3G，不过由于 LGA 775 接口类型 CPU 产品目前所剩不多，支持的主板也并不多，它的可升级性也并不强。主要采用 LGA 1150 接口芯片组的有 Z87、B85、H81 等，如华硕 Z87-A、技嘉 GA-B85M-HD3、微星 H81-P33。主要采用 LGA 1155 接口芯片组的有 H61、H77、Z77、B75 等，如技嘉 GA-H61M-S1(rev.2.1)、映泰 Hi-Fi H77S、技嘉 GA-B75M-D3H、华硕 P8B75-M 等。

技嘉 GA-B75-D3V主板

(2) 支持 Intel 四核处理器的主板

Intel 四核处理器为酷睿 i3 和 i5 系列产品，主要采用 LGA 1150 和 LGA 1155 接口类型。主要采用 LGA 1150 接口芯片组的有 B85、H87、Q87、Z87、H97、Z97 等，如

微星 B85M-E45、梅捷 SY-H87+ 节能版、华硕 Z87-A、技嘉 GA-H97-HD3、技嘉 G1.Sniper Z6(rev.1.0) 等。主要采用 LGA 1155 接口的芯片组主要有 Z77、H77、B75 等，如华硕 Z77-A、索泰 ZT-H77 金钻版 -M1D、技嘉 GA-B75M-D3V(rev.2.0) 等。

技嘉 G1.Sniper Z6(rev.1.0)

(3) 支持 Intel 六核处理器的主板

Intel 六核处理器为酷睿 i7 系列产品，主要采用 LGA 2011 和 LGA 2011-v3 接口类型。LGA 2011 接口主要采用 X79 芯片组，如微星 X79A-GD45 Plus、华硕 Rampage IV Black Edition 等。LGA 2011-v3 接口主要采用 Intel X99 芯片组，如技嘉 GA-X99-UD4(rev.1.1)、华擎 X99 极限玩家 3、华硕 X99-A 等。

华擎 X99 极限玩家

(4) 支持 Intel 八核处理器的主板

Intel 八核处理器为酷睿 i7 系列产品，主要代表产品为 5960X，采用 LGA 2011-v3 接口类型，其可搭配技嘉 GA-X99-Gaming G1 WIFI(rev.1.0)、华硕 RAMPAGE V EXTREME、技嘉 GA-

X99–UD4(rev.1.1) 等，不过其价格也是让人瞠目结舌。

2. 支持 AMD 处理器的主板

下面介绍支持 Intel 处理器的主板产品。

(1) 支持 AMD 双核处理器的主板

AMD 双核处理器产品主要包括速龙 II X2 双核、羿龙 II X2 双核和 APU 系列的 A4、A6 双核处理器，它们主要支持采用 AMD 公司的 A55、A75、A85X、760G、770、780G、785G、790GX、880G 和 890GX 等芯片组的主板，如技嘉 GA–A55M–DS2、昂达 A785G+ 魔笛版、技嘉 GA–880G 等。

(2) 支持 AMD 三核和四核处理器的主板

AMD 三核和四核处理器产品主要包括速龙 II X3 三核、羿龙 II X3 三核、APU 系列 A6 三核、速龙 II X4、羿龙 II X4 和 APU 系列 A8、A10 四核处理器等，它们主要支持采用 AMD 公司的 A55、A75、A78、A85X、A88X、760G、770、780G、785G、790GX、870、880G、890GX、970、990FX 等芯片组的主板，如华硕 F2A85–V、技嘉 G1.Sniper A88X(rev.3.0)、华硕 A88XM–A、华擎玩家至尊 990FX 杀手版等。

另外，NVIDIA 公司的 nForce 630A、nForce 520LE、MCP78 等芯片组主板也支持 AMD 三核和四核产品，如技嘉 GA–M68M–S2P、华硕 M4N68T LE V2 等。

(3) 支持 AMD 六核处理器的主板

AMD 六核处理器产品主要包括羿龙 II X6 和 FX 的六核系列，它们主要支持采用 AMD 公司的 760G、770、780G、785G、790GX、870、880G、890GX、970、990FX 等芯片组的主板，如技嘉 GA–970A–DS3P(rev.1.0)、华硕 M4A89GTD PRO 等。

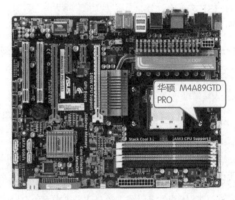

(4) 支持 AMD 八核处理器的主板

AMD 八核处理器产品主要为 FX 的八核系列，Socket AM3+ 接口类型，它们主要支持采用 AMD 公司的 970、990、990FX 等芯片组的主板，如华硕 M5A97 R2.0、技嘉 GA–990FXA–UD5(rev.1.x)、微星 990XA–GD55 等。

2.2.5 主板的选购技巧

电脑的主板是电脑系统运行环境的基础，主板的作用非常重要，尤其是在稳定性和兼容性方面，更是不容忽视的。如果主板选择不当，则其他插在主板上的部件的性能可能就不会被充分发挥。目前主流的主板品牌有华硕、微星和技嘉等。用户选购主板之前，应根据自己的实际情况谨慎考虑购买方案。不要盲目认为最贵的就是最好的，因为昂贵的产品不一定适合自己。

1. 选购主板的技术指标

(1) CPU

根据 CPU 的类型选购主板，因为不同的主板支持不同类型的 CPU，不同 CPU 要求的插座不同。

(2) 内存

主板要支持高度的 SDRAM，以便系统更好地协调工作，同时内存插槽数不少于 4 条。

(3) 芯片组

芯片组是主板的核心组成部分，其性能的好坏，直接关系到主板的性能。在选购时应选用先进的芯片组集成的主板。同样芯片组的比价格，同样价格的比做工用料，同样做工的比 BIOS。

(4) 结构

ATX 结构的主板具有节能、环保和自动休眠等功能，性能也比较先进。

(5) 接口

由于电脑外部设备的迅速发展，如可移动硬盘、数码相机、扫描仪和打印机等，连接这些设备的接口也成了选购电脑主板时必须要注意的，如 USB 接口，USB 3.0 已成为趋势，而 USB 3.1 也随之诞生，给用户带来更好的传输体验。

(6) 总线扩展插槽数

在选择主板时，通常选择总线插槽数多的主板。

(7) 集成产品

主板的集成度并不是越高越好，有些集成的主板是为了降低成本，将显卡也集成在主板上，这时显卡就占用了主内存，从而造成系统性能的下降，因此，在经济条件允许的情况下，购买主板时要选择独立显卡的主板。

(8) 可升级性

随着电脑的不断发展，总会出现旧的主板不支持新技术规范的现象，因此在购买主板时，应尽量选用可升级的主板，以便通过 BIOS 升级和更新主板。

(9) 生产厂家

选购主板时最好选择名牌产品，例如华硕、技嘉、微星、七彩虹、华擎、映泰、梅捷、昂达、捷波、双敏、精英等。

2. 选购主板的标准

(1) 观察印制电路板

主板使用的印制电路板分为 4 层板和 6 层板。在购买时，应选 6 层板的电路板，因为其性能要比 4 层板强，布线合理，而且抗电磁干扰的能力也强，能够保证主板上的电子元件不受干扰地正常工作，提高了主板的稳定性。还要注意 PCB 板边角是否平整，有无异常切割等现象。

(2) 观察主板的布局

一个合理的布局，会降低电子元件之间的相互干扰，极大地提高电脑的工作效率。

① 查看 CPU 的插槽周围是否宽敞。宽敞的空间是为了方便 CPU 的风扇的折装，同时也会给 CPU 的散热提供帮助。

② 注意主板芯片之间的关系。北桥芯片组周围是否围绕着 CPU、内存和 AGP 插槽等，南桥芯片周围是否围绕着 PCI、声卡芯片、网卡芯片等。

③ CPU 插座的位置是否合理。CPU 插座的位置不能过于靠近主板的边缘，否则会影响大型散热器的安装，也不能与周围电解电容靠得太近，防止安装散热器时，造成电解电容损坏。

④ ATX 电源插座是否合理。它应该在主板上边靠右的一侧或者在 CPU 插座与内存插槽之间，而不应该出现在 CPU 插座与左侧 I/O 接口之间。

(3) 观察主板的焊接质量

焊接质量的好坏，直接影响到主板工作的质量，质量好的主板各个元件的焊接紧密，并且电容与电阻的夹角应该在 30°～ 45°，而质量差的主板，元件的焊接比较松散，并且容易脱落，电容与电阻的排列也十分混乱。

(4) 观察主板上的元件

观察各种电子元件的焊点是否均匀，有无毛刺、虚焊等现象，而且主板上贴片电容数量较多，且要有压敏电阻。

2.3 内存的选购

本节视频教学录像：12 分钟

内存储器（简称内存，也称主存储器）用于存放电脑运行所需的程序和数据。内存的容量与性能是决定电脑整体性能的一个决定性因素。内存的大小及其时钟频率（内存在单位时间内处理指令的次数，单位是 MHz）直接影响到电脑运行速度的快慢，即使 CPU 主频很高，硬盘容量很大，但如果内存很小，电脑的运行速度也快不了。

2.3.1 内存的性能指标

查看内存的质量首先需要了解内存条的性能指标。

(1) 时钟频率

内存的时钟频率通常表示内存速度，单位为 MHz（兆赫）。目前，DDR3 内存频率主要为 2800 MHz、2666 MHz、2400MHz、2133MHz、2000MHz、1866MHz、1600MHz 等，DDR4 内存频率主要为 3200 MHz、3000 MHz、2800 MHz、2666 MHz、2400MHz、2133MHz 等。

(2) 内存的容量

主流电脑多采用的是 4GB 或 8GB 的 DDR3 内存，其价格相差并不多。

(3) CAS 延迟时间

CAS 延迟时间是指要多少个时钟周期才能找到相应的位置，其速度越快，性能也就越高，它是内存的重要参数之一。用 CAS latency（延迟）来衡量这个指标，简称 CL。目前 DDR 内存主要有 2、2.5 和 3 这 3 种 CL 值的产品，同样频率的内存，CL 值越小越好。

(4) SPD

SPD 是一个 8 针 EEPROM（电可擦写可编程只读存储器）芯片。一般位于内存条正面的右侧，里面记录了诸如内存的速度、容量、电压、行与列地址、带宽等参数信息。这些信息都是内存生产厂商预先输入进去的，当开机的时候，电脑的 BIOS 会自动读取 SPD 中记录的信息。

(5) 内存的带宽

内存的带宽也叫数据传输率，是指每秒钟访问内存的最大位节数。内存带宽总量（MB）= 最带时钟频率（MHz）× 总线带宽（b）× 每时钟数据段数据 /8。

2.3.2 内存的主流产品

目前市场上最为常用的为 DDR3 和 DDR4 两种，DDR4 可以满足更大的性能需求，与 DDR3 价格差别不大，常见的厂家有金士顿、威刚、海盗船、宇瞻、金邦、芝奇、现代、金泰克和三星等。下面列举几种常用的内存。

1. 金士顿 8GB DDR3 1600

金士顿 8GB DDR3 1600 属于入门级内存，其采用流线型卡式设计，大方时尚，搭载经典蓝色高效连体散热片以确保可靠的散热能力。正 / 反两面总共焊接了 16 颗容量为 256MB 的 DDR3 颗粒，组成了 8GB 规格，并使用大量耦合电容，保持工作电压的稳定。由于其性价比较高，是主流装机用户的廉价首选。

威刚 8GB DDR3 1600（万紫千红）和金士顿 8GB DDR3 1600 一样，属于入门级产品，两者价格相差不大。威刚 8GB DDR3 1600 采用宽版内存模组设计，全高 6 层紫色 PCB 板设计，拥有更好的电气性能，内存颗粒采用 512MB×8bit 组织方式，双面共计 16 颗内存颗粒芯片设计，整体性能稳定、兼容性强。

2. 威刚 8GB DDR3 1600（万紫千红）

3. 芝奇 Ripjaws 4 DDR4 2400 8GB

芝奇 Ripjaws 4 DDR4 2400 8GB 有着炫酷的外观造型，设计方面采用铝材质锯齿状设计，有助于空气流动达到快速散热，工作电压为 1.2V，有三种颜色设计，包括酷炫黑、霸气红和时尚蓝，另外支持全新 XMP 2.0 版，可以享受一键超频带来的极速快感。

4. 海盗船 16GB DDR3 2400 套装

海盗船 16GB DDR3 2400 套装由 2×8GB 内存组成，属于发烧级内存产品。其拥有四通道设计且支持 16GB 容量，最高频率可达 2400MHz，兼容最新的 Intel 和 AMD 平台，具备强悍的散热配置保证、炫目的灯光效果以及全新的功能和设计，是游戏玩家较为理想的选择。

5. 芝奇（G.SKILL）Trident Z DDR4 3400 16GB

芝奇（G.SKILL）Trident Z DDR4 3400 16GB 采用套装组合的设计，由两根 8GB 容量的内存组成，定位于发烧友级的高端玩家。设计方面采用铝合金材质的马甲、顶端三层式的鳞片，确保了优秀的散热性能。参数方面采用了 1.35V 电压工作，具有低压低功耗的特点，3400MHz 的高主频，并且支持 XMP，搭配 Intel 平台，可以充分发挥出色的性能。

2.3.3　内存的选购技巧

下面介绍一些选购内存时的技巧。

1. 选购内存的注意事项

（1）确认购买目的

现如今的流行配置为 4GB 和 8GB，价格方面差异不大，如果有更高的需求，可以选择高主频的 8GB 内存。

（2）认准内存类型

常见的内存类型主要是 DDR3 和 DDR4 两种，在购买这两种类型的内存时要根据主板的 CPU 所支持的技术进行选择，否则可能会因不兼容而影响使用。

（3）识别打磨的内存条

正品的芯片表面一般都有质感、光泽、荧光度。若觉得芯片的表面色泽不纯甚至比较粗糙、发毛，那么这颗芯片的表面一定是受到了磨损。

（4）金手指工艺

金手指工艺是指在一层铜片上通过特殊工艺再覆盖一层金，因为金不容易氧化，而且具有超强的导通性能，所以，在内存触片中都应用了这个工艺，从而加快内存的传输速度。

金手指的金属有两种工艺标准——化学沉金和电镀金。电镀金工艺比化学沉金工艺先进，而且能保证电脑系统更加稳定地运行。

(5) 查看电路板

电路板的做工要求板面要光洁、色泽均匀，元器件焊接整齐，焊点均匀有光泽，金手指要光亮，板上应该印刷有厂商的标识。常见的劣质内存芯片标识模糊不清、混乱，电路板毛糙，金手指色泽晦暗，电容排列不整齐，焊点不干净。

2. 辨别内存的真假

(1) 别贪图便宜

价格是伪劣品唯一的竞争优势，在购买内存条时，不要贪图便宜。

(2) 查看产品防伪标记

查看内存电路板上有没有内存模块厂商的明确标识，其中包括查看内存包装盒、说明书、保修卡的印刷质量。最重要的是要留意是否有该品牌厂商宣传的防伪标记。为防止假货，通常包装盒上会标有全球统一的识别码，还提供免费的 800 电话，以便查询真伪。

(3) 查看内存条的做工

查看内存条的做工是否精细，首先需要观察内存颗粒上的字母和数字是否清晰且有质感，其次查看内存颗粒芯片的编号是否一致，有没有打磨过的痕迹，还必须观察内存颗粒四周的管脚是否有补焊的痕迹，电路板是否干净整洁，金手指有无明显擦痕和污渍。

(4) 上网查询

很多电脑经销商会为顾客提供一个方便的上网平台，以方便用户通过网络查看自己所购买的内存是否为真品。

(5) 软件测试

现在有很多针对内存测试的软件，在配置电脑时对内存条进行现场测试，也会清楚地发现所购的内存是否为真品。

2.4 硬盘的选购

本节视频教学录像：23 分钟

硬盘是电脑最重要的外部存储器之一，由一个或多个铝制或者玻璃制的碟片组成。这些碟片外覆盖有铁磁性材料。绝大多数硬盘都是固定硬盘，被永久性地密封固定在硬盘驱动器中。硬盘最重要的指标是硬盘容量，其容量大小决定了可存储信息的多少。

2.4.1 硬盘的性能指标

硬盘的性能指标有以下几项。

1. 主轴转速

硬盘的主轴转速是决定硬盘内部数据传输率的因素之一，它在很大程度上决定了硬盘的速度，同时也是区别硬盘档次的重要标志。

2. 平均寻道时间

平均寻道时间，指硬盘磁头移动到数据所在磁道时所用的时间，单位为毫秒（ms）。硬盘的平均寻道时间越小，性能就越高。

3. 高速缓存

高速缓存，指在硬盘内部的高速存储器。目前硬盘的高速缓存一般为 512KB ～ 2MB，SCSI 硬盘的更大。购买时应尽量选取缓存为 2MB 的硬盘。

4. 最大内部数据传输率

内部数据传输率也叫持续数据传输率（sustained transfer rate），单位为 MB/s。它是指磁头至硬盘缓存间的最大数据传输率，一般取决于硬盘的盘片转速和盘片线密度（指同一磁道上的数据容量）。

5. 接口

硬盘接口主要分为 SATA 2 和 SATA 3，SATA2（SATA II）是芯片巨头 Intel 与硬盘巨头 Seagate（希捷）在 SATA 的基础上发展起来的，传输速率为 3Gbit/s，而 SATA3.0 接口技术标准是 2007 上半年由英特尔公司提出的，传输速率达到 6Gbit/s，在 SATA2.0 的基础上增加了 1 倍。

6. 外部数据传输率

外部数据传输率也称为突发数据传输率，它是指从硬盘缓冲区读取数据的速率。在广告或硬盘特性表中常以数据接口速率代替，单位为 Mbit/s。目前主流的硬盘已经全部采用 UDMA/100 技术，外部数据传输率可达 100Mbit/s。

7. 连续无故障时间

连续无故障时间是指硬盘从开始运行到出现故障的最长时间，单位是小时（h）。一般硬盘的 MTBF 至少在 30000 小时以上。这项指标在一般的产品广告或常见的技术特性表中并不提供，需要时可专门上网到具体生产该款硬盘的公司网站中查询。

8. 硬盘表面温度

该指标表示硬盘工作时产生的温度使硬盘密封壳温度上升的情况。

 2.4.2 主流的硬盘品牌和型号

目前，市场上主要的生产厂商有希捷、西部数据和 HGST 等。希捷内置式 3.5 英寸和 2.5 英寸硬盘可享受 5 年质保，其余品牌盒装硬盘一般是提供 3 年售后服务（1 年包换，2 年保修），散装硬盘则为 1 年。

1. 希捷（Seagate）

希捷硬盘是市场上占有率比较大的硬盘，以其"物美价廉"的特性在消费者群中享有很好的口碑。市场上常见的希捷硬盘有：希捷 Barracuda 1TB 7200 转 64MB 单碟、希捷 Barracuda 500GB 7200 转 16MB SATA3、希捷 Barracuda 2TB 7200 转 64MB SATA3、希捷 Desktop 2TB 7200 转 8GB 混合硬盘。

2. 西部数据（Western Digital）

西部数据硬盘凭借着大缓存的优势，在硬盘市场中有着不错的表现。市场上常见的西部数据硬盘有：WD 500GB 7200 转 16MB SATA3 蓝盘、西部数据 1TB 7200 转 64MB SATA3 蓝盘、西部数据 Caviar Black 1TB 7200 转 64MB SATA3 等。

创立于 2003 年，被收购后，日立将名称进行更改，原"日立环球存储科技"正式被命名为 HGST，归属为西部数据旗下独立营运部门。HGST 是基于 IBM 和日立就存储科技业务进行战略性整合而创建的。市场上常见的日立硬盘有：HGST 7K1000.D 1TB 7200 转 32MB SATA3 单碟、HGST 3TB 7200 转 64MB SATA3 等。

WD 500GB 7200转 16MB SATA3蓝盘

HGST 3TB 7200转 64MB SATA3

3. HGST

HGST 前身是日立环球存储科技公司，

2.4.3 固态硬盘及主流产品

固态硬盘简称固盘，常见的 SSD 就是固态硬盘英文 Solid State Disk 的首字母缩写。固态硬盘是用固态电子存储芯片阵列而制成的硬盘，由控制单元和存储单元（FLASH 芯片、DRAM 芯片）组成。

1. 固态硬盘的优点

固态硬盘作为硬盘界的新秀，其主要突破了机械式硬盘的设计局限，拥有众多优势，具体如下。

- 读写速度快。固态硬盘没有机械硬盘的机械构造，以闪存芯片为存储单位，不需要磁头，寻道时间几乎为 0，可以快速读取和写入数据，加快操作系统的运行速度，因此最适合作系统盘，可以快速开机和启动软件。
- 防震抗摔性。与传统硬盘相比，固态硬盘使用闪存颗粒制作而成，内部不存在任何机械部件，即使在高速移动甚至伴随翻转倾斜的情况下也不会影响正常使用，而且在发生碰撞和震荡时能够将数据丢失的可能性降到最小。
- 低功耗。固态硬盘有较低的功耗，一般写入数据时，也不超过 3W。
- 发热低，散热快。由于没有机械构件，可以在工作状态下保证较低的热量，而且散热较快。
- 无噪音。固态硬盘没有机械马达和风扇，工作时噪音值为 0 分贝。
- 体积小。固态硬盘在重量方面更轻，与常规 1.8 英寸硬盘相比，重量轻 20~30 克。

2. 固态硬盘的缺点

虽然固态硬盘可以有效地解决机械硬盘存在的不少问题，但是仍有不少因素，制约了它的普及，其主要存在以下缺点。

● 成本高容量低。价格昂贵是固态硬盘最大的不足，而且容量小，无法满足大型数据的存储需求，目前固态硬盘最大容量仅为 4TB。

● 可擦写寿命有限。固态硬盘闪存具有擦写次数限制的问题，这也是许多人诟病其寿命短的原因所在。闪存完全擦写一次叫做 1 次 P/E，因此闪存的寿命就以 P/E 作单位，如 120GB 的固态硬盘，写入 120GB 的文件算一次 P/E。对于一般用户而言，一个 120GB 的固态硬盘，一天即使写入 50GB，2 天完成一次 P/E，也可以使用 20 年。当然，和机械硬盘相比就无太大优势。

3. 主流的固态硬盘产品

固态硬盘的生产厂商有三星、浦科特、闪迪、影驰、金士顿、希捷、Intel、金速、金泰克等，用户可以有很多的选择，下面介绍几款主流的固态硬盘产品。

(1) 三星 SSD 850EVO

三星 SSD 850EVO 固态硬盘是三星针对入门级装机用户和高性价比市场推出的全新产品，包括 120GB、250GB、500GB 和 1TB 四种容量规格，其沿用了三星经典的 MGX 主控芯片，存储颗粒升级为全新 3D V-NAND 立体排布闪存，有效提升了硬盘的整体运作效率，在数据读写速度、硬盘寿命等方面有着明显的进步，是目前入门级装机用户最佳的装机硬盘之一。

(2) 浦科特（PLEXTOR）M6S 系列

浦科特 M6S 是一款口碑较好且备受关注的硬盘产品，包括 128GB、256GB、512GB 三种容量规格。该系列产品体积轻薄，坚固耐用，采用 Marvell 88SS9188 主控芯片，具有双核心特性，拥有容量客观的独立缓存，能够有效提升数据处理的效率，更好地应对随机数据读写，整合东芝高速 Toggle-model 快闪记忆体，让硬盘具备了

更低的功耗以及更快的数据传输速度。

(3) 金士顿 V300 系列

金士顿 V300 系列经典的固态硬盘产品，包括 60GB、120GB、240GB 和 480GB 四种容量规格。该系列产品采用金属感很强的铝合金外壳，andForce 的 SF2281 主控芯片，镁光 20nm MLC 闪存颗粒，支持 SATA3.0 6Gbps 接口，最大持续读写速度都能达到 450MB/s 左右。

(4) 饥饿鲨 (OCZ) Arc 100 苍穹系列

OCZ Arc 100 是针对入门级用户推出的

硬盘产品，包括 120GB、240GB 和 480GB 三种容量规格，该系列采用 2.5 英寸规格打造，金属材质 7mm 厚度的外观特点让硬盘能够更容易应用于笔记本平台，SATA3.0 接口使硬盘的数据传输速度得到保障。品牌独享的"大脚 3"主控芯片不仅具备良好的数据处理能力，更让硬盘拥有了独特的混合工作模式，效率更高。

除了上面的几种主流的产品外，用户还可以根据自己的需求挑选其他同类产品，选择适用自己的固态硬盘。

 ## 2.4.4 机械硬盘的选购技巧

硬盘主要是用来存储操作系统、应用软件等各种文件，具有速度快、容量大等特点。用户在选购硬盘时，应该根据所了解的技术指标进行选购，同时还应该注意辨别硬盘的真伪。不一定买最贵的，适合自己的才是最佳选择。在选购机械硬盘时应注意以下几点。

1. 硬盘转速

选购硬盘先从转速入手。转速即硬盘电机的主轴转速，它是决定硬盘内部传输率的因素之一，它的快慢在很大程度上决定了硬盘的速度，同时也是区别硬盘档次的重要标志。较为常见的如 5 400r/min、5 900r/min 和 7 200r/min 的硬盘，如果只是普通家用，从性能和价格上综合分析，7 200r/min 可以作为首选。

2. 硬盘的单碟容量

硬盘的单碟容量是指单片碟所能存储数据的大小，目前市面上主流硬盘的单碟容量主要是 500GB、1TB 和 2TB。一般情况下，一块大容量的硬盘是由几张碟片组成的。单碟上的容量越大，代表扇区间的密度越密，硬盘读取数据的速度也越快。

3. 接口类型

现在硬盘主要使用 SATA 接口，如 SCSI、Fibre Channel（光纤）、IEEE 1394、USB 等接口，但对于一般用户并不适用。因此用户只需考虑 SATA 接口的两种标准，一种是 SATA 2.5 标准，传输速率达到 3Gbit/s，最为普遍，价格低；另一种是 SATA 3 标准，传输速率达到 6Gbit/s，但价格较高。

4. 缓存

大缓存的硬盘在存取零碎数据时具有非常大的优势，将一些零碎的数据暂存在缓存中，既可以减小系统的负荷，又能提高硬盘数据的传输速度。

5. 硬盘的品牌

目前市场上主流的硬盘厂商基本上是希捷、西部数据,不同品牌在许多方面存在很大的差异,用户应该根据需要购买适合的品牌。

6. 质保

由于硬盘读写操作比较频繁，所以返修问题很突出。一般情况下，硬盘提供的保修服务是三年质保，再者硬盘厂商都有自己的一套数据保护技术及震动保护技术，这两点是硬盘的稳定性及安全性方面的重要保障。

7. 识别真伪

首先，查看硬盘的外包装，正品硬盘在包装上都十分精美、细致。除此之外，在硬盘的外包装上会标有防伪标识，通过该标识可以辨别真伪。其次，应选择信誉较好的销售商，这样才能有更好的售后服务。

最后，上网查询硬盘编号，可以登录到所购买的硬盘品牌的官方网站，输入硬盘上的序列号即可确认该硬盘的真伪。

2.4.5 固态硬盘的选购技巧

由于固态硬盘和机械硬盘的构件组成和工作原理都不相同，因此选购事项也有所不同，其主要概括为以下几点。

1. 容量

对于固态硬盘，存储容量越大，内部闪存颗粒和磁盘阵列也越多，因此不同的容量其价格也是相差较多的，并不像机械硬盘有较高的性价比，因此需要根据自己的需求，考虑使用多大的容量。常见的容量有 60GB、120GB、240GB 等。

2. 用途

由于固态硬盘具有低容量、高价格的特点，故其主要用作系统盘或缓存盘，很少有人将其用作存储盘使用。如果没有太多预算的话，建议采用 "SSD 硬盘 +HDD 硬盘" 的方式，SSD 作为系统主硬盘，传统硬盘作为存储盘即可。

3. 传输速度

影响 SSD 传输速度，主要指硬盘的外部接口，是采用 SATA 2 还是 SATA 3，SATA 2 的持续传输率普遍在 250MB/s 左右，SATA 3 的普遍在 500MB/s 以上，当然在价格方面，SATA 3 也更高些。

4. 主板

虽然 SATA 3 可以带来更高的传输速度，但在选择主板方面，也应同时考虑主板是否支持 SATA 3 接口，否则即便是 SATA 3 也无法达到理想的效果。另外，在选择数据传输线时，也应选择 SATA 3 标准的数据线。

5. 品牌

固态硬盘的核心是闪存芯片和主控制器，我们在选择 SSD 硬盘时，首先要考虑主流的大品牌，如三星、闪迪、影驰、金士顿、希捷、Intel、金速、金泰克等，切勿贪图便宜，选择 "山寨" 的产品。

6. 固件

固件是固态硬盘最底层的软件，负责集成电路的基本运行、控制和协调工作，因此即使是相同的闪存芯片和主控制器，不同的固件也会导致性能存在差异。在选择时，尽量选择有实力的厂商，可以对固件及时更新和技术支持。

除了上面的几项内容外，用户在选择时同样要注意产品的售后服务和真假的辨识。

2.5 显卡的选购

本节视频教学录像：12 分钟

显卡也称图形加速卡，它是电脑内主要的板卡之一，其基本作用是控制电脑的图形输出。由于工作性质不同，不同的显卡提供了性能各异的功能。

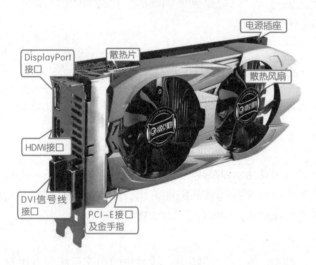

2.5.1 显卡的分类

目前，电脑中用的显卡一般有三种，分别为：集成显卡、独立显卡和核芯显卡。

1. 集成显卡

集成显卡是将显存、显示芯片及其相关电路都做在主板上，集成显卡的显示芯片有单独的，但大部分都集成在主板的芯片中。一些主板集成的显卡也在主板上单独安装了显存，但其容量较小。集成显卡的显示效果与处理性能相对较弱，不能对显卡进行硬件升级，但可以通过 CMOS 调节频率或刷入新的 BIOS 文件，通过软件升级来挖掘显示芯片的潜能。

2. 独立显卡

独立显卡是指将显示芯片、显存及其相关电路单独做在一块电路板上，自成一体而作为一块独立的板卡存在，它需占用主板的扩展插槽（ISA、PCI、AGP 或 PCI-E）。

3. 核芯显卡

核芯显卡是新一代图形处理核心，和以往的显卡设计不同，在处理器制程上的先进工艺以及新的架构设计，将图形核心与处理核心整合在同一块基板上，构成一颗完整的处理器，支持睿频加速技术，可以独立加速或降频，并共享三级高速缓存，这不仅大大缩短了图形处理的响应时间、大幅度提升渲染性能，能在更低功耗下实现同样出色的图形处理性能和流畅的应用体验。AMD 的带核芯显卡的处理器为 APU 系列，如 A8、A10 等，Intel 带核芯显卡的处理器有 Broadwell、Haswell、sandy bridge（SNB）、Trinity 和 ivy bridge（IVB）架构，如 i3 4160、i5 4590、i7 4790K。

 ## 2.5.2 显卡的性能指标

显卡的性能指标主要有以下几个。

1. 显示芯片

显示芯片，就是我们说的 GPU，是图形处理芯片，负责显卡的主要计算工作，主要厂商为 NVIDIA 公司的 N 卡、AMD（ATI）公司的 A 卡。一般娱乐型显卡都采用单芯片设计的显示芯片，而高档专业型显卡的显示芯片则采用多个芯片设计。显示芯片的运算速度决定了一块显卡性能的优劣。3D 显示芯片与 2D 显示芯片的不同在于 3D 添加了三维图形和特效处理功能，可以实现硬盘加速功能。

2. 显卡容量

显卡容量也叫显示内存容量，是指显示卡上的显示内存的大小。一般我们常说的 1GB、2GB 就是显卡容量，主要功能是将显示芯片处理的资料暂时储存在显示内存中，然后再将显示资料映像到显示屏幕上，因此显卡的容量越高，达到的分辨率就越高，屏幕上显示的像素点就越多。

3. 显存位宽

显卡位宽指的是显存位宽，即显存在一个时钟周期内所能传送数据的位数，一般用 "bit" 表示，位数越大则瞬间所能传输的数据量越大，这是显存的重要参数之一。显存位宽越高，性能越好，价格也就越高，因此 256bit 的显存更多应用于高端显卡，而主流显卡基本都采用 128bit 显存。

4. 显存频率

显存频率是指显示核心的工作频率，以 MHz（兆赫兹）为单位，其工作频率在一定程度上可以反映出显示核心的性能，显存频率随着显存的类型、性能的不同而不同，不同显存能提供的显存频率也差异很大，中高端显卡显存频率主要有 1600MHz、1800MHz、3800MHz、4000MHz、4200MHz、5000MHz、5500MHz 等，甚至更高。

5. 显存速度

显存速度指显存时钟脉冲的重复周期的快慢，是衡量显存速度的重要指标，以 ns（纳秒）为单位。常见的显存速度有 7ns、6ns、5.5ns、5ns、4ns，3.6ns、2.8ns 以及 2.2ns 等。数字值越小，说明显存速度越快，显存的理论工作频率计算公式是：额定工作频率（MHz）= 1000/ 显存速度 ×2（DDR 显存），如 4ns 的 DDR 显存，额定工作频率 =1000/4×2=500MHz。

6. 封装方式

显存封装是指显存颗粒所采用的封装技术类型，封装就是将显存芯片包裹起来，以避免芯片与外界接触，防止外界对芯片的损害。显存封装形式主要有 QFP（小型方块平面封装）、

TSOP（微型小尺寸封装）和MBGA（微型球闸型阵列封装）等，目前主流显卡主要采用TSOP、MBGA封装方式，其中TSOP使用最多。

7. 显存类型

目前，常见的显存类型主要包括GDDR2、GDDR3、SDDR3和GDDR5四种，目前主流是GDDR3和GDDR5。GDDR2显存，主要被地段显卡产品采用，采用BGA封装，速度从3.7ns到2ns不等，最高默认频率从500MHz~1000MHz；GDDR3主要继承了GDDR2的特性，但进一步优化了数据速率和功耗；而SDDR3显存颗粒和DDR3内存颗粒一样都是8bit预取技术，单颗16bit的位宽，主要采用64M×16bit和32M×16bit规格，比GDDR3显存颗粒拥有更大的单颗容量；GDDR5为一种高性能显卡用内存，理论速度是GRR3的4倍以上，而且它的超高频率可以使128bit的显卡性能超过DDR3的256bit显卡。

8. 接口类型

当前显卡的总线接口类型主要是PCI-E。PCI-E接口的优点是带宽可以为所有外围设备共同使用。AGP类型也称图形加速接口，它可以直接为图形分支系统的存储器提供高速带宽，大幅度提高了电脑对3D图形的处理速度和信息传递速度。目前PCI-E接口主要分为PCI Express 2.0 16X、PCI Express 2.1 16X和PCI Express 3.0 16X三种，其主要区别是数据传输率，3.0 16X最高可达16GB/s，其次还有总线管理和容错性等。

9. 分辨率

分辨率代表了显卡在显示器上所能描绘的点的数量，一般以横向点乘纵向点来表示，如分辨率为1920像素×1084像素时，屏幕上就有2081280个像素点，通常显卡的分辨率包括：1024×768、1152×864、1280×1024、1600×1200、1920×1084、2048×1536、2560×1600等。

2.5.3 显卡的主流产品

目前显卡的品牌也有很多，如影驰、七彩虹、索泰、MSI微星、镭风、ASL翔升、技嘉、蓝宝石、华硕、铭瑄、映众、迪兰、XFX讯景、铭鑫、映泰等，但是主要采用的是NVIDIA和AMD显卡芯片，下面首先介绍下两大公司主流的显卡芯片型号。

公司/档次	低端入门级	中端实用级	高端发烧级
NVIDIA公司	GT740、GT730、GT720、GT640、GT630、GT610、G210	GTX960、GTX750Ti GTX750、GTX660、GTX650Ti Boost、GTX650Ti、GTX650	GTX980、GTX970、GTX960GTX Titan Black、GTX TitanZ、GTX Titan X、GTX Titan、GTX780Ti、GTX780、GTX770、GTX760
AMD公司	R7 240、R7 250、R9 270	R9 280X、R7 260X、HD7850、HD7750、HD7770	R9 295X2、R9 290X、R9 290、R9 280X、R9 285、R9 280、R9 270X、HD7990、HD7970、HD7950、HD7870

通过上表了解了不同档次的显卡芯片后，对于我们挑选合适的显卡是极有帮助的，下面介绍几款主流显卡供读者参考。

1. 影驰 GT630 虎将 D5

影驰 GT630 虎将 D5 属于入门级显卡，拥有一定的游戏性能，且性价比较高。其搭载了 GDDR5 高速显存颗粒，组成了 1024M/128bit 的显存规格，核心显存频率为 810Mz/3100MHz，采用了 40nm 制程的 NVIDIA GF108 显示核心，支持 DX11 特效，整合 PhysX 物理引擎，支持物理加速功能，内置 7.1 声道音频单元，独有 PureVideo HD 高清解码技术能够轻松实现高清视频的硬件解码。

2. 七彩虹 iGame 750 烈焰战神 U-Twin-1GD5

七彩虹 iGame750 烈焰战神 U-Twin-1GD5 显卡利用最新的 28nm 工艺 Maxwell 架构的 GM107 显示核心，配备了多达 512 个流处理器，支持 NVIDIA 最新的 GPU Boost 技术，核心频率动态智能调节尽最大可能发挥芯片性能，而又不超出设计功耗，1G/128bit GDDR5 显存，默认频率 5000MHz，为核心提供 80GB/s 的显存带宽，轻松应对高分辨率高画质的 3D 游戏。一体式散热模组 + 涡轮式扇叶散热器，并通过自适应散热风扇风速控制使散热做到动静皆宜。接口部分，iGame750 烈焰战神 U-Twin-1GD5 V2 提供了 DVI+DVI+miniHDMI 的全接口设计，并首次原生支持三屏输出，轻松搭建 3 屏 3D Vsion 游戏平台，为高端玩家提供身临其境的游戏体验。

3. 影驰 GTX960 黑将

影驰 GTX960 黑将采用了最新的 28nm 麦克斯韦 GM206 核心，拥有 1024 个流处理器，搭载极速的显存，容量达到 2GB，显存位宽为 128Bit，显存频率则达到了 7GHz。影驰 GTX960 黑将的基础频率为 1203MHz，提升频率为 1266MHz，设计方面，其背面安装了一块铝合金背板，整块背板都进行了防导电处理，不仅能够有效保护背部元件，而且能够有效减少 PCB 变形弯曲的情况发生。背板后有与显卡 PCB 对应的打孔，在保护显卡之余，还能大幅提升显卡散热。接口部分，采用 DP/HDMI/DVI-D/DVI-I 的全接口设计，支持三屏 NVIDIA Surround 和四屏输出。

4. 迪兰 R9 280 酷能 3G DC

迪兰 R9 280 酷能 3G DC 属于发烧级显卡，具有非常出色的游戏表现性，使用的是 GCN 架构配合 28nm 制造工艺的核心设计，搭载 3072MB 超高显存容量以及 384bit 位宽设计，完美支持 DirectX 11.2 游戏特效、CrossFire 双卡交火、支持 ATIPowerplay

自动节能等技术；可以满足各类游戏玩家需求。散热方面，采用双风扇散热系统，噪声更低、散热性能更强。接口方面，采用了 DVI + HDMI + 2xMini DisplayPort 的输出接口组合，可以输出 4096×2160 的最高分辨率。

5. 微星（MSI）GTX 970 GAMING 4G

微星（MSI）GTX 970 GAMING 4G 是微星专为游戏玩家打造的超公版显卡，基于 Maxwell 架构设计以及 28nm 制造工艺，配备了 GM204 显示核心，内置 1 664 个流处理器，病配备 256bit/4GB 的高规格显存轻松提供流畅高特效游戏画面，并且全面支持 DX12 特效显示。供电方面采用 "6+2" 相供电设计，为显卡超频能力提供了强有力的保障。散热方面，采用全新的第五代 Twin Frozr 双风扇散热系统，为显卡提供了强大的散热效果。接口方面，采用了 DVI-I + DVI-D + HDMI + DP 的视频输出借口组合，可以满足玩家组建单卡多屏输出的需求。整体来看，对于追求极致体验的用户，是一个不错的选择。

2.5.4 显卡的选购技巧

显卡是电脑中既重要又特殊的部件，因为它决定了显示图像的清晰度和真实度，并且显卡是电脑配件中性能和价格差别最大的部件，便宜的显卡只有几十元，昂贵的则价格高达几千元。对于显卡的选购有许多技巧，掌握了这些技巧无疑能够帮助用户更进一步地挑选到合适的产品，下面介绍下选购显卡的技巧。

1. 根据需要选择

实际上，挑选显卡系列非常简单，因为无论是 AMD 还是 NVIDIA，其针对不同的用户群体，都有着不同的产品线与之对应。根据实际需要确定显卡的性能及价格，如用户仅仅喜爱看高清电影，只需要一款入门级产品。如果仅满足一般办公的需求，采用中低端显卡就足够了。而对于喜爱游戏的用户来说，中端甚至更为高端的产品才能够满足需求。

2. 查看显卡的字迹说明

质量好的显卡，其显存上的字迹即使已经磨损，但仍然可以看到刻痕。所以，在购买显卡时可以用橡皮擦擦拭显存上的字迹，看看字体擦过之后是否还存在刻痕。

3. 观察显卡的外观

显卡采用 PCB 板的制造工艺及各种线路的分布。一款好的显卡用料足，焊点饱满，做工精细，其 PCB 板、线路、各种元件的分布比较规范。

4. 软件测试

通过测试软件，可以大大降低购买到伪劣显卡的风险。通过安装公版的显卡驱动程序，然后观察显卡实际的数值是否和显卡标称的数值一致，如不一致就表示此显卡为伪劣产品。另外，通过一些专门的检测软件检测显卡的稳定性，劣质显卡显示的画面就有很大的停顿感，甚至造成死机。

5. 查看主芯片防假冒

在主芯片方面，有的杂牌利用其他公司的产品及同公司低档次芯片来冒充高档次芯片。这种方法比较隐蔽，较难分别，只有察看主芯片有无打磨痕迹，才能区分。

2.6 显示器的选购

本节视频教学录像：5 分钟

显示器是用户与电脑进行交流的必不可少的设备，显示器到目前为止概念上还没有统一的说法，但对其认识却大都相同，顾名思义，它应该是将一定的电子文件通过特定的传输设备显示到屏幕上再反射到人眼的一种显示工具。

2.6.1 显示器的分类

显示器的分类根据不同的划分标准，可分为多种类型。本节从两方面划分显示器的类型。

1. 按尺寸大小分类

按尺寸大小将显示器分类是最简单主观的，常见的显示器尺寸可分为 19 英寸、20 英寸、21 英寸、22 英寸、23 英寸、23.5 英寸、24 英寸、27 英寸等，以及更大的显示屏，现在市场上主要以 22 英寸和 24 英寸为主。

2. 按显示技术分类

按显示技术分类可将显示器分为液晶显示器（LCD）、离子电浆显示器（PDP）、有机电发光显示器（DEL）3 类。目前液晶显示器（LCD）在显示器中是主流。

2.6.2 显示器的性能指标

不同的显示器在结构和技术上不同，所以它们的性能指标参数也有所区别。在这里我们就以液晶显示器为例介绍其性能指标。

1. 点距

点距一般是指显示屏上两个相邻同颜色荧光点之间的距离。画质的细腻度就是由点距来决定的，点距间隔越小，像素就越高。22 英寸 LCD 显示器的像素间距基本都为 0.282mm。

2. 最佳分辨率

分辨率是显示器的重要的参数之一，当液晶显示器的尺寸相同时，分辨率越高，其显示的画面就越清晰。如果分辨率调得不合理，则显示器的画面就会模糊变形。一般 17 英寸 LCD 显示器的最佳分辨率为 1 024 像素 ×768 像素，19 英寸显示器的最佳分辨率通常为 1 440

像素 ×900 像素，更大尺寸拥有更大的最佳分辨率。

3. 亮度

亮度是指画面的明亮程度。亮度较亮的显示器画面过亮常常会令人感觉不适，一方面容易引起视觉疲劳，另一方面也使纯黑与纯白的对比降低，影响色阶和灰阶的表现。因此在提高显示器亮度的同时，也要提高其对比度，否则就会出现整个显示屏发白的现象。亮度均匀与否，和背光源与反光镜的数量与配置方式息息相关，品质较佳的显示器，画面亮度均匀，柔和不刺目，无明显的暗区。

4. 对比度

液晶显示器的对比度实际上就是亮度的比值，即显示器的亮区与暗区的亮度之比。显示器的对比度越高，显示的画面层次感就越好。目前主流液晶显示器的对比度大多集中在400∶1至600∶1的水平上。

5. 色彩饱和度

液晶显示器的色彩饱和度是用来表示其色彩的还原程度的。液晶每个像素由红、绿、蓝（RGB）子像素组成，背光通过液晶分子后依靠 RGB 像素组合成任意颜色光。RGB 三原色越鲜艳，显示器可以表示的颜色范围就越广。如果显示器三原色不鲜艳，那这台显示器所能显示的颜色范围就比较窄，因为其无法显示比三原色更鲜艳的颜色，目前最高标准为 72％NTSC。

6. 可视角度

指用户可以从不同的方向清晰地观察屏幕上所有内容的角度。由于提供 LCD 显示器显示的光源经折射和反射后输出时已有一定的方向性，超出这一范围观看就会产生色彩失真现象，CRT 显示器不会有这个问题。目前市场上出售的 LCD 显示器的可视角度都是左右对称的，但上下就不一定对称了。

2.6.3 显示器的主流产品

显示器品牌有很多种，在液晶显示器品牌中，三星、LG、华硕、明基、AOC、飞利浦、长城、优派、HKC 等是市场中较为主流的品牌。

1. 明基（BenQ）VW2245Z

明基 VW2445Z 是一款 21.5 英寸液晶显示器，外观方面采用了主流的钢琴烤漆黑色外观，4.5 毫米超窄边框设计，显示器厚度仅有 17mm，十分轻薄。面板方面采用 VA 面板，无亮点而且漏光少，上下左右各 178°超广视角，不留任何视觉视角。该显示器最大特点是不闪屏，滤蓝光技术，可以在任何屏幕亮度下不闪烁，而且可以过滤有害蓝光，保护眼睛，对于长久电脑作业的用户而言，是一个不错的选择。

2.三星（SAMSUNG）S24D360HL

三星 S24D360HL 是一款 23.6 英寸 LED 背光液晶显示器，外观方面采用塑料材质，搭配白色设计，配以青色的贴边，十分时尚。面板方面，采用三星独家的 PLS 广视角面板，确保屏幕透光率更高，更加透亮清晰，屏幕比例为 16:9，支持 178/178° 可视角度和 LED 背光功能，可以提供 1920×1080 最佳分辨率，1000:1 静态对比度和 100 万:1 动态对比度，5ms 灰阶响应时间，并提供了 HDMI 和 D-Sub 双接口，是一款较为实用的显示器。

3.戴尔（DELL）P2314H

戴尔 P2314H 是一款 23 英寸液晶显示器，外观方面采用黑色磨砂边框，延续了戴尔极简的商务风格，面板采用 LED 背光和 IPS 技术，支持 1920×1080 全高清分辨率的 16:9 显示屏，拥有 2 000 000:1 的高动态对比度与 86% 的色域，8ms 响应时间，178° 的超广视角，确保了全高清的视觉效果。另外，该显示器采用专业级的"俯仰调节 + 左右调节 + 枢轴旋转调节"功能，在长

文本及网页阅读、竖版照片浏览、多图表对比等应用上拥有宽屏无以比拟的优势，同时也是多连屏实现的基础，也属于性价比较高的"专业性"屏幕。

4.SANC G7 Air

SANC G7 Air 采用 27 英寸的苹果屏，是一款专为竞技爱好者设计的显示器。外观方面采用超轻薄的设计，屏幕最薄处仅为 8.8mm，土豪香槟金铝合金支架，更具现代金属质感。面板方面采用 AH-IPS 面板，最佳分辨率为 2560×1440 像素，黑白响应时间为 5ms，拥有 10.7 亿的色数，178° 超广视角，满足游戏玩家丰富色彩要求，临场感十足。

2.6.4 显示器的选购技巧

选购显示器要分清其用途，以实用为主。

（1）就日常上网浏览网页而言，一般的显示器就可以满足用户。普通液晶与宽屏液晶各有优势，总体来说，在图片编辑应用上，使用宽屏液晶更好，而在办公文本显示应用上，普通

液晶的优势更大。

(2) 就游戏应用而言，对于准备购买液晶的朋友来说宽屏液晶是不错的选择，它拥有 16:9 的黄金显示比例，在支持宽屏显示的游戏中优势是很非常明显的，它比传统 4:3 屏幕的液晶更符合人体视觉舒适性，并且相信以后推出的大多数游戏都会提供宽屏显示，那时宽屏液晶可以获得更好的应用。

2.7 电源的选购

本节视频教学录像：4 分钟

在选择电脑时，我们往往只注重 CPU、主板、硬盘、显卡、显示器等产品，但常常忽视了电源的重要作用。一颗强劲的 CPU 会带着我们在复杂的数码世界里飞速狂奔，一块很酷的显卡会带我们在绚丽的 3D 世界里领略那五光十色的震撼，一块很棒的声卡更能带领我们进入那美妙的音乐殿堂。在享受这一切的同时，你是否想到还有一位幕后英雄在为我们默默地工作呢？这就是我将向大家介绍的电源了。熟悉电脑的用户都知道，电源的好与坏直接关系到系统的稳定与硬件的使用寿命。尤其是在硬件升级换代的今天，虽然工艺上的改进可以降低 CPU 的功率，但同时高速硬盘、高档显卡、高档声卡层出不穷，使相当一部分电源不堪重负。令人欣慰的是，在 DIY 市场大家越来越重视对电源的选购，那么怎样才能选购一款合适的电源呢？

1. 品牌

目前市场上比较有名的品牌有：航嘉、金河田、游戏悍将、鑫谷、长城机电、百盛、世纪之星以及大水牛等，这些都通过了 3C 认证，选购比较放心。

航嘉 MVP500

鑫谷 GP600G黑金版

2. 输入技术指标

输入技术指标有输入电源相数、额定输入电压以及电压的变化范围、频率、输入电流等。一般这些参数及认证标准在电源的铭牌上都有明显的标注。

3. 安全认证

电源认证也是一个非常重要的环节，因为它代表着电源达到了何种质量标准。电源比较有名的认证标准是 3C 认证，它是中国国家强制性产品认证的简称，将 CCEE（长城认证）、CCIB（中国进口电子产品安全认证）和 EMC（电磁兼容认证）三证合一。一般的电源都会符合这个标准，若没有，最好不要选购。

4．功率的选择

虽然现在大功率的电源越来越多，但是并非电源的功率越大越好，最常见的是 350W 的。一般要满足整台电脑的用电需求，最好有一定的功率余量，尽量不要选小功率电源。

5．电源重量

通过重量往往能观察出电源是否符合规格，一般来说：好的电源外壳一般都使用优质钢材，材质好、质厚，所以较重的电源，材质一般都较好。电源内部的零件，比如变压器、散热片等，同样是重的比较好。好电源使用的散热片应为铝制甚至铜制的，而且体积越大散热效果越好。一般散热片都做成梳状，齿越深，分得越开，厚度越大，散热效果越好。基本上，我们很难在不拆开电源的情况下看清散热片，所以直观的办法就是从重量上去判断了。好的电源，一般会增加一些元件，以提高安全系数，所以重量自然会有所增加。劣质电源则会省掉一些电容和线圈，重量就比较轻。

6．线材和散热孔

电源所使用的线材粗细，与它的耐用度有很大的关系。较细的线材，长时间使用，常常会因过热而烧毁。另外电源外壳上面或多或少都有散热孔，电源在工作的过程中，温度会不断升高，除了通过电源内附的风扇散热外，散热孔也是加大空气对流的重要设施。原则上电源的散热孔面积越大越好，但是要注意散热孔的位置，位置放对才能使电源内部的热气及早排出。

2.8 机箱的选购

本节视频教学录像：7 分钟

机箱是电脑的外衣，是电脑展示的外在硬件，它是电脑其他配件的保护伞。所以在选购机箱时要注意以下几点。

1．注意机箱的做工

组装电脑避免不了装卸硬盘、拆卸显卡，甚至搬运机箱的动作，如果机箱外层与内部之间的边缘有切口不圆滑，那么就很容易划伤自己。机箱面板的材质是很重要的。前面板大多采用工程塑料制成，成分包括树脂基体、白色填料（常见的乳白色前面板）、颜料或其他颜色填充材料（有其他色彩的前面板）、增塑剂、抗老化剂等。用料好的前面板强度高，韧性大，使用数年也不会老化变黄；而劣质的前面板强度很低，容易损坏，使用一段时间就会变黄。

2．机箱的散热性

机箱的散热性能是我们必须要仔细考核的一个重点，如果散热性能不好，会影响整台电脑的稳定性。现在的机箱散热最常见的是利用风扇散热，因其制冷直接、价格低廉，所以被广泛应用。选购机箱要看其尺寸大小，特别是内部空间的大小。另外，选择密封性比较好的机箱，不仅可以保证机箱的散热性，还可以屏蔽掉电磁辐射，减少电脑辐射对人的伤害。

3．注意机箱的安全设计

机箱材料是否导电，是关系到机箱内部的电脑配件是否安全的重要因素。如果机箱材料是不导电的，那么产生的静电就不能由机箱底壳导到地下，严重的话会导致机箱内部的主板等烧坏。冷镀锌电解板的机箱导电性较好，涂了防锈漆甚至普通漆的机箱，导电性是不过关的。

4.注重外观忽略兼容性

机箱各式各样，很多用户喜欢选择外观好看的，往往忽略机箱的大小和兼容性，如选择标准的 ATX 主板，mini 机箱不支持；选择中塔机箱，很可能要牺牲硬盘位，支持部分高端显卡，因此综合考虑自己的需求，选择一个符合要求的机箱。

金河田 21+预见 N-6雅典白机箱外部

金河田 21+预见 N-6雅典白机箱内部构造

2.9 鼠标和键盘的选购

本节视频教学录像：7 分钟

键盘和鼠标是电脑中重要的输入设备，是必不可少的，而它们的好坏影响着电脑的输入效率。

2.9.1 鼠标

鼠标是电脑输入设备的简称，分为有线和无线两种。

鼠标按其工作原理及其内部结构的不同可以分为机械式、光机式和光电式。目前，最常用的鼠标类型是光电式鼠标。它是通过内部的一个发光的二极管发出光线，光线折射到鼠标接触的表面，然后反射到一个微成像器上。

鼠标按照连接方式主要分为有线鼠标、无线鼠标等。有线鼠标的优点是稳定性强、反应灵敏，但便携性差，使用距离受限；无线鼠标的优点是便于携带、没有线的束缚，但稳定性差，易受干扰，需要安装干电池。

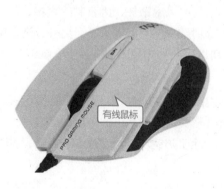

有线鼠标

无线鼠标

一个好的鼠标应当外形美观，按键干脆，手感舒适，滑动流畅，定位精确。

手感好就是用起来舒适，这不但能提高工作效率，而且对人的健康也有影响，不可轻视。

① 手感方面

好的鼠标手握时感觉舒适且与手掌贴合，按键轻松有弹性，滑动流畅，屏幕指标定位精确。

② 就不同用户而言

普通用户往往对鼠标灵敏度要求不太高，主要看重鼠标的耐用性；游戏玩家用户注重鼠标的灵敏性与稳定性，建议选用有线鼠标；专业用户注重鼠标的灵敏度和准确度；普通的办公应用和上网冲浪的用户，一只 50 元左右的光电鼠标已经能很好地满足需要了。

③ 品牌

市场鼠标的种类很多，不同品牌的鼠标质量、价格不尽相同，在够买时要注重口碑好的品牌，那样质量、服务有保证。

④ 使用场合

一般情况下，有线鼠标适用于家庭和公共场合。而无线鼠标并不适用于公共场合，它体积小，丢失不易寻找。在家中使用无线鼠标可以保证桌面整洁，不会有太多连接线，经常出差人的携带无线鼠标较为方便。

2.9.2 键盘

键盘在电脑使用中，主要用于数据和命令的输入，如可以输入文字、字母、数字等，也可以通过某个按键或组合键执行操作命令，如按【F5】键，可以刷新屏幕页面，按【Enter】键，执行确定命令等，因此它的手感好坏影响操作是否顺手。

常见的键盘主要可分为机械式和电容式两类，现在的键盘大多都是电容式键盘。键盘如果按其外形来划分又有普通标准键盘和人体工学键盘两类。按其接口来分主要有PS/2接口（小口）、USB 接口以及无线键盘等种类的键盘。在选购键盘时，可根据以下几点进行选购。

日常使用的电容式键盘

游戏专用的机械键盘

(1) 键盘触感

好的键盘在操作时，感觉比较舒适，按键灵活有弹性，不会出现键盘被卡住的情况，更不会有按键沉重、按不下去的感觉。好的触感，可以让我们在使用中得心应手。在购买时，试敲一下，看是否适合自己的使用习惯和具有良好的触感。

(2) 键盘做工

键盘的品牌繁多，但在品质上赢得口碑的却并不多。双飞燕、罗技、雷柏、精灵、Razer（雷蛇）等品牌，它们在品质上给予了用户保障。一般品质较好的键盘，它的按键布局、键帽大小和曲度合理，按键字符清晰，而一些键盘做工粗糙，按键弹性差，字迹模糊且褪色，没有品牌标识等，影响用户正常使用。

(3) 键盘的功能

购买键盘时，应根据自己的需求再进行购买。如果用来玩游戏，对键盘的操作性能要求较高，可以购买游戏类键盘；如果用来上网、听音乐、看视频等，可以购买一个多媒体键盘；如果用来办公，购买一般的键盘即可。

2.10 其他常用硬件的选购

本节视频教学录像：6分钟

一台完整的电脑，除了电脑主机硬件外，还需要配耳麦、音箱、U 盘及路由器等，以发挥其最大的性能，本节主要讲述电脑其他硬件的选购技巧。

2.10.1 音箱的选购

在家庭娱乐中，音箱是必不可少的声音输出硬件，好的音箱则可给我们带来逼真的声音效果，本节就来介绍如何选择音箱。

1. 音箱的性能指标

● 音箱功率：它决定了音箱所能发出的最大声音强度。目前音箱功率的标注方式有两种：额定功率和峰值功率。额定功率是指能够长时间正常工作的功率值，峰值功率则是指在瞬间能达到的最大值。虽说功率是越大越好，但也要适可而止，一般应根据房间的大小来选购，如 20 平方米的房间，60W 功率的音箱也就足够了。

● 音箱失真度：它直接影响到音质音色的还原程度，一般用百分数表示，越小越好。

● 音箱频率范围：它是指音箱最低有效回放频率与最高有效回放频率之间的范围，单位是赫兹（Hz），一般来说目前的音箱高频部分较高，低频则略逊一筹，如果你对低音的要求比较高，建议配上低音炮。

● 音箱频率响应：它是指音箱产生的声压和相位与频率的相关联系变化，单位是分贝（dB）。分贝值越小说明失真越小，性能越高。

● 音箱信噪比：同声卡一样，音箱的选购中信噪比也是一个非常重要的指标，信噪比过低噪声严重，会严重影响音质。一般来说，音箱的信噪比不能低于 80 分贝，低音炮的信噪比不能低于 70 分贝。

2. 辨别音箱好坏的简单方法

(1) 眼观

选购音箱时一定要注意与自己的电脑显示屏搭配合适，颜色看上去协调。目前的电脑音箱很多已经摆脱了传统的长方体造型，而采用了一些外形独特、更加美观时尚的造型。选购时完全凭用户自己的个人所好。但是音箱的实质还是在于它的音质，如果音质不佳的话，那么再漂亮的外观也是无济于事的。

(2) 手摸

用手摸音箱的做工。塑料音箱应该摸一下压模的接缝是否严密，打磨得是否光滑；如果是木质音箱的话，有许多并不是真正木质的，而是采用的中密度板，应该摸一下表面的贴皮是否平整，接缝处是否有突起。这些虽然不会影响音箱的品质，但是却代表了厂商的态度和工艺水平。 在挑选音箱时，掂分量是非常重要的一步。如果一台个头颇大的木质音箱很轻的话，那么它的性能一定也不会好到哪里去。扬声器单元口径（低音部分）一般在 2 ~ 6 英寸，在此范围内，口径越大灵敏度越高，低频响应效果越好。

(3) 听音

听音时不要将音量开到最大，基本上开到三分之二处能够不失真就基本可以了。同时需要注意的是采用不同的声卡，效果也有差异，因此在听音时还应该了解一下商家提供的是什么声卡，以便正确地定位。

漫步者 R201T08 音箱

麦博 M-200音箱

2.10.2　摄像头的选购

电脑娱乐性的加强和网络生活的丰富，带动了国内互联网带宽和电脑视频软硬件的发展，摄像头已经成为许多新新人类必备的电脑配件了。摄像头产品繁多，规格复杂，究竟应该怎样选择，才能买到一款效果令人满意的摄像头，避免使用劣质摄像头造成误会呢？

蓝色妖姬 T3200 黑曜石

天敏畅快聊 S603HD

(1) 适合自己最重要

现在市场上常见的大部分都是免驱的摄像头，即只要将摄像头与电脑连接，不需要下载安装驱动程序就可以直接使用。而这类摄像头的参数调节，可以在 IM 软件中去设置。但是，有些摄像头具有的独特的功能，还需要下载安装软件才能实现。针对摄像头的使用范围，摄像头的支架发生了很大的变化，例如摆放在桌面上的高杆支架、可以夹在笔记本电脑和液晶显示器上的卡夹支架等。外形简单小巧、注重携带方便成为摄像头设计的重要元素，用户在购买时可以根据自己的实际需要进行选择。

(2) 镜头

镜头是摄像头重要的组成部分之一，摄像头的感光元件一般分为 CCD 和 CMOS 两种。摄影摄像方面，对图像要求较高，因此多采用 CCD 设计。而摄像头对图像要求没这么高，应用于较低影像的 CMOS 已经可以满足需要。而且 CMOS 很大一个优点就是制造成本较 CCD 低，功耗也小很多。

除此之外，还可以注意一下镜头的大小，镜头大的成像质量会好些。

(3) 灵敏度

摄像头使用过程中，如果大幅度移动摄像头，画面会出现模糊不清的状况，必须等稳定下来后画面才会逐渐清晰，这就是摄像头灵敏度低的表现。

(4) 像素

像素值是影响摄像头质量和照片清晰度的重要指标，也是判断摄像头性能优劣的重要指标。现在市场上摄像头的像素值一般为 30 万或者 35 万左右。但是，像素越高并不代表摄像头就越好，因为像素值越高的产品，其要求更宽的带宽进行数据交换，因此我们还要根据自己的网络情况选择。一般 30 万像素的摄像头足够使用了，没有必要选择像素更高的产品。一方面是因为高像素就意味着高成本，另一方面是因为高像素必然意味着大量数据传输。

2.10.3 U 盘的选购

U 盘的选购技巧主要有以下 5 点。

1. 查看 U 盘的容量

U 盘容量是选购者考虑的首要条件之一，不少商家在 U 盘的外观上标注 U 盘的容量很大，但是实际容量却小得多。U 盘容量可以通过电脑系统查看，电脑连接 U 盘之后，右键单击 U 盘，选择属性即可查看真实容量，要买接近标注容量的。

2. 查看 U 盘接口类型

U 盘接口主要是 USB 接口类型，分为 3.0 接口和 2.0 接口，USB 3.0 比 USB 2.0 读写速度要快 10 倍左右，但是其价格也相对较高，一般 USB 3.0 接口的 U 盘，其前端芯片为蓝色。另外有双接口（Micro USB 和 USB），主要区别是支持插入包含 OTG 功能的手机中进行读写使用。

3. 查看 U 盘传输速度

U 盘的传输速度是衡量一个 U 盘好坏的标准之一，好的 U 盘传输数据的速度更快。一般 U 盘都会标明它的写入和读写速度。

4. 查看品牌与做工

劣质 U 盘外壳手感粗糙，耐用度较差。好的 U 盘外壳材料精致。最重要的是外壳能保护好里面的芯片，不要图便宜而选择较差的产品，通常品牌 U 盘在这方面做得比较好，毕竟品牌注重的是口碑。推荐品牌：金士顿、闪迪、SSK 飚王、威刚、联想、金邦科技等。

5. 要看售后服务

在选购 U 盘时，一定要询问清楚售后服务，例如：保修、包换等问题。这也是衡量 U 盘好坏的一个重要指标。

2.10.4　移动硬盘的选购

移动硬盘的选购可参考 U 盘选购的几项选购技巧，另外也要注意以下两点。

1. 移动硬盘不一定是越薄越好

主流的移动硬盘售价越来越便宜，外形也越来越薄。但一味追求低成本和漂亮外观，使得很多产品都不具备防震措施，有些甚至连最基本的防震填充物都没有，其存储数据的可靠性也就可想而知了。

一般来说，机身外壳越薄的移动硬盘其抗震能力越差。为了防止意外摔落对移动硬盘的损坏，有一些厂商推出了超强抗震移动硬盘。其中不少厂商宣称自己是 2 米防摔落，其实高度根本就不应该是关注的重点，应该关注这个产品是否通过了专业实验室不同角度数百次以上的摔落测试。通常移动硬盘意外摔落的高度为 1 米左右（即办公桌的高度，也是普通人的腰高），在选购产品时，可以让经销商给现场演示一下。

2. 附加价值

不少品牌移动硬盘会免费赠送些杀毒软件、个人信息管理软件、一键备份软件、加密软件等，可根据自己的需求进行取舍。

2.10.5　路由器的选购

路由器对于绝大多数家庭而言，已是必不可少的网络设备，尤其是家庭中拥有无线终端设备的，需要无线路由器的帮助，接入网络，下面介绍如何选购路由器。

1. 关于型号认识

在购买路由器时，会发现标注有 300M、450M 和 600M 等，这里的 M 是 Mbps（比特率）的简称，描述数据传输速度的一个单位。理论上，300Mbps 的网速，每秒传输的速度是 37.5MB/s，600Mbps 的网速，每秒传输的速度是 75MB/s，其用公式表示就是每秒传输

速度 = 网速 /8。不过对于一般用户来讲，300M 的路由器已经足够，根据网络实际情况选择即可。

2. 关于型号

路由器按照功能分，主要分为有线路由器和无线路由器，如果只是单纯地连接电脑，选择有线的就可以，如果经常使用无线设备，如手机、平板电脑及智能家居设备等，则需要选择无线路由器。按照用途分，主要分为家用路由器和企业级路由器两种，家用路由器一般发射频率较小，接入设备也有限，主要满足家庭需求，而企业级路由器，由于用户较多，其发射频率较大，支持更高的无线带宽和更多用户的使用，而且固件具备更多功能，如端口扫描、数据防毒、数据监控等，当然其价格也较贵。如果是企业用户，建议选择企业级路由器，否则网络会受影响，如网速慢、不稳定、易掉线、设备死机等。

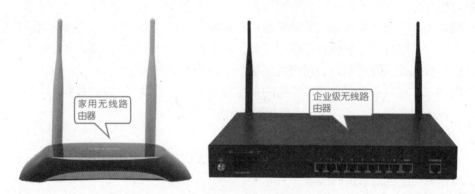

另外，路由器也分为普通路由器和智能路由器，其最主要的区别是，智能路由器拥有独立的操作系统，可以实现智能化管理，用户可以自行安装各种应用，自行控制带宽、在线人数、浏览网页、在线时间，而且拥有强大的 USB 共享功能。如华为、极路由、百度、小米等推出了自己的智能路由器，现在也成为时下热点，不过选择普通路由器还是智能路由器，完全根据用户需求，如果用不到智能路由器的功能，就没必要花高价买潮流了。

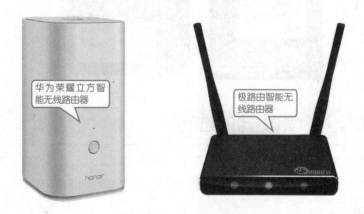

3. 单频还是双频

路由器的单频和双频，指的是一种无线网络通信协议，双频包含 802.11n 和 801.11ac，而单频只有 802.11n，单频中 802.11n 发射的无线频率采用的是 2.4GHz 频段，而 802.11.ac 采用的是 5GHz 频段，在使用双频路由器时会发现，有两个无线信号，一个是 2.4GHz，一个是 5GHz，在传输速度方面 5GHz 频段的传输速度更强，但是其传输距离和穿墙性能不如 2.4GHz，对于一般用户来讲，如果没有支持 801.11ac 的无线设备，选择双频路由器也无法搜索到该频段网络。适合才是最好的，当然不可否认，5GHz 是近段无线网络发展的一种方向。

4. 安全性

由于路由器是网络中比较关键的设备，针对网络存在的各种安全隐患，路由器必须要有可靠性与线路安全。选购时安全性能是参考的重要指标之一。

5. 控制软件

路由器的控制软件是路由器发挥功能的一个关键环节，从软件的安装、参数自动设置，到软件版本的升级都是必不可少的。软件安装、参数设置及调试越方便，用户就越容易掌握使用方法，就能更好地应用。如今不少路由器已提供 APP 支持，用户可以使用手机调试和管理路由器，对于初级用户也是很方便的。

高手私房菜

本节视频教学录像：分钟

技巧 1：认识 CPU 的盒装和散装

在购买 CPU 时，会发现部分型号中带有"盒"字样，部分读者对此也是不明就里的，下面就介绍下 CPU 盒装和散装。

(1) 是否带有散热器。CPU 盒装和散装的最大区别是，盒装 CPU 带有原厂的 CPU 散热器，而散装 CPU 就没有配带散热器，需要单独购买。

(2) 保修时长。盒装和散装 CPU 在质保时长上是有区别的，通常，盒装 CPU 的保修期为三年，而散装 CPU 保修期为一年。

(3) 质量。虽然盒装 CPU 和散装 CPU 存在是否带散热器和保修时长问题，但是如果都是正品的话，不存在质量差异。

(4) 性能。在性能上，同型号 CPU，盒装和散装不存在性能差异，是完全相同的。

出现盒装和散装的原因，主要是 CPU 供货方式不同，供应给零售市场主要是盒装产品，而供给品牌机厂商的主要是散装产品，另外，也可能由于品牌机厂商外泄或由于代理商采取了特定的销售策略。

对于用户，选择盒装和散装，主要根据用户需求，一般的用户，选择一个盒装 CPU，配备其原装 CPU 就可以满足使用要求，如果考虑价格的话，也可以选择散装 CPU，自行购买一个散热器即可。对于部分发烧友，尤其是超频玩家，CPU 发热量过大，就需要另行购买散热器，所以选择散装就比较划算。

技巧 2：企业级的路由器选择方案

对于企业级路由器而言，由于终端用户数较多，因此不能选择普通家庭用路由器，这样会造成网速过慢，从而影响工作效率。企业级路由器选购时应注意以下几点。

(1) 性能及冗余、稳定性

路由器的工作效率决定了它的性能，也决定了运行时的承载数据量及应用。此外，路由器的软件稳定性及硬件冗余性也是必须考虑的因素，一个完全冗余设计的路由器可以大大提高设备运行的可靠性，同时软件系统的稳定也能确保用户应用的开展。

(2) 接口

企业的网络建设必须要考虑带宽、连续性和兼容性，核心路由器的接口必须考虑在一个设备中可以同时支持的接口类型，比如各种铜芯缆及光纤接口的百兆／千兆以太网、ATM接口和高速 POS 接口等。

(3) 端口数量

选择一款适用的路由器必然要考虑路由的端口数，市场上的选择很多，从几个端口到数百个端口的都有，用户必须根据自己的实际需求及将来的需求扩展等多方面来考虑。一般而言，对于中小企业来说，几十个端口即能满足需求；真正重要的是对大型企业端口数的选择，一般都要对网段的数目进行统计，并对企业网络今后可能的发展进行预测，然后再做选择，从几十到几百个端口，可以根据需求进行合理选择。

(4) 路由器支持的标准协议及特性

在选择路由器时必须要考虑路由器支持的各种开放标准协议，开放标准协议是设备互联的前提，所支持的协议则说明设计上的灵活与高效。比如查看其是不是支持完全的组播路由协议、是不是支持 MPLS、是不是支持冗余路由协议 VRRP。此外，在考虑常规 IP 路由的同时，有些企业还会考虑路由器是否支持 IPX、AppleTalk 路由。

(5) 确定管理方法的难易程度

目前路由器的主流配置有三种，一种是傻瓜型路由器，它不需要配置，主要用户群是家庭或者 SOHO；第二种是采用最简单 Web 配置界面的路由器，主要用户群是低端中小型企业，因为它面向的是普通非专业人士，所以它的配置不能太复杂；第三种方式是借助终端通过专用配置线连到路由器端口上做直接配置，这种路由器的用户群是大型企业及专业用户，所以它在设置上要比低端路由器复杂得多，而且现在的高端路由器都采用了全英文的命令式配置，应该由经过专门培训的专业人士来进行管理、配置。

(6) 安全性

由于网络黑客和病毒的流行，网络设备本身的保护和低御能力也是选择路由器的一个重要因素。路由器本身在使用 RADIUS/TACACS+ 等认证的同时，会使用大量的访问控制列表 (ACL) 来屏蔽和隔离，用户在选择路由器时要注意 ACL 的控制。

第 2 篇
组装实战篇

第

3 章

电脑硬件组装实战

 本章视频教学录像：23 分钟

高手指引

　　了解了电脑各部件的原理、性能，并进行相应的选购后，用户可以对选购的电脑配件进行组装。本章中主要介绍机箱内部硬件的组装，外部设备的连接及电脑组装后的检测等基本技能。

重点导读

✚ 掌握电脑装机前的准备事项
✚ 掌握内部硬件的组装方法
✚ 掌握外部设备的连接方法
✚ 掌握电脑组装后的检测方法

3.1 电脑装机前的准备

本节视频教学录像：8 分钟

在组装电脑前需要提前做好准备，如装机工具、安装流程及注意事项等，当一切工作都准备就绪后，再去组装电脑就轻松多了，具体准备工作如下。

3.1.1 制定组装的配置方案

不同的用户对电脑有不同的需求，如用于办公、娱乐、游戏等，因而它们的硬件也不尽相同。因此，在确定组装电脑之前，需要根据自己的需求及预算，确定一个组装的配置方案，下面以组装一个预算 2500 元商务办公型的电脑为例，说明组装方案如何制定。

商务办公对配置虽然没有过高的要求，但是对机器的稳定性有着较高的要求，否则极容易影响办公，因此在电脑硬件选购上，应选择一些有较好口碑、性能稳定的配件进行搭配。那么，我们就可以根据其特性，进行硬件的搭配了，可以设置如下的表格，填写硬件信息及价格。

名称	型号	数量	价格
CPU	英特尔 酷睿 i3 4170	1	¥670
主板	技嘉 B85M-D3V-A	1	¥405
内存	金士顿 DDR3 8G	1	¥210
硬盘	希捷 2TB 7200 转 64MB SATA3	1	¥430
固态硬盘	金士顿 V300	1	¥280
电源	航嘉 冷静王 2.31	1	¥155
显卡 / 声卡 / 网卡	集成	–	–
机箱	大水牛 风雅	1	¥115
CPU 散热器	酷冷至尊 夜鹰	1	¥35
显示器	明基 VW2245	1	¥700
键鼠套装	双飞燕 WKM-1000 针光键鼠套装	1	¥70
合计			¥2400

同样，用户可以根据此方法，制定自己的电脑配置方案。

3.1.2 必备工具的准备

工欲善其事，必先利其器。在装机前一定要将需要用的工具准备好，这样可以让你轻松完成装机全过程。

1. 工作台

平稳、干净的工作台是必不可少的。需要准备一张桌面平整的桌子，在桌面上铺上一张防静电的桌布，即可作为简单的工作台。

2. 十字螺丝刀

在电脑组装过程中，需要用螺丝将硬件设备固定在机箱内，十字螺丝刀自然是不可少的，建议最好准备带有磁性的十字螺丝刀，这样方便在螺丝掉入机箱内时，将其取出来。

如果螺丝刀没有磁性，可以在螺丝刀中下部绑缚一个磁铁，这样同样可以达到磁性螺丝刀的效果。

若风扇上带有散热膏，就不需要进行准备。

3. 尖嘴钳

使用尖嘴钳主要用来拆卸机箱后面材质较硬的各种挡板，如电源挡板、显卡挡板、声卡挡板等，也可以用来夹住一些较小的螺丝、跳线帽等零件。

5. 绑扎带

绑扎带主要用来整理机箱内部各种数据线，使机箱更整洁。

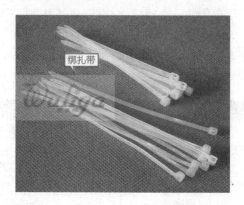

4. 导热硅脂

导热硅脂就是俗说的散热膏，是一种高导热绝缘有机硅材料，也是安装 CPU 时不可缺少的材料。它主要用于填充 CPU 与散热器之间的空隙，起到较好的散热作用。

3.1.3 组装过程中的注意事项

电脑组装是一个细活，安装过程中容易出错，因此需要格外细致，并注意以下问题。

(1) 检查硬件、工具是否齐全

将准备的硬件、工具检查一遍，看其是否齐全，可按安装流程对硬件进行有顺序的排放，并仔细阅读主板及相关部件的说明书，看是否有特殊说明。另外，硬件一定要放在平整、安全的地方，防止发生不小心造成的硬件划伤，或从高处掉落等现象。

(2) 防止静电损坏电子元器件

在装机过程中，要防止人体所带静电对电子元器件造成损坏。在装机前需要消除人体所带的静电，可用流动的自来水洗手，双手可以触摸自来水管、暖气管等接地的金属物，当然也可以佩戴防静电手套、防静电腕带等。

(3) 防止液体浸入电路上

将水杯、饮料等含有液体的器皿拿开，远离工作台，以免液体进入主板，造成短路，尤其在夏天工作时，要防止汗水的滴落。另外，工作环境一定要找一个空气干燥、通风的地方，不可在潮湿的地方进行组装。

(4) 轻拿轻放各配件

电脑安装时，不可强行安装，要轻拿轻放各配件，以免造成配件的变形或折断。

3.1.4 电脑组装的流程

电脑组装时，要一步一步地进行操作，电脑组装的主要流程如下图所示。

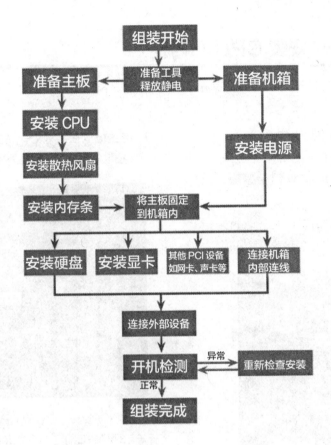

(1) 准备好组装电脑所需的配件和工具，并释放身上的静电。

(2) 主板及其组件的安装。依次在主板上安装 CPU、散热风扇和内存条，并将主板固定在机箱内。

(3) 安装电源。将电源安装到机箱内。

(4) 固定主板。将主板安装到机箱内。

(5) 安装硬盘。将硬盘安装到机箱内，并连接它们的电源线和数据线。

(6) 安装显卡。将显卡插入主板插槽，并固定在机箱上。

(7) 板接线。将机箱控制面板前的电源开关控制线、硬盘指示灯控制线、USB 连接线、音频线接入到主板上。

(8) 外部设备的连接。分别将键盘、鼠标、显示器、音箱接到电脑主机上。

(9) 电脑组装后的检测。检查各硬件是否安装正确，然后插上电源，看显示器上是否出现自检信息，以验证装机的完成。

3.2 机箱内部硬件的组装

本节视频教学录像：10 分钟

检查各组装部件全部齐全后，就可以进行机箱内部硬件的组装了，在将各个硬件安装到机箱内部之前，需要打开机箱盖。

3.2.1 安装 CPU 和内存

在将主板安装到机箱内部之前，首先需要将 CPU 安装到主板上，然后安装散热器和内存条。

1. 安装 CPU 和散热装置

在安装 CPU 时一定要掌握正确的安装步骤，使散热器与 CPU 结合紧密，便于 CPU 散热。

❶ 打开包装盒，即可看到 CPU 和散热装置，散热装置包含有 CPU 风扇和散热器。

❷ 将主板放在平稳处，在主板上用手按下 CPU 插槽的压杆，然后往外拉，扳开压杆。

❸ 拿起 CPU，可以看到 CPU 有一个金三角标志和两个缺口标志，在安装时要与插槽上的三角标志和缺口标志相互对应。

❹ 将 CPU 放入插槽中，需要注意 CPU 的针脚要与插槽吻合。不能用力按压，以免造成 CPU 插槽上针脚的弯曲甚至断裂。

> **提示**　在向 CPU 插槽中放置 CPU 时，可以看到插槽的一角有一个小三角形，安装时要遵循"三角对三角"的原则，避免错误安装。

❺ 确认 CPU 安放好后，盖上屏蔽盖，压下压杆，当发出响声时，表示压杆已经回到原位，CPU 就被固定在插槽上了。

❻ 将 CPU 散热装置的支架与 CPU 插槽上的四个孔相对应，垂直向下安装，安装完成使用扣具将散热装置固定。

❼ 将风扇的电源接头插到主板上供电的专用风扇电源插槽上。

❽ 电源插头安装完成之后就完成了 CPU 和散热装置的安装。

2．安装内存条

内存插槽位于 CPU 插槽的旁边，内存是 CPU 与其他硬件之间通信的桥梁。

❶ 找到主板上的内存插槽，将插槽两端的白色卡扣扳起。

❷ 将内存条上的缺口与主板内存插槽上的缺口对应。

存插槽中，并垂直用力在两端向下按压内存条。

③ 缺口对齐之后，垂直向下将内存条插入内

④ 当听到"咔"的声响时，表示内存插槽两端的卡扣已经将内存条固定好，至此，就完成了内存条的安装。

> **提示** 主板上有多个内存插槽，可以插入多条内存条。如需插入多条内存条，只需要按照上面的方法将其他内存条插入内存插槽中即可。

3.2.2 安装电源

在将主板安装至机箱内部之前，可以先将电源安装至机箱内。

❶ 将机箱平放在桌面上，可以看到在机箱左上角就是安装电源的地方，然后将电源小心地放置到电源仓中，并调整电源的位置，使电源上的螺丝孔位与机箱上的固定螺孔相对应。

❷ 对齐螺孔后，使用螺丝将电源固定至机箱上，然后拧紧螺丝。

固定电源

 提示　先将螺丝孔对齐，放入螺丝后再用螺丝刀将螺丝拧紧，使电源固定在机箱中。

3.2.3　安装主板

安装完成 CPU、散热装置和内存条之后就可以将主板安装到机箱内部了。

❶ 在安装主板之前，首先需要将机箱背部的接口挡板卸下，显示出接口。

卸下背部挡板

❷ 将主板放入机箱。

❸ 放入主板后，要使主板的接口与机箱背部留出的接口位置对应。

主板上接口与挡板接口对应

❹ 确认主板与定位孔对齐之后，使用螺丝刀和螺丝将主板固定在机箱中。

固定主板

3.2.4 安装显卡

安装显卡主要是指安装独立显卡。集成显卡不需要单独安装。

❶ 在主板上找到显卡插槽，将显卡金属条上的缺口与插槽上的插槽口相对应，轻压显卡，使显卡与插槽紧密结合。

❷ 安装显卡完毕，直接使用螺丝刀和螺丝将显卡固定在机箱上。

> **提示** 如同显卡安装办法，将声卡和网卡的挡板去掉，把声卡和网卡分别放置到相应的位置，然后固定好声卡和网卡的挡板，使用螺丝和螺丝刀将挡板固定在机箱上，具体方法不再赘述。

3.2.5 安装硬盘

将主板和显卡安装到机箱内部后，就可以安装硬盘了。

❶ 将硬盘由里向外放入机箱的硬盘托架上，并适当地调整硬盘位置。

❷ 对齐硬盘和硬盘托架上螺孔的位置，用螺丝将硬盘两个侧面(每个侧面有2个螺孔)固定。

> **提示** 现在光驱已经不是配备电脑的必要设备，在配置电脑时，可以选择安装光驱也可以选择不安装光驱。安装光驱时，需要先取下光驱的前挡板，然后将光驱从外向里沿着滑槽插入光驱托架，第3步在其侧面将光驱固定在机箱上，最后使用光驱数据线连接光驱和主板上的 IDE 接口，并将光驱电源线连接至光驱即可。

3.2.6 连接机箱内部连线

机箱内部有很多各种颜色的连接线，连接着机箱上的各种控制开关和各种指示灯，在硬件设备安装完成之后，就可以连接这些连线。除此之外，硬盘、主板、显卡（部分显卡）、CPU 等都需要和电源相连，连接完成，所有设备才能成为一个整体。

1. 主板与机箱内的连接线相连

机箱中大多数的部件都需要和主板相连接。

❶ F_AUDIO 连接线插口是连接 HD Audio 机箱前置面板连接接口的，选择该连接线。

❷ 将 F_AUDIO 插口与主板上的 F_AUDIO 插槽相连接。

❸ USB 连接线有两个，主板上也有两个 USB 接口，连接线上带有"USB"字样，选择该连接线。

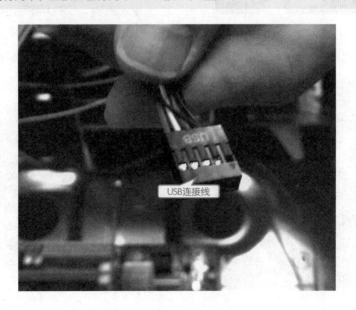

USB连接线

④ 将USB连接线与主板上的标记有"USB1"的接口相连。

⑤ 电源开关控制线上标记有"POWER SW"，复位开关控制线上标记有"RESET SW"，硬盘指示灯控制线上标记有"H.D.D LED"。

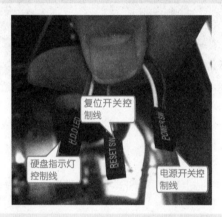

⑥ 将标记有"H.D.D LED"的硬盘指示灯控制线与主板上标记有"+HD+"的接口相连。

⑦ 将标记有"RESET SW"的复位开关控制线与主板上标记有"+RST-"的接口相连。

⑧ 将标记有"POWER SW"的电源开关控制线与主板上标记有"-PW+"的接口相连。

2. 主板、CPU 与电源相连

主板和CPU等部件也需要与电源相连接。

① 主板电源的接口为 24 针接口，选择该连接线。

② 在主板上找到主板电源线插槽，将电源线接口连接至插槽中。

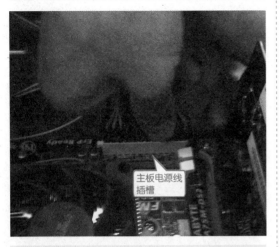

③ 选择 4 口 CPU 辅助电源线（共 2 根）。

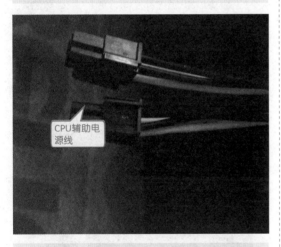

④ 选择任意一根 CPU 辅助电源线，将其插入主板上的 4 口 CPU 辅助电源插槽中。

⑤ 选择机箱上的电源指示灯线。

⑥ 将其接口与电源线上对应的接口相连接。

提示　如果主板和机箱都支持 USB 3.0，那么需要在接线时，将机箱前端的 USB 3.0 数据线接入主板中，如下图所示。

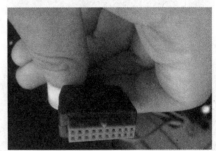

3. 硬盘线的连接

硬盘上线路的连接主要包括硬盘电源线的连接以及硬盘数据线和主板接口的连接。

❶ 找到硬盘的电源线。

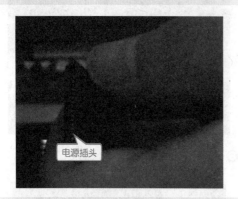

❷ 找到硬盘上的电源接口，并将硬盘电源线连接至硬盘电源接口。

❸ 选择硬盘 SATA 数据线。

❹ 将其一端插入硬盘的 SATA 接口，另一端连接至主板上的对应的 SATA 0 接口上。

❺ 连接好各种设备的电源线和数据线后，可以将机箱内部的各种线缆理顺，使其相互之间不缠绕，增大机箱内部空间，便于 CPU 散热。

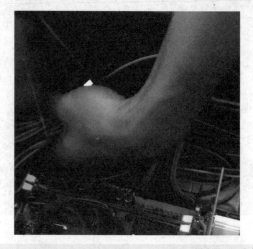

❻ 将机箱后侧面板安装好并拧好螺丝，就完成了机箱内部硬件的组装。

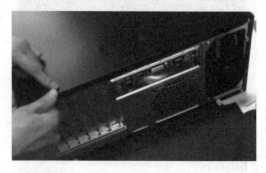

3.3　外部设备的连接

本节视频教学录像：2 分钟

连接外部设备主要是指连接显示器、鼠标、键盘、网线、音响等基本的外部设备。其主要集中在主机后部面板上，下图为主板外部接口图。

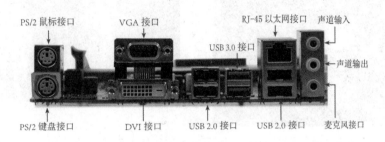

● PS/2 接口，主要用于连接 PS/2 接口型的鼠标和键盘。不过部分主板保留了一个 PS/2 接口，仅支持接入一个鼠标或键盘，则另外一个需要使用 USB 接口。

● VGA 和 DVI 接口，都是连接显示器用，不过一般使用 VGA 接口。另外，如果电脑安装了独立显卡，则不使用这两个接口，一般直接接入独立显卡上的 VGA 接口。

● USB 接口，可连接一切 USB 接口设备，如 U 盘、鼠标、键盘、打印机、扫描仪、音箱等设备。目前，不少主板有 USB 2.0 和 USB 3.0 接口，其外观区别是，USB 2.0 多采用黑色接口，而 USB 3.0 多采用蓝色接口。

● RJ–45 以太网接口，就是连接网线的端口。

● 音频接口，大部分主板包含了 3 个插口，包括粉色麦克风接口、绿色声道输出接口和蓝色声道输入接口，另外部分主板音频扩展接口还包含了橙色、黑色和灰色 6 个插口，适应更多的音频设备，其接口用途如下表所示。

接口	2 声道	4 声道	6 声道	8 声道
粉色	麦克风输入	麦克风输入	麦克风输入	麦克风输入
绿色	声道输出	前置扬声器输出	前置扬声器输出	前置扬声器输出
蓝色	声道输入	声道输入	声道输入	声道输入
橙色			中置和重低音	中置和重低音
黑色		后置扬声器输出	后置扬声器输出	后置扬声器输出
灰色				侧置扬声器输出

了解了各接口的作用后，下面具体介绍连接显示器、鼠标、键盘、网线、音箱等外置设备的步骤。

3.3.1　连接显示器

机箱内部连接后，可以连接显示器。连接显示器的具体操作步骤如下。

❶ 找到显示器信号线,将一头插到显示器上,并且拧紧两边的螺丝。

❷ 将显示器信号线插入显卡输入接口,拧紧两边的螺丝,防止接触不好而导致画面不稳。

❸ 取出电源线,将电源线的一端插入显示器的电源接口。

电源接口

❹ 将显示器的另一端连接到外设电源上,完成显示器的连接。

▲ 3.3.2 连接鼠标和键盘

连接好显示器和电源线后,可以开始连接鼠标和键盘。如果鼠标和键盘为 PS/2 接口,可采用以下步骤连接。

❶ 将键盘紫色的接口插入机箱后的 PS/2 紫色插槽口。

插入键盘连接线

❷ 使用同样方法将绿色的鼠标接口插入机箱后的绿色 PS/2 插槽口。

插入鼠标连
接线

> **提示**　USB 接口的鼠标和键盘连接方法更为
> 简单，可直接接入主机后端的 USB 端口。

3·3·3　连接网线、音箱

连接网线、音箱的具体操作步骤如下。

❶ 将网线的一端插入网槽中，另一端插入与
之相连的交换机插槽上。

❷ 将音箱的对应的音频输出插头对准主机后
I/O 接口的音频输出插孔处，然后轻轻插入。

3·3·4　连接主机

连接主机的具体操作步骤如下。

❶ 取出电源线，将机箱电源线的楔形端与机箱电源接口相连接。

❷ 将电源线的另一端插入外部电源上。

3.4 电脑组装后的检测

本节视频教学录像：1 分钟

组装完成之后可以启动电脑，检查是否可以正常运行。

❶ 按下电源开机键可以看到电源灯（绿灯）一直亮着，硬盘灯（红灯）不停地闪烁。

❷ 开机后，如果电脑可以进行主板、内存、硬盘等检测，则说明电脑安装正常。

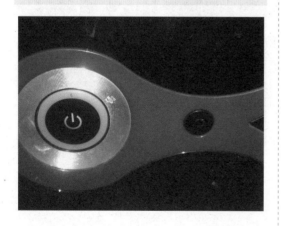

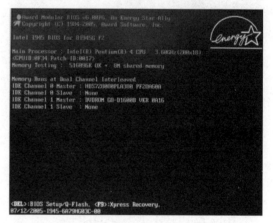

> **提示** 如果开机后，屏幕没有显示自检字样，且出现黑屏现象，请检查电源是否连接好，然后看内存条是否插好，再进行开机。如果不能检测到硬盘，则需要检查硬盘是否插紧。

高手私房菜

本节视频教学录像：2 分钟

技巧 1：电脑各部件在机箱中的位置图

购买到电脑的所有配件后，如果不知道如何布局，可参考各个配件在机箱中的相对位置，如下图所示。

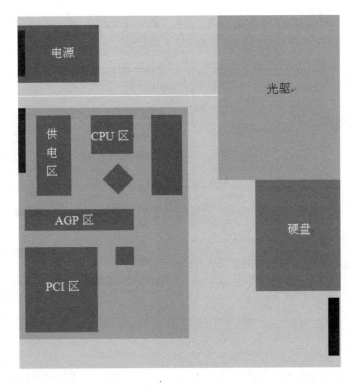

技巧 2：在线模拟攒机

随着电脑技术的更新迭代，电脑硬件市场也越来越透明，用户可以在网络中查询到各类硬件的价格，同时也可以通过 IT 专业网站模拟攒机，如中关村在线、太平洋网等，不仅可以了解配置的情况，也可以初步估算整机的价格。

下面以中关村在线为例，介绍如何在线模拟攒机。

❶ 打开浏览器，输入中关村模拟攒机网址 http://zj.zol.com.cn/，按【Enter】键进入该网站。在该页面中，如单击【CPU】按钮，右侧即可筛选不同品牌、型号的 CPU。

❷ 在右侧下拉列表框中对 CPU 的筛选条件，进行选择，如下图所示。在找到符合条件的 CPU 后面，单击【加入配置单】按钮。

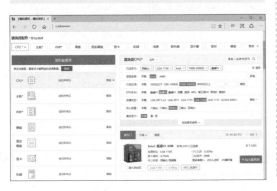

❸ 此时，选用的硬件即可被添加到配置单中，如下图所示。

❹ 使用同样方法，对主板、内存、硬盘等硬件，

逐一进行添加，最终即可看到详细的硬件配置单和整机价格，如下图所示。

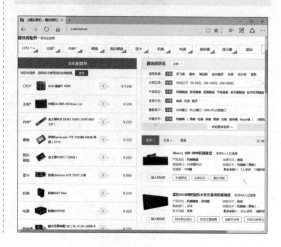

第 **4** 章

BIOS 设置与硬盘分区

本章视频教学录像：37 分钟

高手指引

电脑组装且能正常开机后，需要给电脑安装操作系统，才能使用电脑。在安装电脑操作系统前，首先应对 BIOS 进行设置，并对硬盘进行分区。本章主要介绍 BIOS 的设置和硬盘的分区。

重点导读

+ 认识 BIOS
+ 掌握 BIOS 的常见设置
+ 认识硬盘的分区
+ 掌握硬盘的分区方法

认识 BIOS

本节视频教学录像：5分钟

用户在使用电脑的过程中，都会接触到 BIOS，它在电脑系统中起着非常重要的作用。本节将主要介绍什么是 BIOS 以及 BIOS 的作用。

4.1.1 BIOS 的基本概念

所谓 BIOS，实际上就是电脑的基本输入输出系统（Basic Input Output System），其内容集成在电脑主板上的一个 ROM 芯片上，主要保存着有关电脑系统最重要的基本输入输出程序、系统信息设置、开机上电自检程序和系统启动自举程序等。

BIOS 芯片是主板上一块长方形或正方形芯片，如下图所示。

在 BIOS 中主要存放了如下内容。

(1) 自诊断程序。通过读取 CMOS RAM 中的内容识别硬件配置，进行自检和初始化。

(2) CMOS 设置程序。引导过程中用特殊热键启动，进行设置后存入 CMOS RAM 中。

(3) 系统自举装载程序。在自检成功后将磁盘相对 0 道 0 扇区上的引导程序装入内存，让其运行以装入 DOS 系统。

> **提示** 在 MS-DOS 操作系统之中，即使操作系统在运行中，BIOS 也仍提供电脑运行所需要的各种信息。但是在 Windows 操作系统中，启动 Windows 操作系统后，BIOS 一般不会再被利用，因为 Windows 操作系统代替 BIOS 完成了 BIOS 运算和驱动器运算的操作。

4.1.2 BIOS 的作用

从功能上看，BIOS 的作用主要分为如下几个部分。

1. 加电自检及初始化

用于电脑刚接通电源时对硬件部分的检测，功能是检查电脑是否良好。通常完整的自检将包括对 CPU、基本内存、扩展内存、ROM、主板、CMOS 存储器、串并口、显示卡、软硬盘子系统及键盘等进行测试，一旦在自检中发现问题，系统将给出提示信息或鸣笛警告。对于严重故障（致命性故障）则停机，不给出任何提示或信号；对于非严重故障则给出提示或声音报警信号，等待用户处理。

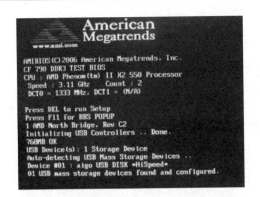

2．引导程序

在对电脑进行加电自检和初始化完毕后，下面就需要利用 BIOS 引导 DOS 或其他操作系统。这时，BIOS 先从软盘或硬盘的开始扇区读取引导记录，若没有找到，则会在显示器上显示没有引导设备。若找到引导记录，则会把电脑的控制权转给引导记录，由引导记录把操作系统装入电脑，在电脑启动成功后，BIOS 的这部分任务就完成了。

3．程序服务处理

程序服务处理指令主要是为应用程序和操作系统服务，为了完成这些服务，BIOS 必须直接与电脑的 I/O 设备打交道，通过端口发出命令，向各种外部设备传送数据以及从这些外部设备接收数据，使程序能够脱离具体的硬件操作。

4．硬件中断处理

在开机时，BIOS 会通过自检程序对电脑硬件进行检测，同时会告诉 CPU 各硬件设备的中断号。例如视频服务，中断号为 10H；屏幕打印，中断号为 05H；磁盘及串行口服务，中断号为 14H 等。当用户发出使用某个设备的指令后，CPU 就根据中断号使用相应的硬件完成工作，再根据中断号跳回原来的工作。

4.2　BIOS 的常见设置

本节视频教学录像：9 分钟

BIOS 设置与电脑系统的性能和效率有很大的关系。如果设置得当，可以提高电脑工作的效率；反之，电脑就无法发挥应有的功能。

4.2.1　进入 BIOS

BIOS 设置的项目众多，设置也比较复杂，并且非常重要，下面讲述一下 BIOS 的诸多设置及最优设置方式。进入 BIOS 设置界面非常简单，但是不同的 BIOS 有不同的进入方法，通常会在开机画面上有提示，具体有如下 3 种方法。

(1) 开机启动时按热键。常见 BIOS 设置程序的进入方式如下。

① Award BIOS：按【Del】键或【Ctrl+Alt+Esc】组合键；

② AMI BIOS：按【Del】键或【Esc】键；

③ Phoenix BIOS：按【F2】功能键或【Ctrl+Alt+S】组合键。

(2) 用系统提供的软件。

(3) 用一些可读写 CMOS 的应用软件。

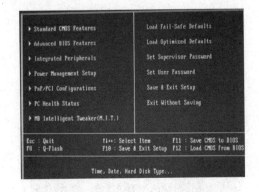

4.2.2 设置日期和时间

BIOS 的设置程序目前有各种流行的版本，由于每种设置都是针对某一类或某几类硬件系统，因此会有一些不同，但对于常用的设置选项来说大都相同。

这里以在 Phoenix BIOS 类型环境下设置为例进行详细介绍。

在 BIOS 设置日期和时间的具体操作步骤如下。

❶ 在开机时按下键盘上的【F2】键，进入 BIOS 设置界面，这时光标定位在系统时间上。

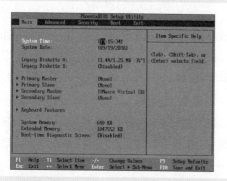

❷ 按下键盘上的【↓】键，将光标定位在系统日期月份上。

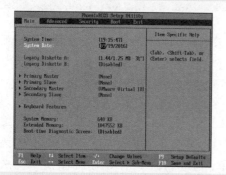

❸ 按键盘上的【Page Up/+】键或【Page Up/-】键，即可设置系统的月份，从 1~12。

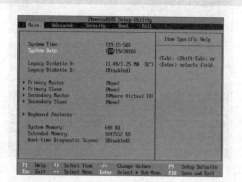

❹ 设置完毕后，按键盘上的【Enter】键，光

标将定位在系统日期的日期上。

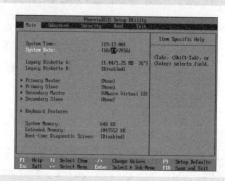

❺ 按键盘上的【Page Up/+】键或【Page Up/-】键，即可设置系统的日期，从 1~30 或 1~31。

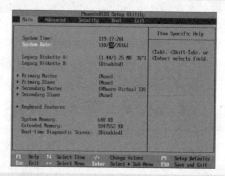

❻ 设置完毕后，按键盘上的【Enter】键，光标将定位在系统日期的年份上。同样，按键盘上的【Page Up/+】键或【Page Up/-】键，设置系统日期的年份。

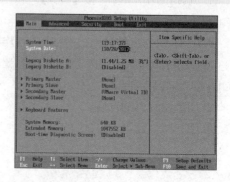

⑦ 设置完毕后，按键盘上的【Enter】键或【F10】键，将弹出一个确认修改对话框，选择【Yes】键，再按【Enter】键，即可保存系统日期的更改。

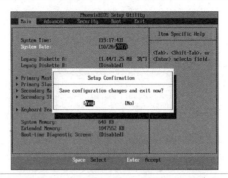

提示　在设置完日期后，通过方向键的上下键切换到时间选项上，以同样的方法可以设置系统的时、分、秒。

4.2.3　设置启动顺序

现在大多数主板在开机时按【Esc】键，可以用来选择电脑启动的顺序，但是一些稍微老的主板并没有这个功能，不过，可以在 BIOS 中设置从机器启动的顺序。

❶ 在开机时按键盘上的【F2】键，进入 BIOS 设置界面。

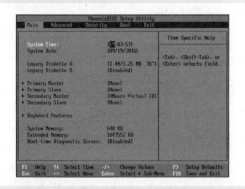

❷ 按键盘上的【→】键，将光标定位在【Boot】选项卡上。

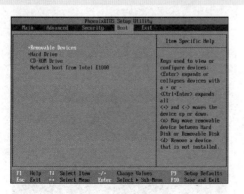

❸ 把光标通过键盘上的上下键移动到【CD-ROM Drive】一项上，按小键盘上的【+】号直到不能移动为止。

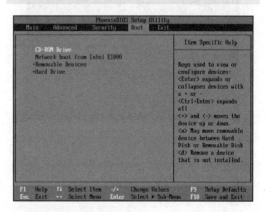

提示　部分 BIOS 的启动顺序方法是，进入【BIOS SETUP】选项中，在包含 BOOT 文字的项或组，找到依次排列的 "FIRST" "SECEND" "THIRD" 三项，分别代表 "第一项启动" "第二项启动" 和 "第三项启动"，对启动顺序进行设置。

④ 完成设置后，按键盘上的【F10】键或【Enter】键，即可弹出一个确认修改对话框，选择【Yes】按钮，再按下【Enter】键，即可将此电脑的启动顺序设置为光驱。

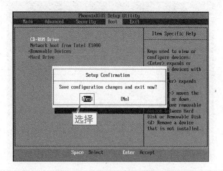

4.2.4 设置 BIOS 管理员密码

如果用户的电脑长期被别人使用，或家中有孩子使用，最好对 BIOS 设置密码，以免他人误入 BIOS，从而造成无法开机或其他不可修复的问题。设置 BIOS 管理员密码的具体操作步骤如下。

❶ 在开机时按下键盘上的【F2】键，进入 BIOS 设置界面。

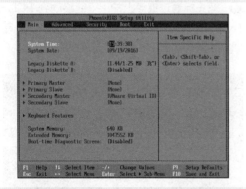

❷ 按键盘上的【→】键，将光标定位在【Security】（安全）选项卡上，则光标自动定位在【Set Supervisor Password】（设置管理员密码）选项上。

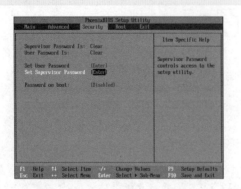

❸ 按键盘上的【Enter】键，即可弹出【Set Supervisor Password】提示框，在【Enter New Password】（输入新密码）文本框中输入设置的新密码。

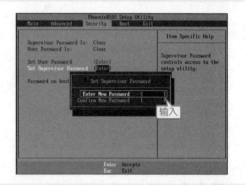

❹ 按键盘上的【Enter】键，将光标定位在【Confirm New Password】（确认新密码）文本框中再次输入密码。

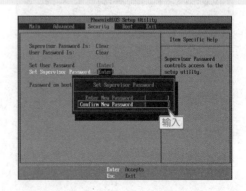

❺ 输入完毕后，按键盘上的【Enter】键，即可弹出【Setup Notice】提示框。选择【Continue】选项，并按【Enter】键确认，即可保存设置的密码。

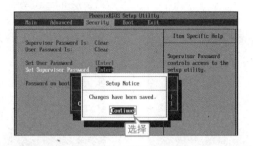

选择

4.2.5 设置 IDE

IDE 设备是指硬盘等设备的一种接口技术。在 BIOS 中可设置第 1 主 IDE 设备（硬盘）和第 1 从 IDE 设备（硬盘或 CD-ROM）、第 2 主 IDE 设备（硬盘或 CD-ROM）和第 2 从 IDE 设备（硬盘或 CD-ROM）等。设置 IDE 的具体操作步骤如下。

❶ 进入 BIOS 设置程序并将光标移动到【Main】选项卡上，使用方向键将光标移动到【Primary Master】选项，即可设置第 1 主 IDE 设备的参数。

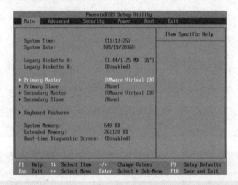

❷ 按【Enter】键，即可看到第 1 主 IDE 设备的【Type】（类型）为【Auto】（使 BIOS 自动检测硬盘）。这时，可按【Enter】键更改设置，将其设置为手动更改硬盘参数。

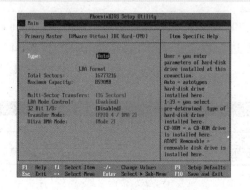

❸ 设置完成后返回【Main】选项卡上，将光标移动到【Primary Slave】选项，即可设置第 1 从 IDE 设备的参数。

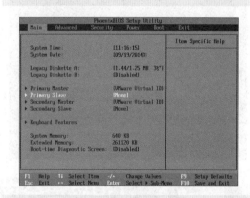

❹ 按【Enter】键，即可看到第 1 从 IDE 设备的【Type】也为【Auto】。再按【Enter】键，即可对【Type】选项进行设置。

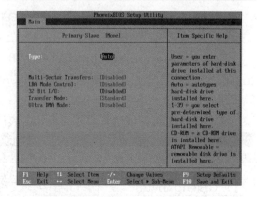

❺ 设置完成后返回【Main】选项卡，将光标移动到【Secondary Master】选项，即可设置第2主IDE设备的参数。

❼ 设置完成后返回【Main】选项卡，将光标移动到【Secondary Slave】选项，即可设置第2从IDE设备的参数。

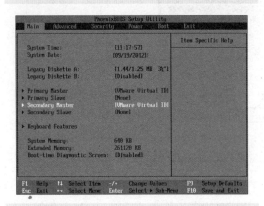

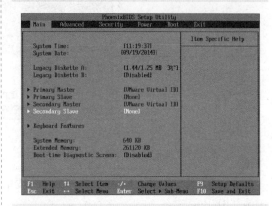

❻ 按【Enter】键，即可看到第2主IDE设备的【Type】为【Auto】。此时，按【Enter】键即可对该项进行设置。

❽ 按【Enter】键，即可看到第2从IDE设备的【Type】为【Auto】。此时，按【Enter】键可对该项进行设置。

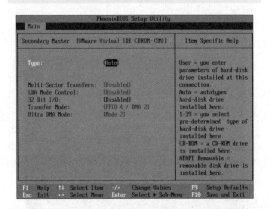

4.3 认识磁盘分区

📹 本节视频教学录像：11分钟

4.3.1 硬盘存储的单位及换算

电脑中存储单位主要有bit、B、KB、MB、GB、TB、PB等，数据传输的最小单位是位（bit），基本单位为字节（Byte）。在操作系统中主要采用二进制表示，换算单位为2的10次方（1024），简单说每级是前一级的1024倍，如1KB=1024B，1MB=1024KB=1024×1024B或2^{20}B。

常见的数据存储单位及换算关系如下表所示。

单位	简称	换算关系
KB(Kilobyte)	千字节	1KB=1024B=2^{10}B
MB(Megabyte)	兆字节 简称"兆"	1MB=1024KB=2^{20}B
GB(Gigabyte)	吉字节 又称"千兆"	1GB=1024MB=2^{30}B

续表

单位	简称	换算关系
TB(Trillionbyte)	万亿字节，或太字节	$1TB=1024GB=2^{40}B$
PB（Petabyte）	千万亿字节，或拍字节	$1PB=1024TB=2^{50}B$
EB（Exabyte）	百亿亿字节，或艾字节	$1EB=1024PB=2^{60}B$
ZB(Zettabyte)	十万亿亿字节，或泽字节	$1ZB=1024EB=2^{70}B$
YB(Yottabyte)	一亿亿亿字节，或尧字节	$1YB=1024ZB=2^{80}B$
BB(Brontobyte)	一千亿亿亿字节	$1BB=1024YB=2^{90}B$
NB(NonaByte)	一百万亿亿亿字节	$1NB=1024BB=2^{100}B$
DB(DoggaByte)	十亿亿亿亿字节	$1DB=1024NB=2^{110}B$

而硬盘厂商，在生产过程中主要采用十进制的计算，如 1MB=1000KB=1000000Byte，所以会发现计算机看到的硬盘容量比实际容量要小。

如 500GB 的硬盘，其实际容量 $=500 \times 1000 \times 1000 \times 1000 \div （1024 \times 1024 \times 1024）$ $\approx 456.66GB$，依此类推 1000GB 的实际容量为 $1000 \times 1000^3 \div （1024^3） \approx 931.32GB$。

另外，硬盘实际容量结果会有误差，上下误差应该在 10% 内，如果大于 10%，则表明硬盘有质量问题。

4.3.2　机械硬盘的分区方案

目前，机械硬盘的主流配置都是 500GB、1TB、1.5TB 或 2TB 以上的大容量，下面就推荐几个硬盘分区的方案。

方案＼磁盘	系统盘	程序盘	文件盘	备份／下载盘	娱乐盘
综合家用型	50GB	100GB	100GB	50GB	剩余空间
商务办公型		100GB	200GB		
电影娱乐型		100GB	100GB		
游戏达人型		200GB	100GB		

在上述分区方案中，系统盘推荐划分 50GB，只有系统盘有足够的空间，保证操作系统的正常运行，才能发挥电脑的总体性能。另外，在安装操作系统创建主分区时，会产生几百兆的系统保留分区，它是 BitLocker 分区加密信息存储区。

程序盘是主要用于安装程序的分区。将应用程序安装在系统盘，会带来频繁的读写操作，且容易产生磁盘碎片，因此可以单独划分一个程序盘以满足常用程序的安装。另外，随着应用程序的体积越来越大，部分游戏客户端就可占用 10GB 以上，因此建议根据实际需求，划分该分区大小。

文件盘主要用于存放和备份资料文档，如照片、工作文档、媒体文件等，单独划分一个磁盘，可以方便管理。文件盘的容量，可以根据个人情况，进行自由调整。

备份／下载盘主要可以用于备份和下载一些文件。之所以将下载盘单独划分，主要因为这个分区是磁盘读写操作较为频繁的一个区，如果磁盘划分太大，磁盘整理速度会降低；太小则无法满足文件的下载需求。因此，推荐划分出 50GB 的容量。

 提示 如迅雷、QQ 旋风、浏览器等，在安装后，启动相应程序，将默认的下载路径修改为该分区，否则就没有了单独划分一个区的意义了。

娱乐盘主要用于存放音乐、电影、游戏等娱乐文件。如今高清电影、无损音乐等体积越来越大，因此建议该磁盘要分区大一些。

4.3.3 固态硬盘的分区方案

随着固态硬盘的普及，越来越多的用户使用或升级为固态硬盘。与机械硬盘相比，固态硬盘较贵，一般主要选择 128GB 或 256GB 容量，因此并不能像机械硬盘划分较多分区，推荐以下方案。

磁盘 容量	系统盘	程序盘	文件盘	备份盘
120GB 固态硬盘	60GB	剩余容量	——	——
240GB 固态硬盘			50GB	50GB

 提示 根据硬盘存储单位的换算规则，120GB 容量的硬盘实际可分配容量为 111GB 左右，240GB 可分配容量为 223GB 左右。

在上述方案中，如果固态硬盘的容量为 120GB，建议划分为 2 个分区，系统盘主要安装操作系统，程序盘主要用于安装应用程序和存放重要文档。

如果固态硬盘的容量为 240GB，建议划分为 3~4 个分区，除系统盘外，可根据需要划分出程序盘、文件盘和备份盘等。

如果用户同时采用了机械硬盘和固态硬盘，建议将固态硬盘主要用于安装系统和应用程序，机械硬盘作为文件或备份盘，以充分发挥它们的作用。

4.3.4 硬盘分区常用软件

常用的硬盘分区软件有很多种，根据不同的需求，用户可以选择适合自己的分区软件。

1. DiskGenius

DiskGenius 是一款磁盘分区及数据恢复软件，支持对 GPT 磁盘（使用 GUID 分区表）的分区操作，除具备基本的分区建立、删除、格式化等磁盘管理功能外，还提供了强大的已丢失分区搜索功能、误删除文件恢复、误格式化及分区被破坏后的文件恢复功能、分区镜像备份与还原功能、分区复制、硬盘复制功能、快速分区功能、整数分区功能、分区表错误检查与修复功能、坏道检测与修复功能，提供基于磁盘扇区的文件读写功能，支持 VMWare 虚拟硬盘格式、IDE、SCSI、SATA 等各种类型的硬盘和支持 U 盘、USB 硬盘、存储卡（闪存卡），同时也支持 FAT12、FAT16、FAT32、NTFS、EXT3 文件系统。

2. PartitionMagic

PartitionMagic 是一款功能非常强大的分区软件，在不损坏数据的前提下，可以对硬盘分区的大小进行调整。然而此软件的操作有些复杂，操作过程中需要注意的问题也比较多，一旦用户误操作，也会带来严重的后果。

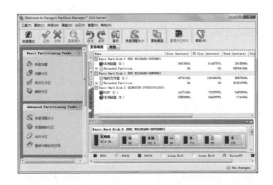

3. 系统自带的磁盘管理工具

Windows 系统自带的磁盘管理工具，虽然不如第三方磁盘分区管理软件易于上手，但是不需要再次安装软件，而且安全性和伸缩性强，得到不少用户的青睐。

4.4 使用系统安装盘进行分区

本节视频教学录像：5 分钟

Windows 系统安装程序自带有分区格式化功能，用户可以在安装系统时，对硬盘进行分区。Windows 7、Windows 8.1 和 Windows 10 的分区方法基本相同，下面以 Windows 10 为例简单介绍其分区的方法。

❶ 将 Windows 10 操作系统的安装光盘放入光驱中，启动计算机，进入系统安装程序，根据系统提示，进入"你想执行哪种类型的安装？"对话框，这里选择"自定义：仅安装 Windows（高级）"选项。

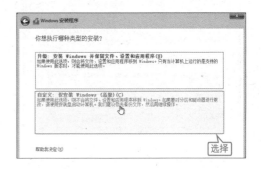

❷ 进入【您想将 Windows 安装在何处】界面，如下图所示，显示了未分配的硬盘情况，下面以 120GB 的硬盘为例，对该盘进行分区。

❸ 单击【新建】链接，即可在对话框的下方显示用于设置分区大小的参数，这时在【大小】文本框中输入"60000"，并单击【应用】按钮。

提示 1GB=1024MB，如上要划分出 60GB，可以按照 60×1000 的公式进行粗略计算。

❹ 将打开信息提示框，提示用户若要确保 Windows 的所有功能都能正常使用，Windows 可能要为系统文件创建额外的分区。单击【确定】按钮，即可增加一个未分配的空间。

❺ 此时，即可创建系统保留分区 1 及分区 2。用户可以选择已创建的分区，对其进行删除、格式化和扩展等操作。

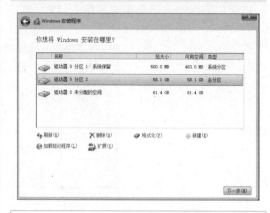

提示 单击【刷新】链接，则刷新当前显示；单击【删除】链接，则删除所选分区，并叠加到未分配的空间；单击【格式化】链接，将格式化当前所选分区的磁盘内容；单击【加载驱动程序】链接，用于手动添加磁盘中的驱动程序，分区时一般不做该操作；单击【扩展】链接，则可调大当前已分区空间大小。

❻ 选择未分配的空间，单击【新建】链接，并输入分区大小，单击【应用】按钮，继续创建分区。这里分配 2 个分区，因此其中参数为剩余容量值，可直接单击【应用】按钮。

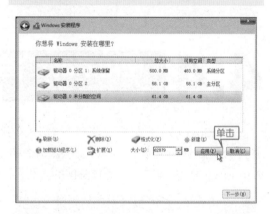

提示 使用同样办法，可以根据自己的磁盘情况，创建更多的分区。

❼ 创建分区完毕后，选择要安装操作系统的分区，单击【下一步】按钮即可。

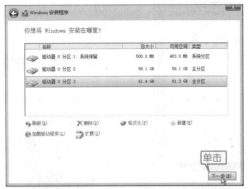

另外，如果安装 Windows 系统时，没有对硬盘进行任何分区，Windows 安装程序将自动把硬盘分为一个分区，格式为 NTFS。

4.5 使用 DiskGenius 对硬盘分区

本节视频教学录像：3 分钟

硬盘工具管理软件 DiskGenius 软件采用全中文界面，除了继承并增强了 DOS 版的大部分功能外，还增加了许多新功能，如：已删除文件恢复、分区复制、分区备份、硬盘复制等功能，此外还增加了对 VMWare 虚拟硬盘的支持。本节主要讲述如何在 DOS 环境下对磁盘进行分区操作，在 Windows 系统环境下与此基本相同。

下面介绍如何使用 DiskGenius 对硬盘进行快速分区。

❶ 使用 PE 系统盘启动电脑，进入 PE 系统盘的主界面，在菜单中使用【↓】、【↑】按键进行菜单选择，也可以单击对应的数字，可以直接进入菜单。如这里按【6】数字键，即可执行"运行最新版 DiskGenius 分区工具"的操作。

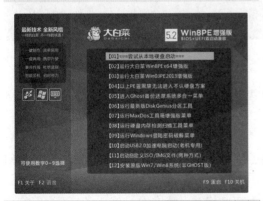

提示 如何制作 PE 系统盘，可参照第 18 章内容。

❷ 进入如下加载界面，无需任何操作。

❸ 片刻后，进入 DOS 工具菜单界面，在下方输入字母"d"，并按【Enter】键，即可启动 DiskGenius 分区工具。

❹ DiskGenius DOS 版程序界面,如下图所示。

⑤ 若要执行【快速分区】命令，选择要分区的磁盘，按【F6】键或单击功能区的【快速分区】按钮，弹出【快速分区】对话框。在【分区表类型】区域中，单击【MBR】单选项；在【分区数目】区域中，选择分区数量；在【高级设置】区域中，设置各分区大小。设置完毕后，单击【确定】按钮。

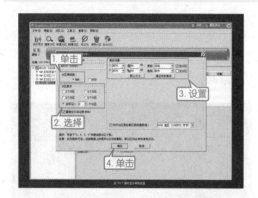

⑥ 此时，即可开始对硬盘进行快速分区和格式化操作。

⑦ 分区完成后，即可查看分区效果。

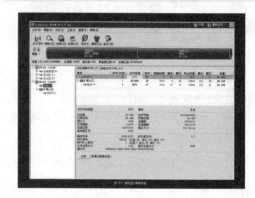

 高手私房菜

本节视频教学录像：4 分钟

技巧 1：不格式化转换分区格式

除了利用格式化将硬盘分区转换为指定的类型，还可以在不格式化的前提下将分区的格式转换为另外一种格式。

将硬盘或分区转换为 NTFS 格式

与 Windows 的某些早期版本中使用的 FAT 文件系统相比，NTFS 文件系统为硬盘和分区或卷上的数据提供的性能更好，安全性更高。如果有分区使用早期的 FAT16 或 FAT32 文件系统，则可以使用 convert 命令将其转换为 NTFS 格式。转换为 NTFS 格式不会影响分区上的数据。

> **提示** 将分区转换为 NTFS 后，无法再将其转换回来。如果要在该分区上重新使用 FAT 文件系统，则需要重新格式化该分区，这样会擦除其上的所有数据。早期的某些 Windows 版本无法读取本地 NTFS 分区上的数据。如果需要使用早期版本的 Windows 访问计算机上的分区，请勿将其转换为 NTFS。

将硬盘或分区转换为 NTFS 格式的具体操作步骤如下。

❶ 关闭要转换的分区或逻辑驱动器上所有正在运行的程序。按【 Windows+R 】组合键，在弹出的运行对话框中，输入 "cmd"，并按【 Enter 】键确认。

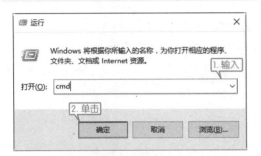

❷ 在命令提示符下输入 "convert drive_letter: /fs:ntfs"，其中 drive_letter 是要转换的驱动器号，然后按【 Enter 】键。例如，输入 "convert H:/fs:ntfs" 命令会将驱动器 H 转换为 NTFS 格式。

❸ 即刻执行命令，如下图所示。

❹ 当执行转换文件系统完毕后，可查看磁盘分区的文件系统类型。

另外，如果要转换的分区包含系统文件（如果要转换装有操作系统的硬盘，则会出现此种情况），则需要重新启动计算机才能进行转换。如果磁盘几乎已满，则转换过程可能会失败。如果出现错误，请删除不必要的文件或将文件备份到其他位置，以释放磁盘空间。

FAT 或 FAT32 格式的分区无法进行压缩。对于采用这两种磁盘格式的分区，可先在命令行提示符窗口中执行 "Convert 盘符 /FS:NTFS" 命令，将该分区转换为 NTFS 磁盘格式后再对其进行压缩。

技巧 2：BIOS 与 CMOS 的区别

BIOS 是主板上的一块 EPROM 或 EEPROM 芯片，里面装有系统的重要信息和设置系统参数的设置程序（BIOS Setup 程序）。

CMOS（Complementary Metal-Oxide Semiconductor，互补金属氧化物半导体）本意是指制造大规模集成电路芯片用的一种技术或用这种技术制造出来的芯片。在这里通常是指计算机主板上的一块可读写的 RAM 芯片。它存储了计算机系统的实时钟信息和硬件配置信息等。系统在加电引导机器时，要读取 CMOS 信息，用来初始化机器各个部件的状态。

它靠系统电源和后备电池来供电，系统掉电后其信息不会丢失。

由于 CMOS 与 BIOS 都与计算机系统设置密切相关，所以才有 CMOS 设置和 BIOS 设置的说法。也正因为如此，初学者常将二者混淆。CMOS RAM 是系统参数存放的区域，而 BIOS 中系统设置程序是完成参数设置的手段，准确的说法应是通过 BIOS 设置程序对 CMOS 参数进行设置。平常所说的 CMOS 设置和 BIOS 设置是其简化说法，也就在一定程度上造成了两个概念的混淆。

事实上，BIOS 程序就是储存在 CMOS 存储器中的，CMOS 是一种半导体技术，可以将成对的金属氧化物半导体场效应晶体管（MOSFET）集成在一块硅片上。该技术通常用于生产 RAM 和交换应用系统，用它生产出来的产品速度很快，功耗极低，而且对供电电源的干扰有较高的容限。

第

操作系统与设备驱动的安装

 本章视频教学录像：30 分钟

高手指引

对电脑分区完成后，就可以安装操作系统了。目前，比较流行的操作系统主要有 Windows 7、Windows 8.1、Windows 10、Mac OS 以及 Linux 等，本章主要介绍如何安装 Windows 操作系统。

重点导读

+ 了解操作系统安装前的准备
+ 掌握 Windows7/8.1/10 操作系统的安装
+ 掌握使用 GHO 镜像文件安装系统的方法
+ 掌握安装驱动与补丁的方法

5.1 安装操作系统前的准备

本节视频教学录像：7分钟

操作系统是管理电脑全部硬件资源、软件资源、数据资源，控制程序运行并为用户提供操作界面的系统软件集合。通常的操作系统具有文件管理、设备管理和存储器管理等功能。

5.1.1 认识 32 位和 64 位操作系统

在选择系统时，会发现 Windows 7 32 位、Windows 7 64 位、Windows 10 32 位或 Windows 10 64 位等，那么 32 和 64 位有什么区别呢？选择哪种系统更好呢？本节简单介绍下操作系统 32 位和 64 位，以帮助读者选择合适的安装系统。

位数是用来衡量计算机性能的重要标准之一，位数在很大程度上决定着计算机的内存最大容量、文件的最大长度、数据在计算机内部的传输速度、处理速度和精度等性能指标。

1. 32 位和 64 位区别

在选择安装系统时，x86 代表 32 位操作系统，x64 代表 64 位操作系统，而它们之间具体有什么区别呢？

(1) 设计初衷不同。64 位操作系统的设计初衷是：满足机械设计和分析、三维动画、视频编辑和创作，以及科学计算和高性能计算应用程序等领域中需要大量内存和浮点性能的客户需求。换句简明的话说就是：它们是高科技人员使用本行业特殊软件的运行平台。而 32 位操作系统是为普通用户设计的。

(2) 要求配置不同。64 位操作系统只能安装在 64 位电脑上 (CPU 必须是 64 位的)。同时需要安装 64 位常用软件以发挥 64 位（x64）的最佳性能。32 位操作系统则可以安装在 32 位 (32 位 CPU) 或 64 位 (64 位 CPU) 电脑上。当然，32 位操作系统安装在 64 位电脑上，其硬件恰似"大牛拉小车"：64 位效能就会大打折扣。

(3) 运算速度不同。64 位 CPU GPRs(General-Purpose Registers，通用寄存器) 的数据宽度为 64 位，64 位指令集可以运行 64 位数据指令，也就是说处理器一次可提取 64 位数据 (只要两个指令，一次提取 8 个字节的数据)，比 32 位 (需要四个指令，一次提取 4 个字节的数据) 提高了 1 倍，理论上性能会相应提升 1 倍。

(4) 寻址能力不同。64 位处理器的优势还体现在系统对内存的控制上。由于地址使用的是特殊的整数，因此一个 ALU（算术逻辑运算器）和寄存器可以处理更大的整数，也就是更大的地址。比如，Windows Vista x64 Edition 支持多达 128 GB 的内存和多达 16 TB 的虚拟内存，而 32 位 CPU 和操作系统最大只可支持 4G 内存。

2. 选择 32 位还是 64 位

对于如何选择 32 位和 64 位操作系统，用户可以从以下几点考虑。

(1) 兼容性及内存

与 64 位系统相比，32 位系统普及性好，有大量的软件支持，兼容性也较强。另外 64 位内存占用较大，如果无特殊要求，配置较低，建议选择 32 位系统。

(2) 电脑内存

目前，市面上的处理器基本都是 64 位处理器，完全可以满足安装 64 位操作系统，这点用户一般不需要考虑是否满足安装条件。由于 32 位最大都只支持 3.25G 的内存，如果电脑安装的是 4GB、8GB 的内存，为了最大化利用资源，建议选择 64 位系统。如下图所示 ，可以看到，4GB 内存显示 3.25GB 可用。

(3) 工作需求

如果从事机械设计和分析、三维动画、视频编辑和创作，可以发现新版本的软件仅支持 64 位，如 Matlab，因此就需要选择 64 位系统。

用户可以根据上述的几点考虑，选择最适合自己计算机的操作系统。不过，随着硬件与软件快速发展，64 位将是未来的主流。

5.1.2 操作系统的安装方法

一般安装操作系统时，经常会涉及从光盘或使用 Ghost 镜像还原等方式安装操作系统。常用的安装操作系统的方式有如下几种。

1. 全新安装

全新安装就是指在硬盘中没有任何操作系统的情况下安装操作系统，在新组装的电脑中安装操作系统就属于全新安装。如果电脑中安装有操作系统，但是安装时将系统盘进行了格式化，然后重新安装操作系统，这种情况也属于全新安装。

2. 升级安装

升级安装是指用较高版本的操作系统覆盖电脑中较低版本的操作系统。该安装方式的优点是原有程序、数据以及设置都不会发生变化，硬件兼容性方面的问题也比较少。缺点是升级容易、恢复难。

3. 覆盖安装

覆盖安装与升级安装比较相似，不同之处在于升级安装是在原有操作系统的基础上使用升级版的操作系统进行升级安装，覆盖安装则是同级进行安装，即在原有操作系统的基础上用同一个版本的操作系统进行安装，这种安装方式适用于所有的 Windows 操作系统。

4. 利用 Ghost 镜像安装

Ghost 不仅仅是一个备份还原系统的工具，利用 Ghost 可以把一个磁盘上的全部内容复制到另一个磁盘上，也可以将一个磁盘上的全部内容复制为一个磁盘的镜像文件，可以最大限度地减少每次安装操作系统的时间。

5.2 安装 Windows 7 系统

本节视频教学录像：7 分钟

在了解了操作系统之后，就可以选择相应的操作系统来进行安装，下面就来学习 Windows 7 操作系统的安装方法。

5.2.1 设置 BIOS

在安装操作系统之前首先需要设置 BIOS，将电脑的启动顺序设置为光驱启动。下面以技嘉主板 BIOS 为例介绍。

❶ 在开机时按下键盘上的【Del】键，进入 BIOS 设置界面。选择【System Information】（系统信息）选项，然后单击【System Language】（系统语言）后面的【English】按钮。

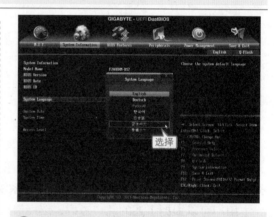

❸ 此时，BIOS 界面变为中文语言界面如下图所示。

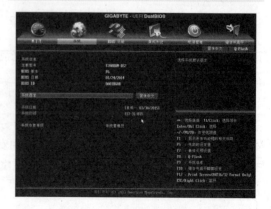

❷ 在弹出的【System Language】列表中，选择【简体中文】选项。

❹ 选择【BIOS 功能】选项，在下面功能列表中，选择【启动优先权 #1】后面的按钮 SCSIDIS... 。

❺ 弹出【启动优先权 #1】对话框，在列表中选择要优先启动的介质，如果是 DVD 光盘则设置 DVD 光驱为第一启动；如果是 U 盘，则设置 U 盘为第一启动。如下图，选择为【TSSTcorpCDDVDW SN-208AB LA02】选项设置 DVD 光驱为第一启动。

提示　如果在弹出的列表中，用户不知道选择哪一个是 DVD 光驱，哪一个是 U 盘，其实辨别最简单的办法就是，包含"DVD"字样的则是 DVD 光驱；包含 U 盘名称的则是 U 盘项。另外一种方法就是看硬件名称，右键单击【计算机】桌面图标，在弹出的窗口中，单击【设备管理器】超链接，打开【设备管理器】窗口，然后展开 DVD 驱动器和硬盘驱动器，如下图所示，即可看到不同的设备名称，如硬盘驱动器中包含"ATA"的可以理解为硬盘，而包含"USB"的一般指 U 盘或移动硬盘。

❻ 设置完毕后，按【F10】键，弹出【储存并离开 BIOS 设定】对话框，选择【是】按钮完成 BIOS 设置。

5.2.2　启动安装程序

设置启动项之后，就可以放入安装光盘来启动安装程序。

❶ Windows 7 操作系统的安装光盘放入光驱中，重新启动计算机，出现"Press any key to boot from CD or DVD..."提示后，按任意键开始从光盘启动安装。

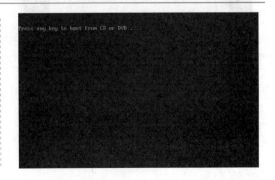

❷ 在 Windows 7 安装程序加载完毕后，将进入下图所示界面，该界面是一个中间界面，用户无需任何操作。

❸ 启动完毕后，进入【安装程序正在启动】界面。

❹ 在安装程序启动完成后，将打开【您想将 Windows 安装在何处】界面。至此，就完成了启动 Windows 7 安装程序的操作。

提示 在选择安装位置时，可以将磁盘进行分区并格式化处理，最好选择常用的系统盘 C 盘。如果是安装双系统，则可以将位置选择在除原系统盘外的其他任意磁盘。

5.2.3 磁盘分区

选择安装位置后，还可以对磁盘进行分区。

❶ 在【您想将 Windows 安装在何处】界面中单击【驱动器选项（高级）】链接，即可展开选项。

❷ 单击【新建】链接，即可在对话框的下方显示用于设置分区大小的参数，这时在【大小】

文本框中输入"25000"。

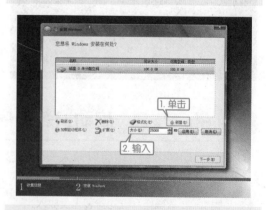

❸ 单击【应用】按钮，将打开信息提示框，提示用户若要确保 Windows 的所有功能都能正常使用，Windows 可能要为系统文件创建额外的分区。单击【确定】按钮，即可增加一

个未分配的空间。

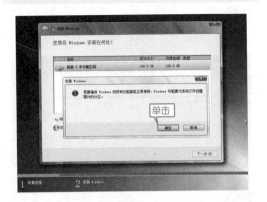

❹ 按照相同的方法再次对磁盘进行分区。

5.2.4 格式化分区

创建分区完成后，在安装系统之前，还需要对新建的分区进行格式化。

❶ 选中需要安装操作系统文件的磁盘，这里选择【磁盘 0 分区 2】选项，单击【格式化】按钮。

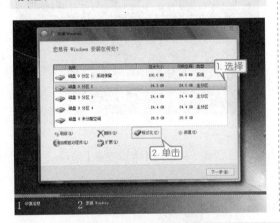

❷ 弹出一个信息提示框，单击【确定】按钮，即可开始。

5.2.5 安装阶段

设置完成之后，就可以开始进行系统的安装。

❶ 格式化完毕后，单击【下一步】按钮，打开【正在安装 Windows】界面，并开始复制和展开 Windows 文件。

❷ 展开 Windows 文件完毕后，将进入【安装功能】阶段。

❸ 【安装功能】阶段完成后，接下来将进入【安装更新】阶段。

❹ 安装更新完毕后，将弹出【Windows 需要重新启动才能继续】界面，提示用户系统将在 10 秒内重新启动。

❺ 在启动的过程中会弹出【安装程序正在启动服务】窗口。

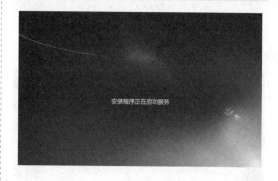

❻ 安装程序启动服务完毕后，返回【正在安装 Windows】界面，并进入【完成安装】阶段。

5.2.6 安装后的准备阶段

至此，系统的安装就接近尾声了，即将进入安装后的准备阶段。

❶ 在【完成安装】阶段，系统会自动重新启动，并弹出【安装程序正在为首次使用计算机做准备】窗口。

❷ 准备完成后，弹出【安装程序正在检查视频性能】窗口。

❸ 检查视频性能完毕后，将打开【安装程序将在重新启动您的计算机后继续】窗口。

❹ 无需任何操作，电脑即可重新启动。在启动的过程中，将再次打开【安装程序正在为首次使用计算机做准备】窗口。

5.3 安装 Windows 8.1 系统

本节视频教学录像：3 分钟

Windows 8.1 的安装方法和 Windows 7 基本相同，下面就介绍下 Windows 8.1 的安装方法。

❶ 在安装 Windows 8.1 前，用户需要对 BIOS 进行设置，将光盘设置为第一启动，然后将 Windows 8.1 操作系统的安装光盘放入光驱中，重新启动计算机，出现 "Press any key to boot from CD or DVD…" 提示后，按任意键开始从光盘启动安装。

❷ 在 Windows 8.1 安装程序加载完毕后，将进入下图所示界面，该界面是一个中间界面，用户无需任何操作。

❸ 启动完毕后，弹出【Windows 安装程序】窗口，设置安装语言、时间格式等，用户可以保持默认，直接单击【下一步】按钮。

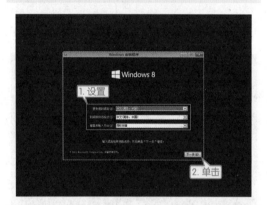

❹ 单击【现在安装】按钮，开始正式安装。

提示 单击【修复计算机】选项，可以修复已安装系统中的错误。

❺ 在【输入产品密钥以激活 Windows】界面，输入购买 Windows 系统时微软公司提供的密钥，由 5 组 5 位阿拉伯数字组成，然后单击【下一步】按钮。

❻ 进入【许可条款】界面，勾选【我接受许可条款】复选项，单击【下一步】按钮。

❼ 进入【你想执行哪种类型的安装？】界面，单击选择【自定义：仅安装 Windows（高级）】选项，如果要采用升级的方式安装 Windows 系统，可以单击【升级】选项。

❽ 进入【你想将 Windows 安装在哪里？】界面，选择要安装的硬盘分区，单击【下一步】按钮。

提示　用户也可以在此界面中，对硬盘进行分区、新建分区等，具体操作方法和 Windows 7 安装时分区方法一致，可以参照 5.2 节的操作，在此不再赘述。

❾ 进入【正在安装 Windows】界面，安装程序开始自动进行"复制 Windows 文件""安装文件""安装功能""安装更新"等项目设置。在安装过程中会自动重启电脑。

❿ 系统安装完成后，初次使用时，需要对系统进行设置，才能使用该系统，如 Windows 8.1 的安装需要验证账户、获取应用等，设置完成后即可进入 Windows 8.1 系统界面。

5.4 安装 Windows 10 系统

本节视频教学录像：2 分钟

　　Windows 10 作为新一代操作系统，备受关注，而它的安装方法与 Windows 8.1 并无太大差异，本节就介绍 Windows 10 的安装方法。

❶ 在安装 Windows 10 前，用户需要对 BIOS 进行设置，将光盘设置为第一启动，然后将 Windows 10 操作系统的安装光盘放入光驱中，重新启动计算机，出现"Press any key to boot from CD or DVD…"提示后，按任意键开始从光盘启动安装。

❷ 在 Windows 10 安装程序加载完毕后，将进入下图所示界面，该界面是一个中间界面，用户无需任何操作。

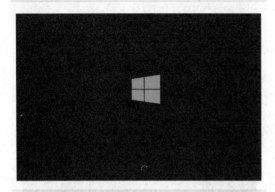

❸ 启动完毕后，弹出【Windows 安装程序】窗口，设置安装语言、时间格式等，用户可以保持默认，直接单击【下一步】按钮。

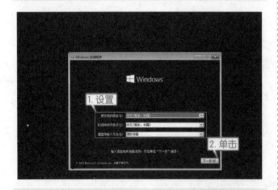

❹ 接下来的步骤也和 Windows 8.1 的安装方法一致，用户可以参照 5.3 节中的步骤❹～❾操作即可。安装完成后，用户可以进行设置，用户可以选择【使用快速设置】选项。

❺ 此时，系统则会自动获取关键更新，用户不需要任何操作。

❻ 在【谁是这台电脑的所有者？】界面，如果不需要加入组织环境，就可以选择【我拥有它】选项，并单击【下一步】按钮。

❼ 在【个性化设置】界面，用户可以输入 Microsoft 账户，如果没有可单击【创建一个】超链接进行创建，也可以单击【跳过此步骤】超链接，进入下一步。如这里单击【跳过此步骤】超链接。

❽ 进入【为这台电脑创建一个账户】界面，输入要创建的用户名、密码和提示内容，单击【下一步】。

并提示用户是否启用网络发现协议,单击【是】
按钮。

❾ 系统会对前面的设置进行保存和设置,稍
等片刻后,系统即会进入 Windows 10 桌面,

❿ 完成设置后,Windows 10 操作系统的安装全部完成,如下图即为 Windows 10 系统桌面。

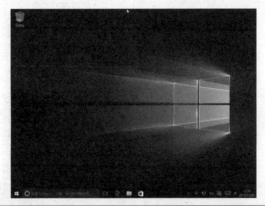

5.5 使用 GHO 镜像文件安装系统

本节视频教学录像:1 分钟

GHO 文件全称是"GHOST"文件,是 Ghost 工具软件的镜像文件存放扩展名,GHO
文件中是使用 Ghost 软件备份的硬盘分区或整个硬盘的所有文件信息。*.gho 文件可以直接
安装系统,并不需要解压,如下图所示为两个 GHO 文件。

我们使用 Ghost 工具备份系统都会产生 GHO 镜像文件，除了使用 Ghost 恢复系统外，还可以手动安装 GHO 镜像文件，它在系统安装时是极为方便的，也是最为常见的安装方法。一般安装 GHO 镜像文件主要有两种方法，一种是在当前系统下使用 GHO 镜像文件安装工具安装系统；一种是在 PE 系统下，使用 Ghost 安装。本节主要讲述如何使用安装工具安装，PE 系统下的安装方法可以参照 18.3.3 小节还原的方法。

如果电脑可以正常运行，我们可以使用一些安装工具，如 Ghost 安装器、OneKey 等，它们体积小，无需安装，操作方便。下面以 OneKey 为例，具体步骤如下。

❶ 下载并打开 OneKey 软件，在其界面中单击【打开】按钮。

❷ 在弹出的打开对话框中，选择 GHO 文件所在的位置，选择后单击【打开】按钮。

提示 在 GHO 存放路径时，需要注意不能放在要将系统安装的盘符中，也不能放在中文命名的文件夹中，因为安装器不支持中文路径，请使用英文、拼音来命名。

❸ 返回到 OneKey 界面，选择要安装的盘符，并单击【确定】按钮。

提示 如果使用 Onekey 安装多系统，选择不同的分区即可，如在 Windows 7 系统下，安装 Windows 8.1 系统，就可以选择除系统盘外的其他分区，但需注意所要安装的盘符容量是否满足。

❹ 此时，系统会自动重启并安装系统，用户不需要进行任何操作。

5.6 安装驱动与补丁

本节视频教学录像：8 分钟

安装驱动程序可以使电脑正常工作，而为系统打补丁，可以防止木马病毒通过 Windows 的系统漏洞来攻击电脑。

5.6.1　如何获取驱动程序

驱动程序是一种可以使电脑和设备通信的特殊程序，可以说相当于硬件的接口。每一款硬件设备的版本与型号都不同，所需要的驱动程序也是各不相同的，这是针对不同版本的操作系统出现的。所以一定要根据操作系统的版本和硬件设备的型号来选择不同的驱动程序。获取驱动程序的方式通常有以下 4 种。

1. 操作系统自带驱动

有些操作系统中附带了大量的通用操作程序，例如 Windows 10 操作系统中就附带了大量的通用驱动程序，用户电脑上的许多硬件在操作系统安装完成后就自动被正确识别了，更重要的是系统自带的驱动程序都通过了微软 WHQL 数字认证，可以保证与操作系统不发生兼容性故障。

2. 硬件出厂自带驱动

一般来说，各种硬件设备的生产厂商都会针对自己硬件设备的特点开发专门的驱动程序，并采用光盘等形式在销售硬件设备的同时，免费提供给用户。这些设备厂商直接开发的驱动程序都有较强的针对性，它们的性能比 Windows 附带的驱动程序更高一些。

3. 通过驱动软件下载

驱动软件是驱动程序专业管理软件，它可以自动检测电脑中安装的硬盘，并搜索相应的驱动程序，供用户下载并安装，使用驱动软件不用刻意区分硬件并搜索驱动，也不用到各个网站分别下载不同硬件的驱动，通过其中的一键安装方式便可轻松实现驱动程序的安装，十分方便。如下图所示为"驱动精灵"的驱动管理界面。

4. 通过网络下载

通过网上下载获取驱动程序是目前获取驱动最常用的方法之一。因为很多硬件厂商为了方便用户，除了赠送免费的驱动程序光盘外，还把相关驱动程序放到网上，供用户下载。这些驱动程序大多是硬件厂商最新推出的升级版本，它们的性能以及稳定性都会比以前的版本更高。

5.6.2　自动安装驱动程序

自动安装驱动程序是指设备生产厂商将驱动程序做成一种可执行的安装程序，用户只需要将驱动安装盘放到电脑光驱中，双击 Setup.exe 程序，程序运行之后就可以安装驱动程序。这个过程基本上不需要用户进行相关的操作，是现在主流的安装方式。

5.6.3 使用驱动精灵安装驱动

如果电脑可以连接网络，也可以使用驱动精灵安装驱动程序。使用驱动精灵安装驱动程序的方法很简单，其具体操作步骤如下。

❶ 下载并安装驱动精灵程序，进入程序界面后，单击【驱动程序】选项，程序会自动检查驱动程序并显示需要安装或更新的驱动，勾选要安装的驱动，单击【一键安装】按钮。

❷ 系统会自动下载与安装，待安装完毕后，会提示"本机驱动均已安装完成"，驱动安装后关闭软件界面即可。

5.6.4 修补系统漏洞

Windows 系统漏洞问题是与时间紧密相关的。一个 Windows 系统从发布的那一天起，随着用户的深入使用，系统中存在的漏洞会被不断暴露出来，这些早先被发现的漏洞也会不断被系统供应商微软公司发布的补丁软件修补，或在以后发布的新版系统中得以纠正。而在新版系统纠正了旧版本中具有的漏洞的同时，也会引入一些新的漏洞和错误。例如目前比较流行的 ani 鼠标漏洞，它是利用了 Windows 系统对鼠标图标处理的缺陷，由此木马作者制造畸形图标文件从而溢出，木马就可以在用户毫不知情的情况下执行恶意代码。

因而随着时间的推移，旧的系统漏洞会不断消失，新的系统漏洞会不断出现，系统漏洞问题也会长期存在，这就是为什么要及时为系统打补丁的原因。

修复系统漏洞除了可以使用 Windows 系统自带的 Windows Update 的更新功能外，也可以使用第三方工具修复系统漏洞，如 360 安全卫士、腾讯电脑管家等。

1. 使用 Windows Update

Windows Update 是一个基于网络的 Microsoft Windows 操作系统的软件更新服务，它会自动更新，确保您的电脑更加安全且顺畅运行。用户也可以手动检查更新。

❶ 打开【控制面板】对话框，单击选择【Windows Update】选项。

❷ 在【Windows Update】对话框中，单击【检查更新】按钮，即会自动检查，如果更新会自动下载并安装。

如果使用的是 Windows 10 操作系统，按【Windows+I】组合键打开【设置】界面，单击【更新和安全】➤【Windows 更新】选项，即可检查并更新。

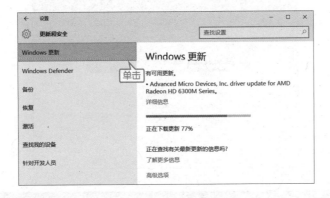

2. 使用第三方工具

360 安全卫士和腾讯电脑管家使用简单，使用它们修补漏洞极为方便，下面以腾讯电脑管家为例，介绍系统漏洞修补步骤。

❶ 下载并安装腾讯电脑管家，启动软件，在软件主界面，单击【修复漏洞】选项。

❷ 软件会自动扫描并显示电脑中的漏洞，勾选要修复的漏洞，单击【一键修复】按钮。

❸ 此时，即可下载选中的漏洞补丁。

❹ 在系统补丁下载完毕后，即可自动进行安装补丁。在漏洞补丁安装完成后，将提示成功修复全部漏洞信息。

 ## 高手私房菜

📹 本节视频教学录像：2 分钟

技巧 1：删除 Windows.old 文件夹

在重新安装新系统时，系统盘下会产生一个"Windows.old"文件夹，占了大量系统盘容量，无法直接删除，需要使用磁盘工具进行清除，具体步骤如下。

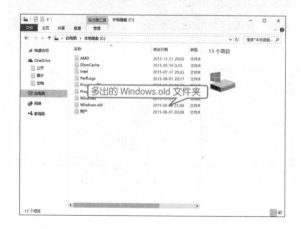

❶ 打开【此电脑】窗口，右键单击系统盘，在弹出的快捷菜单中，选择【属性】菜单命令。

❷ 弹出该盘的【属性】对话框，单击【常规】选项卡下的【磁盘清理】按钮。

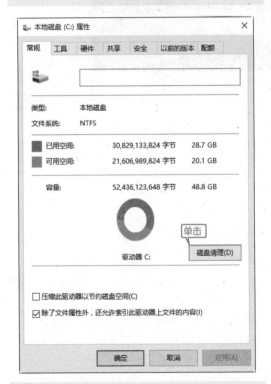

❸ 系统扫描后，弹出【磁盘清理】对话框，单击【清理系统文件】按钮。

❹ 系统扫描后，在【要删除的文件】列表中勾选【以前的Windows 安装】选项，并单击【确定】按钮，在弹出的【磁盘清理】提示框中，单击【确定】按钮，即可进行清理。

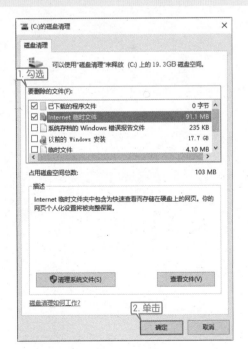

113

技巧 2：解决系统安装后无网卡驱动的问题

用户在安装系统完成后，有时会发现网卡驱动无法安装上，桌面右下角的【网络】有个"红叉" ，有的也尝试使用万能网卡驱动并未能解决问题，此时用户可以采用下面的方法寻求解决。

在另外一台可以上网的电脑上，下载一个万能网卡版的驱动精灵或者驱动人生，然后使用 U 盘复制并安装到不能上网的电脑上，由于其内置普通网卡驱动和无线网卡驱动，可以在安装时解决网卡驱动问题。

第

6

章

电脑性能的检测

 本章视频教学录像：40 分钟

高手指引

电脑组装并调试完成后，用户可以对新买的电脑进行性能测试，如对 CPU、显卡、内存等进行测试，分析电脑的性能，简单地判断电脑能否满足使用需求。本章主要介绍通过专业检测软件测试电脑性能的方法，以帮助用户了解自己的电脑。

重点导读

+ 了解电脑性能检测的基本方法
+ 掌握电脑整机性能测试的方法
+ 掌握 CPU 性能的测试方法
+ 掌握显卡性能的测试方法
+ 掌握硬盘性能的测试方法
+ 掌握内存检测与性能测试方法

6.1 电脑性能检测的基本方法

本节视频教学录像：5分钟

在对电脑性能测试，一般可以通过运行常用软件，来检测电脑有没有什么问题，以简单判断电脑的性能是否满足使用需求，测试的方法主要分为：游戏性能测试、播放电影测试、图片处理测试、文件复制测试、压缩测试及网络性能测试等，本节主要介绍电脑性能测试的基本方法。

1. 游戏性能测试

在电脑使用中，有不少用户是用来玩游戏的，而游戏可以说是对电脑性能的综合测试，包括对 CPU、内存、显卡、主板、显示器、键盘鼠标、音箱等的测试，因此，判断电脑性能是否强劲，可以通过游戏进行测试。为了更好地测试其性能，可以选择一些常见的游戏进行测试，如极品飞车、使命召唤、刺客信条、孤岛危机、英雄联盟、魔兽世界等。游戏性能方面的测试主要以 Fraps 为主，这个软件主要用于游戏运行过程中的实时帧速测试，并可以记录测试过程中的平均、最高以及最低帧速，帮助用户考量本身配置的性能。如下面即是极品飞车的游戏画面及帧数，界面左上角测试显示 30 帧，通过运行和试玩游戏，观察和体验游戏的安装速度、游戏运行速度、游戏画质、游戏音质及是否有掉帧的现象。

当然，不同配置的电脑可以选择不同的游戏进行测试，配置高的可以选择一些大型游戏进行测试，配置低一些的可以选择中小型游戏进行测试。

在游戏测试时，用户可以更改显示器设置、显卡设置、BIOS 设置、系统设置、游戏设置来感受不同设置条件下的表现。例如，改变显示器的亮度和对比度、改变游戏的分辨率、改变显卡的频率、改变内存的延时、改变 CPU 频率、改变系统硬件加速比例、改变系统缓存设置等。不过，需要注意的是，在测试以前最好把所有的补丁程序安装齐全，改变设置测试完成以后要把设置改回来（或者改到最佳状态）。当然，有条件的朋友可以和配置相近的电脑对比一下，感受电脑的性能。下图即为游戏的设置界面。

2. 视频播放测试

如今，视频的清晰度及容量都变得更高，对电脑的硬件解码能力要求更高，因此，建议选择自己常用的播放器和比较熟悉的电影，和其他电脑对比，来测试其性能。

在视频播放测试时，要注意播放有没有异常、画面的鲜艳程度、调整显示器亮度后的画面变化情况、电影画面的清晰程度等。如下图所示，使用迅雷影音播放器，测试电影的播放性能的画面。

3. 图片处理能力测试

如果使用测试电脑的图片处理能力，可以使用常用的图形处理软件测试，如 Photoshop、AutoCAD、3ds MAX、Dreamweaver 等，通过运行这些软件，测试打开图片文件、编辑图片等测试电脑的处理速度及画面显示情况。下图即为 Photoshop 打开图片的画面。

4. 文件复制测试

文件复制主要用于测试系统和硬盘的传输能力，建议选择一些体积较大的文件，跨分区复制，通过它的复制速度检测电脑的传输性能。下图即为从电脑向 U 盘复制文件的进度图。

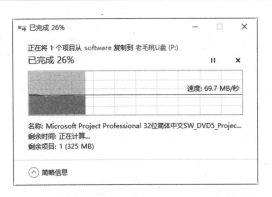

5. 网络性能测试

网络性能测试主要测试网络连接是否正常，网速连接速度的情况。用户可以通过软件或者在线测试的方法进行测试，下图即为使用 360 安全卫士进行的测试图。

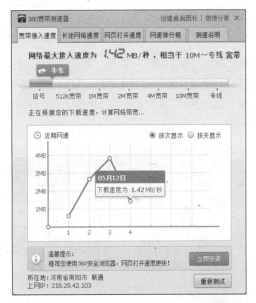

除了上述 5 种方法外，用户可以使用一些专业测试软件，如鲁大师、AIDA64、3DMark 等，本章具体介绍这些软件的使用方法。

6.2 电脑整机性能评测

本节视频教学录像：19 分钟

了解了电脑性能检测和查看硬件配置信息的方法后，本节介绍使用专业软件测试电脑整机的性能及综合评分情况。

6.2.1 使用鲁大师测试

鲁大师通过算法对电脑硬件进行跑分,可以一键了解处理器、显卡、内存及硬盘性能情况,并给出综合评分,是一种较为简单的测试方法。具体操作步骤如下。

❶ 启动"鲁大师"软件,单击顶部的【性能测试】图标。

❷ 进入"性能测试"页面,默认情况下勾选了"处理器性能""显卡性能""内存性能"及"磁盘性能"4个测试项,单击【开始评测】按钮。

❸ 软件即会分别对测试项进行评估,此时稍等片刻。

❹ 在对显卡性能测试时,会进入一个动画测试场景,如下图所示,此时不需要任何操作。

❺ 各项测试完毕后,即可得出电脑综合性能得分,如下图所示。

❻ 同时,用户还可以单击【综合性能排行榜】、【处理器排行榜】及【显卡排行榜】选项卡,查看各选项的排名情况,以帮助自己了解电脑的配置情况。下图所示即为本机的处理器排名情况。

6.2.2 使用 AIDA64 测试

AIDA64 是一款测试软硬件系统信息的工具，它可以详细显示出 PC 的每一个方面的信息。AIDA64 不仅提供了诸如协助超频、硬件侦错、压力测试和传感器监测等多种功能，而且还可以对处理器、系统内存和磁盘驱动器的性能进行全面评估。

本节以 AIDA64 Extreme 版为例，分别介绍检测硬件的详细信息、生成硬件报告、硬盘测试。

1. 检测硬件的详细信息

使用 AIDA64 检测硬件详细信息的步骤如下。

❶ 下载并安装 AIDA64 软件，启动该软件，即会对电脑设备扫描。

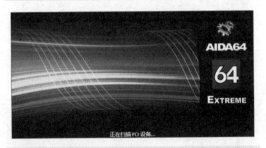

❷ 扫描结束后，即可进入程序窗口，展开【计算机】选项，在子目录中选择【系统概述】选项，即可看到电脑的主要信息。

❸ 例如，单击【传感器】子菜单，在右侧窗格中可以看到电脑的传感器、温度、冷却风扇及电压等参数信息。

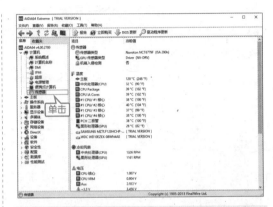

❹ 单击【主板】下的【中央处理器（CPU）】子菜单，在右侧窗格中可以查看 CPU。

❺ 单击【主板】下的【SPD】（配置串行探测）子菜单，在右侧窗格中可以查看内存模块、内存计时、内存模块特性等参数信息。

❻ 单击【存储设备】下的【Windows 存储】子菜单，显示当期电脑主机上连接的存储设备，如单击选择一个硬盘，在下方窗格即可看到硬盘的详细信息。

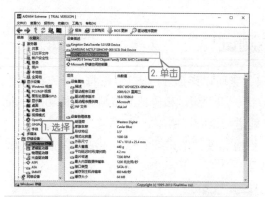

⑦ 单击【逻辑驱动器】菜单，还可以查看电脑的硬盘分区情况。

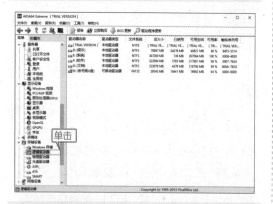

⑧ 单击【性能测试】菜单，在右侧窗格中罗列了可测试项目，如单击【内存读取】项目。

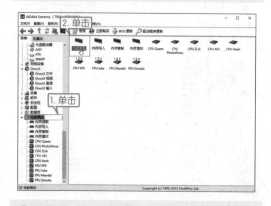

⑨ 窗口即可弹出性能测试对话框，如下图所示。

⑩ 测试完成后，即可在右侧窗格中查看与相关型号的 CPU、主板及内存的对比情况，如下图所示。

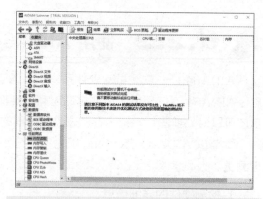

2. 生成本地硬件报告

用户可以使用 AIDA64 将电脑的硬件参数生成报告，并保存到电脑中，具体操作步骤如下。

① 在 AIDA64 界面中，单击工具栏中的【报告】按钮。

2 弹出【本地报告 -AIDA64】对话框,单击【下一步】按钮。

3 进入【报告配置文件】界面,选择报告配置文件的内容,如这里选择"硬件相关内容"单选项,单击【下一步】按钮。

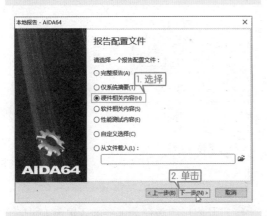

4 进入【报告格式】界面,选择报告的格式,如这里选择"HTML"单选项,并单击【完成】按钮。

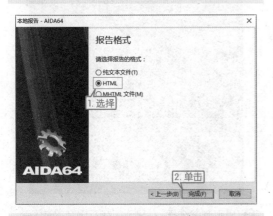

5 弹出【报告 -AIDA64】窗口,可以查看生成的报告文件内容,单击顶部的导航,也可以

选择查看的内容。单击【保存为文件】按钮。

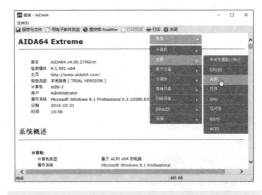

6 弹出【保存报告】对话框,选择要保存的路径,并单击【保存】按钮。

7 弹出【成功】信息提示框,单击【确定】按钮。

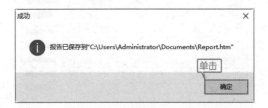

8 打开报告文件的保存位置,双击报告文件,即可在浏览器中预览该报告,并可查看详细的信息。

3. 使用 AIDA64 测试硬件

AIDA64 集合了多种测试工具，可以用来测试磁盘、内存、图形处理器、显示器等，下面介绍测试工具的使用方法。

(1) 磁盘测试

磁盘测试的具体步骤如下。

❶ 单击【工具】➤【磁盘测试】命令。

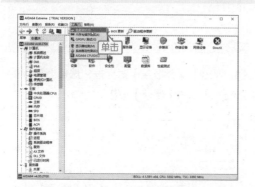

❷ 弹出如下图界面，选择测试的项目，如这里选择【Linera Read】（线性读取速度），并选择测试的硬盘。

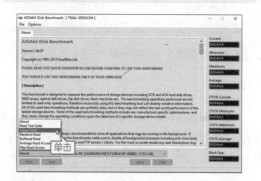

❸ 选择后，单击【Start】按钮。

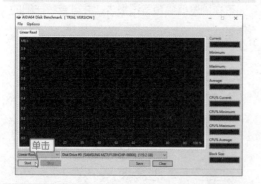

❹ 此时，工具即可开始测试硬盘的读取速度，并以曲线显示速度测试情况，右侧则显示了

Current(当前)速度、Minimum(最低)速度、Maxmum（最高）速度及 Average(平均)速度如下图所示。

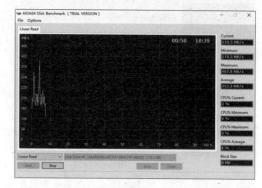

(2) 内存与缓存测试

内存与缓存测试具体步骤如下。

❶ 单击【工具】➤【内存与缓存测试】命令。

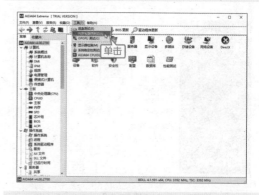

❷ 打开内存与缓存测试界面，单击【Start Benchmark】（开始基准）按钮。

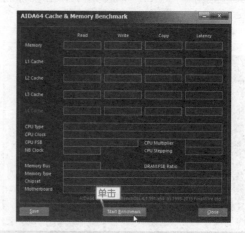

❸ 显示测试结果，并显示内存及缓存的读、写、拷贝和延长的速度，如下图所示。

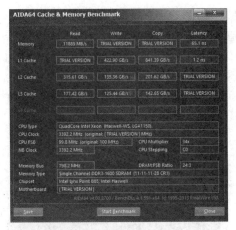

(3) 图形处理器测试

GPGPU 指通用计算图形处理器，其测试具体步骤如下。

❶ 单击【工具】➤【GPGPU 测试】命令。

❷ 弹出图形处理器基准窗口，默认勾选 GPU 和 CPU 复选框，单击【Start Benchmark】按钮。

❸ 显示测试结果，并显示 GPU 和 CPU 在内存读、写、拷贝、单精度的浮点运算、双精度的浮点运算等信息，如下图所示。

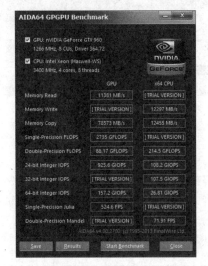

(4) 显示器的检测

显示器的检测主要测试显示器是否有坏点、色彩是否正常等，其测试具体步骤如下。

❶ 单击【工具】➤【显示器检测】命令。

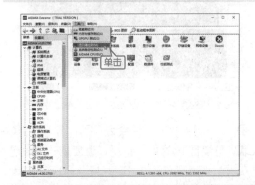

❷ 在显示器检测对话框，单击【Select】（设置）➤【Tests for LCD Monitors】（测试液晶显示器）命令，并单击【Run Selected Tests】（运行选定的测试）按钮。

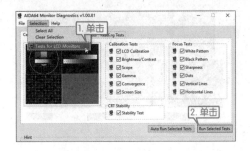

❸ 弹出如下测试页，用户可观察测试情况，单击【close】按钮可停止测试。

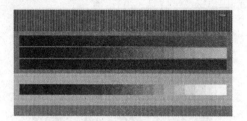

(5) 系统稳定性测试

系统稳定性测试的具体步骤如下。

❶ 单击【工具】➤【系统稳定性测试】命令，打开测试程序窗口，下方有整型、浮点FPU、缓存、内存、硬盘、显卡GPU的6个测试项目，下方显示了CPU的实时状况动态图表。系统默认勾选前4项，单击【Strat】按钮。

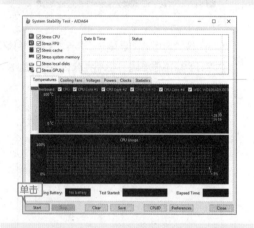

❷ 测试开始后，软件会给CPU 100%的负载，持续若干分钟，若CPU温度能一直稳定在一个小范围，且该温度不超过80℃，则表示电脑散热情况较佳。

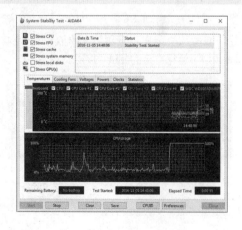

❸ 单击图表上方的【Clocks】选项卡，可以查看CPU实时频率记录，如能一直保持最高频率不降，表示电脑稳定性较好，因为有些机器尤其是笔记本，CPU温度超过一个临界温度就会强制降频，测完及时点击下方的【Stop】按钮停止。

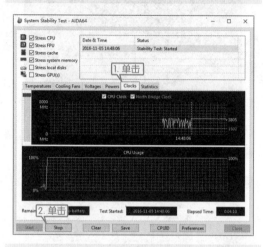

❹ 单击【Statistics】选项卡，可以查看实时风扇转速记录、电压记录、功耗记录及统计数据等。

(6) 处理器测试

系统稳定性测试的具体步骤如下。

❶ 单击【工具】➤【AIDA64 CPUID(C)】命令。

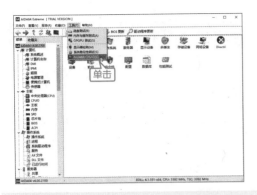

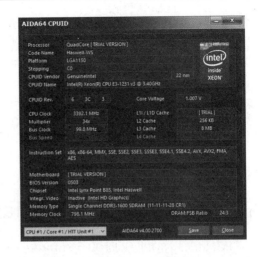

❷ 弹出"AIDA64 CPUID"对话框，显示CPU 的型号、信息处理器、高速缓存、钟速度和制造厂等信息。

6.2.3 　使用 3DMark 测试

　　3DMark 是 Futuremark 公司的一款电脑基准测试与电脑性能测试的软件，可以让一般电脑用户、游戏玩家及超频玩家有效地评测硬件和系统的表现，具体操作步骤如下。

❶ 启动 3DMark 软件，在 Basic（基础版）界面，主要提供最通用的测试模式以及测试方式，包含了 3 种测试等级，分别为入门级(Entry，E)、性 能 级 (Performance，P) 和极限级 (Extreme，X)，用户可以根据自己的电脑配置情况，选择测试等级，如这里选择"Extreme"级别，并单击【运行 3DMark 11】按钮。

❸ 测试中包含 4 个图形测试、1 个物理设置以及 1 个综合测试，全面衡量 GPU 和 CPU的性能。其中，3DMark11 的场景分为两种，分别是 Deep Sea（深海）场景以及 High Temple（神庙）场景，下图即为深海测试场景。

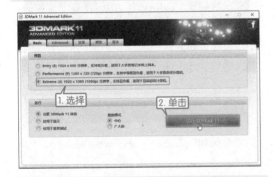

❷ 选择【Advanced】（高级版）选项卡，包含了众多的细节设置，可以设置测试的参数，如图形测试、物理测试、演示、分辨率、播放模式等，单击【运行 Extreme】按钮即可测试。

④ 测试完后后，即可查看评测分数，下图即为 GTX 660 测试的跑分情况。如本机测试分数，其中 X 代表级别，分数为 3347，已表明较为高端的配置分数。另外，单击【在 3DMark.com 上查看结果】按钮，可以在 3DMark.com 网上查看结果详情。

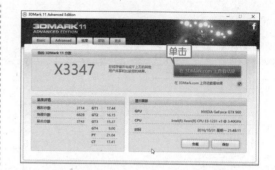

6.2.4 使用 PCMark 测试

PCMark 和 3DMark 同属于 Futuremark 公司出品的测试软件，其中 3DMark 主要针对 PC 端的图形效能进行测试，而 PCMark 主要用来测试 PC 的综合表现。本节介绍下 PCMark 的使用方法。

❶ 启动 PCMark 软件，在【Benchmark】（基准）页面下，默认勾选【Overall performance】（整机性能）下的【PCMark suite】(PCmark 套件) 复选框，其中测试项目包括视频播放与转码、图像处理、网络浏览和解密、图形、Windows Defender、导入图片和游戏 7 个部分，单击【Run benchmark】按钮。

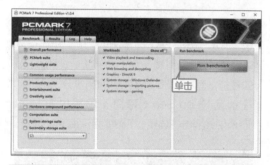

❷ 此时，软件即可运行测试基准，如下图所示。

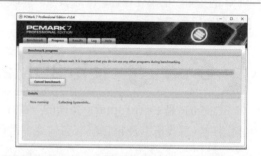

❸ 在测试中，首先弹出视频播放窗口，如下图所示。

❹ 同样，测试其他项目，测试完成后，即会显示最后的综合评分，如下图所示。

6.3　CPU 性能测试

本节视频教学录像：2 分钟

除了对电脑整机性能评测外，用户还可以使用专门的软件对某个硬件进行测试，本节讲述使用 CPU-Z 对 CPU 进行性能测试。CPU-Z 是检测 CPU 性能指标最全的一款软件，可以查看 CPU 名称、厂商、内核进程、内部和外部时钟、局部时钟监测等参数。

❶ 启动 CPU-Z 软件，会自动检测电脑的基本信息，在【处理器】页面中，可以查看 CPU 的各项参数，如下图所示。

❷ 单击【缓存】选项卡，可以查看一级缓存、二级缓存和三级缓存的大小。

❸ 单击【主板】选项卡，可以查看主板、BIOS 及图形接口信息。

❹ 单击【内存】选项卡，可以查看内存的类型、通道数、大小、频率和时序等。

❺ 单击【SPD】选项卡，可以选择内存插槽，查看内存模块大小、最大带宽、制造商、型号和时序表等参数。

127

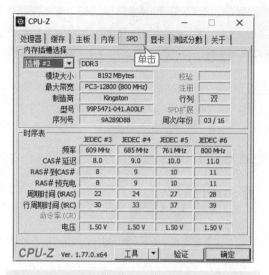

❻ 单击【显卡】选项卡，可以查看显卡名称、显存大小等。

❼ 单击【测试分数】选项卡，单击【测试处理器分数】按钮。

❽ 片刻后，即可显示处理器的分数，如下图所示。

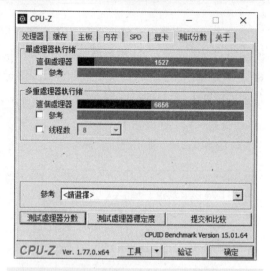

❾ 在【参考】项中，选择参考的CPU，可以对比处理器的得分情况，以帮助用户判断CPU的评分情况。

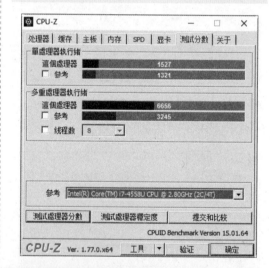

6.4 显卡性能测试

📋 本节视频教学录像：1分钟

测试显卡可以了解显卡的档次，本节介绍GPU-Z的使用方法。GPU-Z是一款GPU识别工具，运行后即可显示GPU核心，以及运行频率、带宽等详细参数。

❶ 启动GPU-Z软件，会自动检测显卡的基本信息，并在【Graphics Card】（显卡）界面，可以查看显卡名称、制作工艺、显存位宽、显存大小等信息。

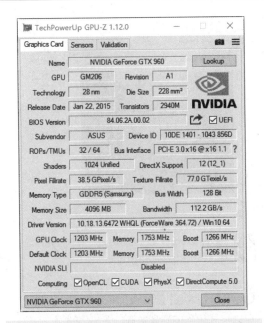

❷ 单击【Sensors】（传感器）选项卡，可以

查看显卡的时钟频率、温度、风扇转速、内存使用情况等使用状况。

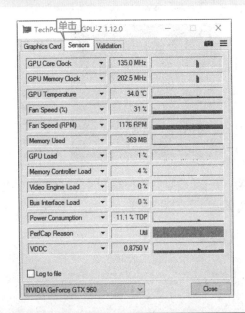

6.5 硬盘性能测试

本节视频教学录像：7 分钟

硬盘性能测试主要用于测试硬盘的读写速度是否符合厂商的标称值、硬盘的健康状况及是否有坏道等，下面介绍两款常用的硬盘测试软件的使用方法。

◢ 6.5.1 使用 HD Tune 测试硬盘性能

HD Tune 软件是一款经典且小巧易用的磁盘测试工具软件，其主要功能有硬盘传输速率检测、健康状态检测、温度检测及磁盘表面扫描等。另外，还能检测出硬盘的固件版本、序列号、容量、缓存、大小以及当前的 Ultra DMA 模式等。

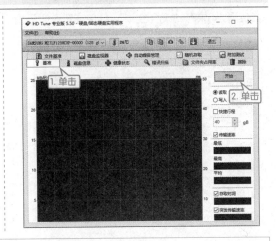

❶ 启动 HD Tune 软件，在程序界面上方显示了当前硬盘的型号和温度，用户也可以在下拉列表选择其他硬盘。单击【基准】选项卡，单击【开始】按钮，即可对硬盘进行基准测试。

> 📝 **提示** 在测试时，请勿执行【写入】测试，否则将被破坏硬盘的引导区。

❷ HD Tune 软件会以动态图表的形式，显示硬盘的写入速度情况。其中，纵坐标轴表示读取速度，浅蓝色曲线表示变化情况，右侧显示了测试的数值。

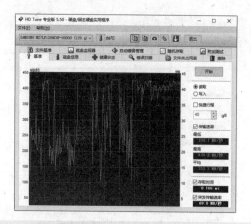

❸ 单击【硬盘信息】选项卡，显示了硬盘的
分区信息及支持特性等。

❹ 单击【健康状况】选项卡，显示了检测的健
康状态。在项目上单击，可以查看更加详细的参
数信息，如果有健康问题，则以红色或黄色显示。

❺ 单击【错误扫描】选项卡，单击【开始】按钮，
则开始扫描硬盘的坏道情况。如果出现红色格
子，则表示硬盘存在坏道，如果要停止扫描，
则单击【停止】按钮。

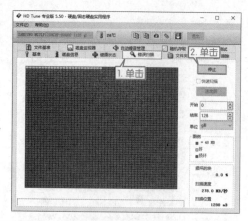

📝 **提示** 在扫描硬盘坏道时，不建议使用快速扫
描，否则扫描不易彻底。

❻ 单击【擦除】选项卡，单击【开始】按钮，
可以格式化当前硬盘数据。

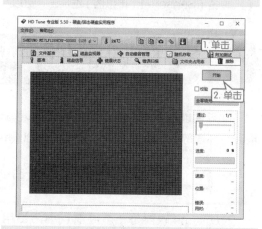

❼ 单击【文件基准】选项卡，可以测试硬盘
在不同文件长度大小情况下的传输速率，如设
置驱动器为"D："，文件长度为"500MB"，
并单击【开始】按钮，即可测试。

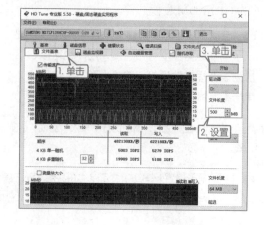

⑧ 单击【硬盘监视器】选项卡，单击【开始】按钮，可以对硬盘的读取和写入速度进行实时监测。

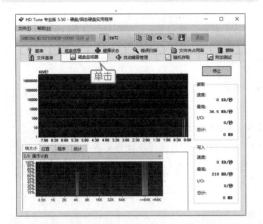

⑨ 单击【自动噪音管理】选项卡，可以调整硬盘的噪音。用户可以勾选【启用】复选框，拖曳滑块调整性能，另外，单击【测试】按钮，可测试当前设置下的平均存取时间。

⑩ 单击【随机存取】选项卡，可以测试硬盘的真实寻道，及寻道后读/写操作的时间。每秒的操作数越高，平均存取时间越小越好。

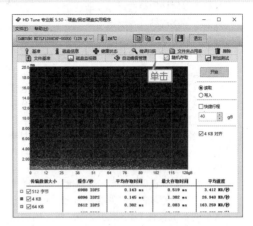

另外，如果单击【附加测试】选项卡，可以测试硬盘的各项传输性能，单击【开始】按钮，即可开始测试。

6.5.2 使用 AS SSD Benchmark 测试固态硬盘性能

AS SSD Benchmark 是一款专门用于测试 SSD 固态硬盘性能的工具，可以测试连续读写、4K 对齐、4KB 随机读写和响应时间的表现，并给出一个综合评分持续读写等的性能，可以评估这个固态硬盘的传输速度。

❶ 启动 AS SSD Benchmark 软件，选择测试的固态硬盘及写入量，单击【Start】按钮。

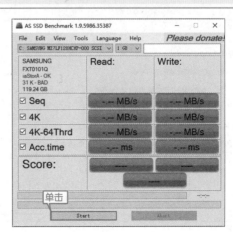

提示 (1) Seq（连续读写）：即持续测试，AS SSD 会先以 16MB 的尺寸为单位，持续向受测分区写入，生成 1 个达到 1GB 大小的文件，然后再以同样的单位尺寸读取这个文件，最后计算出平均成绩，给出结果。测试完毕会立刻删除测试文件。

(2) 4K（4K 单队列深度）：即随机单队列深度测试，测试软件以 512KB 的单位尺寸，生成 1GB 大小的测试文件，然后在其地址范围（LBA）内进行随机 4KB 单位尺寸写入和读取测试，直到跑遍这个范围为止，最后计算平均成绩给出结果。由于有生成步骤，本测试对硬盘会一共产生 2GB 的数据写入量，测试完毕之后文件会暂时保留。

(3) 4K-64Thrd（4K 64 队列深度）：即随机 64 队列深度测试，软件会生成 64 个 16MB 大小的测试文件（共计 1GB），然后同时以 4KB 的单位尺寸，同时在这 64 个文件中进行写入和读取，最后以平均成绩为结果，产生 2GB 的数据写入量。测试完毕之后会立刻删除测试的文件。

(4) Acc.time（访问时间）：即数据存取时间测试，以 4KB 为单位尺寸随机读取全盘地址范围（LBA），以 512B 为写入单位尺寸，随机写入保留的 1GB 地址范围内，最后以平均成绩给出测试结果。

❷ 片刻后，即可看到硬盘的读写速度测试结果及评分。

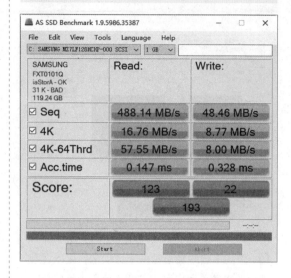

6.6 内存检测与性能测试

🎬 本节视频教学录像：2 分钟

内存测试主要是测试内存的稳定性，检测出计算机内存的型号和容量等详细信息，帮助用户来检测并判断内存是否出现问题。本节介绍 Memtest 检测内存。

❶ 启动 Memtest 软件，弹出提示信息框，显示了使用方法，单击【确定】按钮。

❷ 弹出 Memtest 测试窗口，单击【开始测试】按钮。

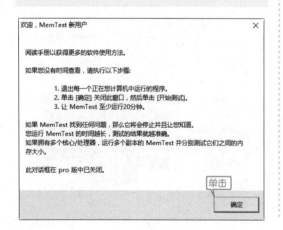

❸　弹出"内存检测"提示框，可以查看可测试的内存大小，单击【确定】按钮。

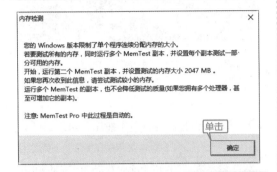

❹　在窗口中，输入要测试的内存大小，并单击【开始测试】按钮。

❺　弹出如下提示框，单击【确定】按钮。

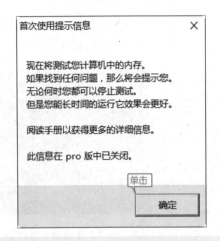

❻　软件即可开始检测内存。此时，用户还可以再次运行第二个 Memtest，测试另一部分内存。

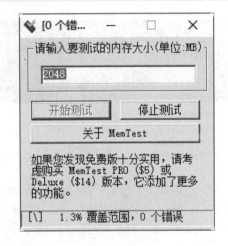

高手私房菜

🎬 本节视频教学录像：4 分钟

技巧：键盘的性能检测

　　使用软件可以对键盘反应基准、多键冲突进行检测，本技巧以"键盘 DIY 大师"为例；介绍如何评测键盘。

❶　启动键盘 DIY 大师软件，单击【键盘评测】按钮。

❷ 进入如下界面，选择要测试的项目，首先选择【单键响应速度】按钮。

❸ 按【开始】按钮，当"猫头图像"变红时，马上按键盘任一键，测试单键响应速度，测量按键键程的长短和开关反应的速度，不过个人的反应速度会影响结果。

❹ 进入"多键响应评测"界面，单击【开始】按钮，当"猫头"图像变红时，以最快的速度输入"QWER"，测量多键送出的效率。

❺ 单击【键盘无冲评测】按钮，可以对键盘进行无冲评测，测量键盘冲突的键数、接口组数、单键系统响应时间(系统收到按键的时间)、按键响应的方式(是否支持长按，还是按下常闪)。

❻ 进入【键盘对比测试】界面，在一台电脑上连接 2 个键盘，通过对比，查看键盘之间的键程、按键响应速度、响应先后的时间间隔。

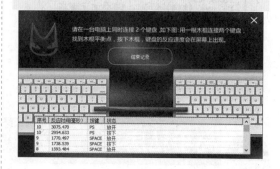

第 3 篇

系统维护篇

第 **7** 章　组网攻略

第 **8** 章　电脑系统的优化

第 **9** 章　电脑系统的备份、还原与重装

第 **7** 章

组网攻略

 本章视频教学录像：54 分钟

高手指引

网络影响着人们的生活和工作的方式，通过上网，我们可以和万里之外的人交流信息。上网的方式也是多种多样的，如拨号上网、ADSL 宽带上网、小区宽带上网、无线上网等。它们的效果也是有差异的，用户可以根据实际情况来选择不同的上网方式。

重点导读

✚ 了解电脑上网
✚ 熟悉电脑连接上网的方式
✚ 掌握组建局域网的方法
✚ 掌握管理局域网的方法

7.1 了解电脑上网

本节视频教学录像：11 分钟

计算机网络是近 20 年最热门的话题之一。特别是随着 Internet 在全球范围的迅速发展，计算机网络应用已遍及政治、经济、军事、科技等人类活动的一切领域，正越来越深刻地影响和改变着人们的学习和生活。本章将介绍计算机网络的基础知识。

7.1.1 认识关于网络连接的名词

在接触网络连接时，我们总会碰到许多英文缩写，或不太容易理解的名词，如 ADSL、4G、Wi-Fi 等。

1. ADSL

ADSL（Asymmetric Digital Subscriber Line，非对称数字用户环路）是一种使用较为广泛的数据传输方式，它采用频分复用技术实现了边打电话边上网的功能，并不影响上网速率和通话质量的效果。

2. 4G

4G（第四代移动通信技术），顾名思义，与 3G 都属于无线通信的范畴，但它采用的技术和传输速度更胜一筹。第四代通信系统可以达到 100Mbit/s，是 3G 传输速度的 50 倍。如今 4G 正在大规模建设，目前用户规模已接近 4 亿。另外 4G+ 也被推出，比 4G 网速还快一倍，目前已覆盖多个城市。

3. Modem

Modem 俗称"猫"，是调制解调器，在网络连接中，扮演信号翻译员的角色，实现了将数字信号转成电话的模拟信号，可在线路上传输，因此在采用 ADSL 方式联网时，必须通过这个设备来实现信号转换。

4. 带宽

带宽又称为频宽，是指在固定时间内可传输的数据量，一般以 bit/s 表示，即每秒可传输的位数。例如，我们常说的带宽是"1M"，实际上是 1MB/s，而这里的 MB 是指 1024×1024 位，转换为字节就是（1024×1024）/8=131072 字节（Byte）=128KB/s，而 128KB/s 是指在 Internet 连接中，最高速率为 128KB/s，如果是 2MB 带宽，实际下载速率就是 2×128=256KB/s。

5. WLAN 和 Wi-Fi

常常有人把这两个名词混淆，其实二者是有区别的。WLAN（Wireless Local Area Networks，无线局域网络）是利用射频技术进行数据传输的，弥补有线局域网的不足，达到网络延伸的目的。Wi-Fi (Wireless Fidelity，无线保真) 技术是一个基于 IEEE 802.11 系列标准的无线网路通信技术的品牌，目的是改善基于 IEEE 802.11 标准的无线网路产品之间的互通性，简单来说就是通过无线电波实现无线联网的目的。

二者的联系是 Wi-Fi 包含于 WLAN 中，只是发射的信号和覆盖的范围不同，一般

Wi-Fi 的覆盖半径可达 90 米左右，WLAN 的最大覆盖半径可达 5000 米。

6. IEEE 802.11

关于 802.11，我们最为常见的有 802.11b/g、802.11n 等，出现在路由器、笔记本电脑中，它们都属于无线网络标准协议的范畴。目前，比较流行的 WLAN 协议是 802.11n，是在 802.11g 和 802.11a 之上发展起来的一项技术，最大的特点是速率提升，理论速率可达 300Mbit/s，可工作在 2.4GHz 和 5GHz 两个频段。802.11ac 是目前最新的 WLAN 协议，它是在 802.11n 标准之上建立起来的，包括将使用 802.11n 的 5GHz 频段。802.11ac 每个通道的工作频宽将由 802.11n 的 40MHz，提升到 80MHz 甚至是 160MHz，再加上大约 10% 的实际频率调制效率提升，最终理论传输速率将由 802.11n 最高的 600Mbit/s 跃升至 1Gbit/s，是 802.11n 传输速率的 3 倍。

IEEE 802.11 协议	工作频段	最大传输速度
IEEE 802.11a	5GHz 频段	54Mbit/s
IEEE 802.11b	2.4GHz 频段	11Mbit/s
IEEE 802.11g	2.4GHz 频段	54Mbit/s 和 108Mbit/s
IEEE 802.11n	2.4GHz 或 5GHz 频段	600Mbit/s
IEEE 802.11ac	2.4GHz 或 5GHz 频段	1Gbit/s
IEEE 802.11ad	2.4GHz、5GHz 和 60GHz 频段	7Gbit/s

7. 信道

信道，又称为通道或频道，是信号在通信系统中传输介质的总称，是由信号从发射端（如无线路由器、电力猫等）传输到接收端（如电脑、手机、智能家居设备等）所必须经过的传输媒质。无线信道主要有以辐射无线电波为传输方式的无线电信道和在水下传播声波的水声信道等。

目前，最为常见的主要是 2.4GHz 和 5GHz 无线频段。在 2.4GHz 频段，有 2.412 ～ 2.472GHz，共 13 个信道，这个我们在路由器中都可以看到，如下左图所示。而 5GHz 频段，主要包含 5150 ～ 5825MHz 无线电频段，拥有 201 个信道，但是在我国仅有 5 个信道，包括 149、153、157、161 和 165 信道，如下右图所示。目前支持 5GHz 频段的设备并不多，但随着双频路由器的普及，它将是未来发展的趋势。

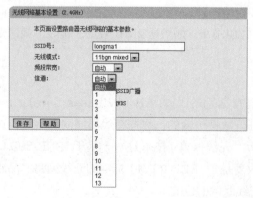
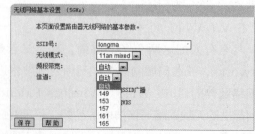

8.WiGig

WiGig（Wireless Gigabit，无线吉比特）是未来无线网络发展的一种趋势。WiGig可以满足设备吉比特以上传输速率的通信，工作频段为 60Hz，它相比于 Wi-Fi 的 2.4GHz和 5GHz 拥有更好的频宽，可以建立 7Gbit/s 速率的无线传输网络，比 Wi-Fi 无线网络802.11n 快 10 倍以上。WiGig 将广泛应用到路由器、电脑、手机等，满足人们的工作和家庭需求。

7.1.2　常见的家庭网络连接方式

面对各种各样的上网业务，不管是最广泛使用的 ADSL 宽带上网，还是小区宽带上网，抑或热门的 4G 移动通信，选择什么样的连接方式，成为了不少用户的难题。下面就介绍常见的网络连接方式，帮助用户了解。

接入方式	宽带服务商	主要特点	连接图
ADSL（虚拟拨号上网）	中国电信、中国联通	(1) 安装方便，在现有的电话线上加装"猫"即可；(2) 独享带宽，线路专用，是真正意义的宽带接入，不受用户增加而影响；(3) 高速传输，提供上、下行不对称的传输带宽；(4) 打电话和上网同时进行，互不干扰	
小区宽带	中国电信、中国联通、长城宽带等	(1) 光纤接入、共享带宽，用的人少时，速度非常快，用的人多时，速度会变慢；(2) 安装网线到户，不需要"猫"，只需拨号	
PLC（电力线上网）	中电飞华	(1) 直接利用配电网络，无须布线；(2) 不用拨号，即插即用；(3) 通信速度比 ADSL 更快	
4G(第四代移动通信技术)	中国移动（TDD-LTE）中国电信（TD-LTE 和 FDD-LTE）中国联通（TD-LTE 和 FDD-LTE）	(1) 便捷性，无线上网，不需要网线，支持移动设备和电脑的上网；(2) 具有更高的传输速率，数据传输速率达到几百 KB；(3) 灵活性强，应用范围广，可应用到众多终端，随时实现通信和数据传输；(4) 价格昂贵，与拨号上网相比，4G 无线通信资费较高	

7.2 电脑连接上网

本节视频教学录像：10 分钟

上网的方式多种多样，不同的上网方式所带来的网络体验也不尽相同，本节主要讲述有线网络的设置。

7.2.1 ADSL 宽带上网

ADSL 是一种数据传输方式，它采用频分复用技术把普通的电话线分成了电话、上行和下行 3 个相对独立的信道，从而避免了相互之间的干扰。即使边打电话边上网，也不会发生上网速率和通话质量下降的情况。通常 ADSL 在不影响正常电话通信的情况下可以提供最高 3.5Mbit/s 的上行速度和最高 24Mbit/s 的下行速度，ADSL 的速率比 N–ISDN、Cable Modem 的速率要快得多。

1. 开通业务

常见的宽带服务商为中国电信、中国联通和中国移动等，申请开通宽带上网一般可以通过两条途径实现。一种是携带有效证件（个人用户携带电话机主身份证，单位用户携带公章），直接到受理 ADSL 业务的当地电信局申请；另一种是登录当地电信局推出的办理 ADSL 业务的网站进行在线申请。申请 ADSL 服务后，当地服务提供商的员工会主动上门安装 ADSL Modem 并做好上网设置，进而安装网络拨号程序，并设置上网客户端。ADSL 的拨号软件有很多，但使用最多的还是 Windows 系统自带的拨号程序。

 提示 用户申请后会获得一组上网账号和密码。有的宽带服务商会提供 ADSL Modem，有的则不提供，用户需要自行购买。

2. 设备的安装与设置

开通 ADSL 后，用户还需要连接 ADSL Modem，需要准备一根电话线和一根网线。

ADSL 安装包括局端线路调整和用户端设备安装。在局端方面，由服务商将用户原有的电话线串接入 ADSL 局端设备。用户端的 ADSL 安装也非常简易方便，只要将电话线与 ADSL Modem 之间用一条两芯电话线连上，然后将电源线和网线插入 ADSL Modem 对应接口中即可完成硬件安装，具体接入方法见下图。

① 将 ADSL Modem 的电源线插入上图右侧的接口中，另一端插到电源插座上。

② 取一根电话线将一端插入上图左侧的插口中，另一端与室内端口相连。

③ 将网线的一端插入 ADSL Modem 中间的接口中，另一端与主机的网卡接口相连。

> **提示** 电源插座通电情况下按下 ADSL Modem 的电源开关，如果开关旁边的指示灯亮，表示 ADSL Modem 可以正常工作。

3. 电脑端配置

电脑中的设置步骤如下。

❶ 单击状态栏的【网络】按钮，在弹出的界面选择【宽带连接】选项。

❷ 弹出【网络和 INTERNET】设置窗口，选择【拨号】选项，在右侧区域选择【宽带连接】选项，并单击【连接】按钮。

❸ 在弹出的【登录】对话框【用户名】和【密码】文本框中分别输入服务商提供的用户名和密码，单击【确定】按钮。

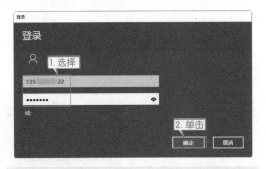

❹ 显示正在连接，连接完成即可看到已连接的状态。

7.2.2 小区宽带上网

小区宽带一般指的是光纤到小区，也就是 LAN 宽带，使用大型交换机，分配网线给各户，不需要使用 ADSL Modem 设备，配有网卡的电脑即可连接上网。整个小区共享一根光纤。在用户不多的时候，速度非常快。这是大中城市目前较普遍的一种宽带接入方式，有多家公司提供此类宽带接入方式，如联通、电信和长城宽带等。

1. 开通业务

小区宽带上网的申请比较简单，用户只需携带自己的有效证件和本机的物理地址到负责小区宽带的服务商申请即可。

2. 设备的安装与设置

小区宽带申请开通业务后，服务商会安排工作人员上门安装。另外，不同的服务商会提供不同的上网信息，有的会提供上网的账号和密码；有的会提供 IP 地址、子网掩码以及 DNS 服务器；也有的会提供 MAC 地址。

3. 电脑端配置

不同的小区宽带上网方式，其设置也不尽相同。下面讲述不同小区宽带上网方式。

（1）使用账户和密码

如果服务商提供上网和密码，用户只需将服务商接入的网线连接到电脑上，在【登录】对话框中输入用户名和密码，即可连接上网。

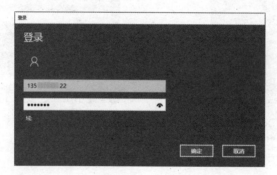

（2）使用 IP 地址上网

如果服务商提供 IP 地址、子网掩码以及 DNS 服务器，用户需要在本地连接中设置 Internet（TCP/IP）协议，具体步骤如下。

❶ 用网线将电脑的以太网接口和小区的网络接口连接起来，然后在【网络】图标上单击鼠标右键，在弹出的快捷菜单中选择【属性】命令，打开【网络和共享中心】窗口，单击【以太网】超链接。

❷ 弹出【以太网 状态】对话框，单击【属性】按钮。

❸ 单击选中【Internet 协议版本 4（TCP/IPv4）】选项，单击【确定】按钮。

❹ 在弹出的对话框中，单击选中【使用下面的 IP 地址】单选项，然后在下面的文本框中填写服务商提供的 IP 地址和 DNS 服务器地址，然后单击【确定】按钮即可连接。

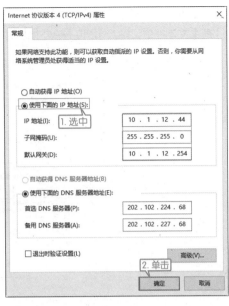

(3) 使用 MAC 地址

如果小区或单位提供 MAC 地址，用户可以使用以下步骤进行设置。

❶ 打开【以太网 属性】对话框，单击【配置】按钮。

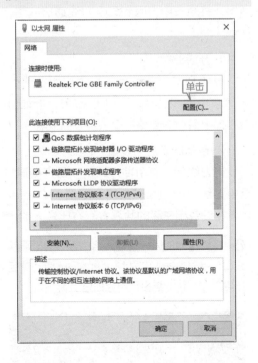

❷ 弹出属性对话框，单击【高级】选项卡，在属性列表中选择【Network Address】选项，在右侧【值】文本框中，输入 12 位 MAC 地址，单击【确定】按钮即可连接网络。

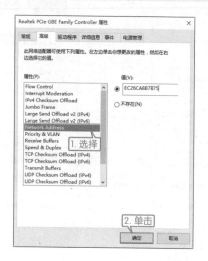

7.2.3 PLC 上网

PLC(Power Line Communication，电力线通信）是指利用电力线传输数据和语音信号的一种通信方式。电力线通信是利用电力线作为通信载体，加上一些 PLC 局端和终端调制解调器，将原有电力网变成电力线通信网络，将原来所有的电源插座变为信息插座的一种通信技术。

1. 开通业务

申请 PLC 宽带的前提是用户所在的小区已经开通 PLC 电力线宽带。如果所在小区开通了 PLC 电力线宽带，用户可以通过"网上自助服务"或者拨打客服中心热线电话申请，在申请过程中用户需要提供个人身份证信息。

2. 设备的安装与设置

电力线接入有两种方式：一是直接通过 USB 接口适配器和电力线以及 PC 连接；二是通过电力线→电力线以太网适配器→ Cable/DSL 路由器→ Cable/DSL Modem/PC 的方式。后者在设备和资源的共享方面有比较大的优势。

❶ 将配送的网线一端插入路由器 LINE 端网线口，另一端插入电力 Modem 网线口，然后把电力 Modem 连接至电源插座上。

❷ 将另外一个电力 Modem 插在其他电源插座上，然后将配送的网线一端插入电力 Modem 网线口中，另一端插入电脑的以太网接口，这样一台电脑就连接完毕。

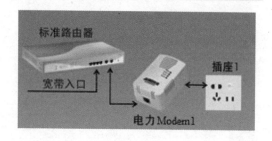

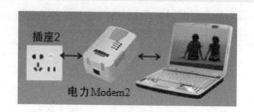

提示 如果用户要以电力线接入方式入网，必须具备以下几个条件：一是具有 USB/ 以太网（RJ45）接口的电力线网络适配器；二是具有以上接口的电脑；三是用于进行网络接入的电力线路不能有过载保护功能（会过滤掉网络信号）；四是最好有路由设备以方便共享。剩下的接入和配置与小区 LAN、DSL 接入类似，不同的仅是连接的网线插座变成了普通的电器插座而已。

3. 电脑端的配置

电脑接入电力 Modem 后，系统会自动检测到电力调制调解器，屏幕上会出现【找到 USB 设备】的对话框，单击【下一步】按钮后会出现【找到新的硬件向导】对话框，选择【搜索适于我的设备驱动程序（推荐）】选项，单击【下一步】按钮，然后根据系统向导对电脑进行设置即可。

提示 如果使用的是动态IP地址，则安装设置已完成；如果是使用静态(固定)IP地址,则最好进行相应设置。在【Internet 协议（TCP/IP） 属性】对话框中，填写 IP 地址（最后一位数不要和本电力局域网其他电脑相同，如有冲突可重新填写）、网关、子网掩码和 DNS 即可。

7.3 组建无线局域网

本节视频教学录像：9 分钟

随着笔记本电脑、手机、平板电脑等便携式电子设备的日益普及和发展，有线连接已不能满足工作和生活需要。无线局域网不需要布置网线就可以将几台设备连接在一起。无线局域网以其高速的传输能力、方便性及灵活性，得到广泛应用。组建无线局域网的具体操作步骤如下。

7.3.1 组建无线局域网的准备

无线局域网目前应用最多的是无线电波传播，覆盖范围广，应用也较广泛。在组建中最重要的设备就是无线路由器和无线网卡。

(1) 无线路由器

路由器是用于连接多个逻辑上分开的网络的设备，简单来说就是用来连接多个电脑实现共同上网，且将其连接为一个局域网的设备。

而无线路由器是指带有无线覆盖功能的路由器，主要应用于无线上网，也可将宽带网络信号转发给周围的无线设备使用，如笔记本、手机、平板电脑等。

如下图所示，无线路由器的背面由若干端口构成，通常包括 1 个 WAN 口、4 个 LAN 口、1 个电源接口和一个 RESET（复位）键。

路由器背面

电源接口，是路由器连接电源的插口。

RESET 键，即重置键，如需将路由器重置为出厂设置，可长按该键恢复。

WAN 口，是外部网线的接入口，将从 ADSL Modem 连出的网线直接插入该端口，或者小区宽带用户直接将网线插入该端口。

LAN 口，用来连接局域网端口，使用网线将端口与电脑网络端口互联，实现电脑上网。

（2）无线网卡

无线网卡的作用、功能和普通电脑网卡一样，就是不通过有线连接，采用无线信号连接到局域网上的信号收发装备。而在无线局域网搭建时，采用无线网卡就是为了保证台式电脑可以接收无线路由器发送的无线信号，如果电脑自带有无线网卡（如笔记本），则不需要再添置无线网卡。

目前，无线网卡较为常用的是 PCI 和 USB 接口两种，如下图所示。

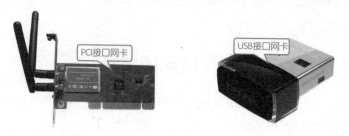

PCI 接口无线网卡主要适用于台式电脑，将该网卡插入主板上的网卡槽内即可。PCI 接口的网卡信号接收和传输范围广、传输速度快、使用寿命长、稳定性好。

USB 接口无线网卡适用于台式电脑和笔记本电脑，即插即用，使用方便，价格便宜。

在选择上，如果考虑到便捷性，可以选择 USB 接口的无线网卡，如果考虑到使用效果和稳定性、使用寿命等，建议选择 PCI 接口无线网卡。

（3）网线

网线是连接局域网的重要传输媒体，在局域网中常见的网线有双绞线、同轴电缆、光缆三种，而使用最为广泛的就是双绞线。

双绞线是由一对或多对绝缘铜导线组成的，为了降低信号传输中串扰及电磁干扰影响的程度，通常将这些线按一定的密度互相缠绕在一起，双绞线可传输模拟信号和数字信号，价格便宜，并且安装简单，所以得到广泛的使用。

一般使用方法就是和 RJ45 水晶头相连，然后接入电脑、路由器、交换机等设备中的

RJ45 接口。

提示　RJ45 接口也就是我们说的网卡接口，常见的 RJ45 接口有两类：用于以太网网卡、路由器以太网接口等的 DTE 类型，还有用于交换机等的 DCE 类型。DTE 称为"数据终端设备"，DCE 称为"数据通信设备"。从某种意义上说，DTE 设备称为"主动通信设备"，DCE 设备称为"被动通信设备"。

　　通常，判定双绞线是否通路主要使用万用表和网线测试仪测试，而网线测试仪是使用最方便、最普遍的方法。

　　双绞线的测试方法，是将网线两端的水晶头分别插入主机和分机的 RJ45 接口，然后将开关调制到"ON"位置（"ON"为快速测试，"S"为慢速测试，一般使用快速测试即可），此时观察亮灯的顺序，如果主机和分机的指示灯 1~8 逐一对应闪亮，则表明网线正常。

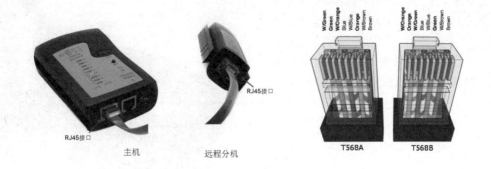

提示 下表所示为双绞线对应的位置和颜色，双绞线一端是按 568A 标准制作，一端按 568B 标准制作。

引脚	568A 定义的色线位置	568B 定义的色线位置
1	绿白（W–G）	橙白（W–O）
2	绿（G）	橙（O）
3	橙白（W–O）	绿白（W–G）
4	蓝（BL）	蓝（BL）
5	蓝白（W–BL）	蓝白（W–BL）
6	橙（O）	绿（G）
7	棕白（W–BR）	棕白（W–BR）
8	棕（BR）	棕（BR）

7.3.2 制作标准网线

网线是最常用的网络设备之一，虽然较为常见，但如无任何经验，则很难制作完成，本节主要介绍如何制作标准网线。

网线的布局标准规定了两种双绞线的线序 T568A 和 T568B，其线序如下表所示。

线序	1	2	3	4	5	6	7	8
T568A	白绿	绿	白橙	蓝	白蓝	橙	白棕	棕
T568B	白橙	橙	白绿	蓝	白蓝	绿	白棕	棕

根据网线的制作分类，分为交叉网线和直连网线。交叉网线是一端遵循 T568A 标准，一端遵循 T568B 标准；而直连网线两端都遵循 T568A 标准或遵循 T568B 标准。交叉网线和直连网线的连接情况如下表所示。

采用线型	直连网线				交叉网线				
设备 A	计算机	计算机	集线器	交换机	电脑1	集线器1	集线器	交换机1	路由器1
设备 B	集线器	交换机	路由器	路由器	电脑2	集线器2	交换机	交换机2	路由器2

下面以 T568B 标准为例，制作一根标准网线，具体制作步骤如下。

❶ 准备好网线、网线钳和水晶头后，首先将网线放入网线钳的剥线孔中，剥线长度建议控制在 1.5cm~2.5cm，不宜过短或过长，过短则影响排线，过长则浪费。慢慢转动网线和网线钳，将网线的绝缘皮割开。

提示　一般左手拿网线，右侧握网线钳。在转动网线钳，请注意力度，过轻则不易割断绝缘皮，过重则易割断网线。

 提示　在剪线时，要干脆果断，避免剪失败。另外，注意安全。

❷ 将绝缘皮剥掉后，可以看到有 8 根导线，两两顺时针缠绕，4 根颜色较深的为橙色、蓝色、绿色和棕色，与之缠绕的白色线，为对应的白橙、白蓝、白绿和白棕。此时，按照 T568B 标准，为它们排序，如下图即为 T568B 标准的排线。

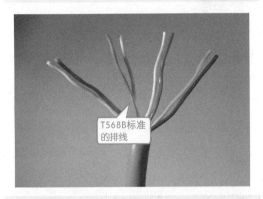

❸ 排线完成后，可以将过长或参差不齐的导线剪整齐，一般建议保留 1cm~1.5cm。

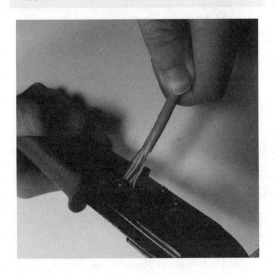

❹ 剪线完成后，左手捏住导线，确保排序正确。右手拿起准备好的水晶头。将正面朝向自己（有金属导片的一面），将网线慢慢放入水晶头内，并确保每根导线对应一个根脚，用力推导线，直至接触到水晶头末端。

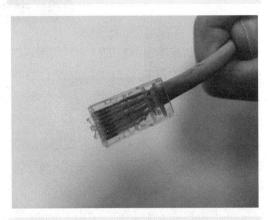

❺ 将有水晶头的一端放到网头压槽，注意一定要把水晶头放置到位（钳子的突出压片会正好对准每个铜片位置），然后右手压握网线钳，听到"咔"一声即表示卡口已经压接下去，前面的铜片也会同时压接下去。

❻ 压线完成后，慢慢退出水晶头，检查是否压制好。然后根据上述方法压制另一端即可。

7·3·3 使用测线仪测试网线是否通路

　　判定双绞线是否通路，主要使用万用表、网线测试仪测试，也可以连接电脑进行测试，而网线测试仪是使用最方便、最普遍的方法。

打开测试仪的电源开关，将网线两端的水晶头分别插入主测试仪和远程分机的 RJ45 接口，然后将开关调制到"ON"位置（"ON"为快速测试，"S"为慢速测试，一般使用快速测试即可，"M"为手动挡），此时观察亮灯的顺序。

1. 交叉网线的测试

如果主测试仪和远程分机的指示灯按照 1-3、2-6、3-1、4-4、5-5、6-2、7-7、8-8、G-G 顺序逐个闪亮，则表明网线正常。

2. 直连网线的测试

如果主测试仪和远程分机指示灯从 1 至 G 逐一顺序闪亮，则表明网线正常。

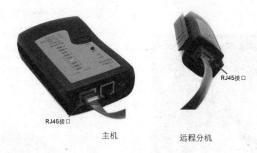

主机   远程分机

在以下情况时，表示接线不正常。

(1) 当有一根网线断路，如 2 号线，则主测试仪和远程分机的 3 号指示灯都不亮。

(2) 当有几根线不通，则几根线都不亮。如果网线少于 2 根连通时，指示灯都不亮。

(3) 当有两根网线短路时，则主测试仪指示灯不亮，而远程分机显示短路的两根线的指示灯微亮；若有三根以上网线短路，则所有短路的网线对应的指示灯都不亮。

(4) 当两头网线乱序，例如 2 号和 4 号线，则主测试仪和远程分机指示灯显示顺序如下。

主测试仪不变：1-2-3-4-5-6-7-8-G

远程分机变为：1-4-3-2-5-6-7-8-G

7·3·4 组建无线局域网

随着笔记本电脑、手机、平板电脑等便携式电子设备的日益普及和发展，有线连接已不能满足工作和家庭需要，无线局域网不需要布置网线就可以将几台设备连接在一起。无线局域网以其高速的传输能力、方便性及灵活性，得到广泛应用。组建无线局域网的具体操作步骤如下。

1. 硬件搭建

在组建无线局域网之前，要将硬件设备搭建好。

首先，通过网线将电脑与路由器相连接，将网线一端接入电脑主机后的网孔内，另一端接入路由器的任意一个 LAN 口内。

其次，通过网线将 ADSL Modem 与路由器相连接，将网线一端接入 ADSL Modem 的 LAN 口，另一端接入路由器的 WAN 口内。

最后，将路由器自带的电源插头连接电源即可，此时即完成了硬件搭建工作。

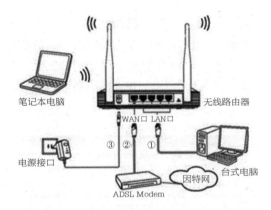

提示 如果台式电脑要接入无线网，可安装无线网卡，然后将随机光盘中的驱动程序安装在电脑上即可。

2. 路由器设置

路由器设置主要指在电脑或便携设备端，为路由器配置上网账号、设置无线网络名称、密码等信息。

下面以台式电脑为例，使用的是 TP-LINK 品牌的路由器，型号为 WR882N，在 Windows 10 操作系统、Microsoft Edge 浏览器的软件环境下的操作演示。具体步骤如下。

❶ 完成硬件搭建后，启动任意一台电脑，打开 IE 浏览器，在地址栏中输入"192.168.1.1"，按【Enter】键，进入路由器管理页面。初次使用时，需要设置管理员密码，在文本框中输入密码和确认密码，然后按【确认】按钮完成设置。

提示 不同路由器的配置地址不同，可以在路由器的背面或说明书中找到对应的配置地址、用户名和密码。部分路由器，输入配置地址后，弹出对话框，要求输入用户名和密码，此时，可以在路由器的背面或说明书中找到，输入即可。

另外用户名和密码可以在路由器设置界面的【系统工具】【修改登录口令】中设置。如果遗忘，可以在路由器开启的状态下，长按【RESET】键恢复出厂设置，登录账户名和密码恢复为原始密码。

❷ 进入设置界面，选择左侧的【设置向导】选项，在右侧【设置向导】中单击【下一步】按钮。

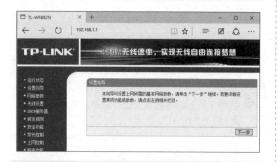

❸ 打开【设置向导】对话框选择连接类型，这里单击选中【让路由器自动选择上网方式】单选项，并单击【下一步】按钮。

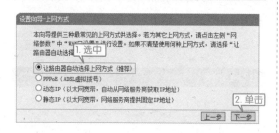

提示 PPPoE 是一种协议，适用于拨号上网；而动态 IP 每连接一次网络，就会自动分配一个 IP 地址；静态 IP 是运营商给的固定的 IP 地址。

❹ 如果检测为拨号上网，则输入账号和口令；如果检测为静态 IP，则需输入 IP 地址和子网掩码，然后单击【下一步】按钮。如果检测为动态 IP，则无需输入任何内容，直接跳转到下一步操作。

提示 此处的用户名和密码是指在开通网络时，运营商提供的用户名和密码。如果账户和密码遗忘或需要修改密码，可联系网络运营商找回或修改密码。若选用静态 IP，所需的 IP 地址、子网掩码等都由运营商提供。

❺ 在【设置向导 - 无线设置】页面，进入该界面设置路由器无线网络的基本参数，单击选中【WPA-PSK/WPA2-PSK】单选项，在【PSK 密码】文本框中设置 PSK 密码。单击【下一步】按钮。

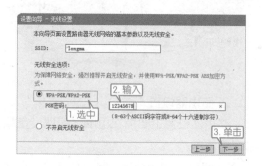

提示 用户也可以在路由器管理界面，单击【无线设置】选项进行设置。

SSID：是无线网络的名称，用户通过 SSID 号识别网络并登录；

WPA-PSK/WPA2-PSK：基于共享密钥的 WPA 模式，使用安全级别较高的加密模式。在设置无线网络密码时，建议优先选择该模式，不选择 WPA/WPA2 和 WEP 这两种模式。

❻ 在弹出的页面单击【重启】按钮，如果弹出"此站点提示"对话框，提示是否重启路由器，单击【确定】按钮，即可重启路由器，完成设置。

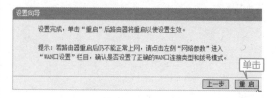

3. 连接上网

无线网络开启并设置成功后，其他电脑需要搜索设置的无线网络名称，然后输入密码，连接该网络即可。具体操作步骤如下。

❶ 单击电脑任务栏中的无线网络图标，在弹出的对话框中会显示无线网络的列表，单击需要连接的网络名称，在展开项中，勾选【自动连接】复选框，方便网络连接，然后单击【连接】按钮。

❷ 在网络名称下方弹出的【输入网络安全密钥】对话框中，输入在路由器中设置的无线网

络密码，单击【下一步】按钮即可。

> **提示** 如果忘记无线网密码，可以登录路由器管理页面查看。

❸ 密钥验证成功后，即可连接网络，该网络名称下，则显示"已连接"字样，任务栏中的网络图标也显示为已连接样式。

7.4 组建有线局域网

📺 本节视频教学录像：7 分钟

通过将多个电脑和路由器连接起来，组建一个小的局域网，可以实现多台电脑同时共享上网。本小节中以组建有线局域网为例，介绍多台电脑同时上网的方法。

7.4.1 组建有线局域网的准备

组建有线局域网和无线局域网最大的差别是无线信号收发设备上，其主要使用的设备是交换机或路由器。下面介绍组建有线局域网所需的设备。

(1) 交换机

交换机是用于电信号转发的设备，可以简单地理解为把若干台电脑连接在一起组成一个局域网，一般在家庭、办公室常用的交换机属于局域网交换机，而小区、一幢大楼等使用的多为企业级的以太网交换机。

如上图所示，交换机和路由器外观并无太大差异，路由器上有单独一个 WAN 口，而交换机上全部是 LAN 口，另外，路由器一般只有 4 个 LAN 口，而交换机上有 4 ~ 32 个 LAN 口，其实这只是外观的对比，二者在本质上有明显的区别。

① 交换机是通过一根网线上网，如果几台电脑上网，是分别拨号，各自使用自己的带宽，互不影响。而路由器自带了虚拟拨号功能，是几台电脑通过一个路由器、一个宽带账号上网，几台电脑之间上网相互影响。

② 交换机工作是在中继层（数据链路层），是利用 MAC 地址寻找转发数据的目的地址，MAC 地址是硬件自带的，是不可更改的，工作原理相对比较简单；而路由器工作是在网络层（第三层），是利用 IP 地址寻找转发数据的目的地址，可以获取更多的协议信息，以做出更多的转发决策。通俗地讲，交换机的工作方式相当于要找一个人，知道这个人的电话号码（类似于 MAC 地址），于是通过拨打电话和这个人建立连接；而路由器的工作方式是，知道这个人的具体住址××省××市××区××街道××号××单元××户（类似于 IP 地址），然后根据这个地址，确定最佳的到达路径，然后到这个地方，找到这个人。

③ 交换机负责配送网络，而路由器负责入网。交换机可以使连接它的多台电脑组建成局域网，但是不能自动识别数据包发送和到达地址的功能，而路由器则为这些数据包发送和到达的地址指明方向和进行分配。简单说就是交换机负责开门，路由器给用户找路上网。

④ 路由器具有防火墙功能，不传送不支持路由协议的数据包和未知目标网络的数据包，仅支持转发特定地址的数据包，防止了网络风暴。

⑤ 路由器也是交换机，如果要使用路由器的交换机功能，把宽带线插到 LAN 口上，把 WAN 空置起来就可以。

(2) 路由器

组建有线局域网时，可不必要求为无线路由器，一般路由器即可使用，主要差别就是无线路由器带有无线信号收发功能，但价格较贵。

7.4.2 组建有线局域网

在日常生活和工作中，组建有线局域网的常用方法是使用路由器搭建和交换机搭建，也可以使用双网卡网络共享的方法搭建。本节主要介绍使用路由器组建有线局域网的方法。

使用路由器组建有线局域网，其中硬件搭建和路由器设置与组件无线局域网基本一致，如果电脑比较多的话，可以接入交换机，如下图所示的连接方式。

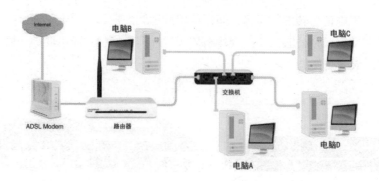

如果一台交换机和路由器的接口，还不能够满足电脑的使用，可以在交换机中接出一根线，连接到第二台交换机，利用第二台交换机的其余接口，连接其他电脑接口。依此类推，根据电脑数量增加交换机的布控。

路由器端的设置和无线网的设置方法一样，这里就不再赘述，为了避免所有电脑不在一个 IP 区域段中，可以执行下面操作，确保所有电脑之间的连接，具体操作步骤如下。

❶ 在【网络】图标上单击鼠标右键，在弹出的快捷菜单中选择【打开网络和共享中心】命令，打开【网络和共享中心】窗口，单击【以太网】超链接。

按钮。在弹出的对话框中，单击选中【自动获取 IP 地址】和【自动获取 DNS 服务器地址】单选项，然后单击【确定】按钮即可。

❷ 弹出【以太网状态】对话框，单击【属性】按钮，在弹出的对话框列表中选择【Internet 协议版本 4（TCP/IPv4）】选项，并单击【属性】

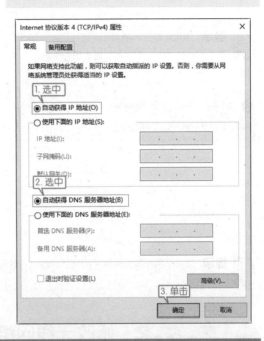

7.5 管理局域网

本节视频教学录像：5 分钟

局域网搭建完成后，如网速情况、无线网密码和名称、带宽控制等都可能需要进行管理，以满足公司的使用，本节主要介绍一些常用的局域网管理内容。

7.5.1 网速测试

网速的快慢一直是用户较为关心的，在日常使用中，可以自行对带宽进行测试，本节主要介绍如何使用"360 宽带测速器"进行测试。

❶ 打开 360 安全卫士，单击其主界面上的【宽带测速器】图标。

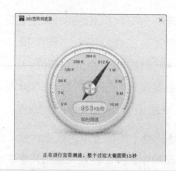

❸ 测试完毕后，软件会显示网络的接入速度。用户还可以依次测试长途网络速度、网页打开速度等。

提示 如果软件主界面上无该图标，请单击【更多】超链接，进入【全部工具】界面下载。

❷ 打开【360宽带测速器】工具，软件自动进行宽带测速，如下图所示。

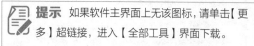

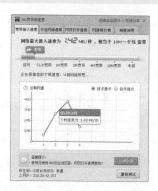

提示 如果个别宽带服务商采用域名劫持、下载缓存等技术方法，测试值可能高于实际网速。

7·5·2 修改无线网络名称和密码

经常更换无线网名称有助于保护用户的无线网络安全，防止别人蹭取。下面以 TP-Link 路由器为例，介绍修改的具体步骤。

❶ 打开浏览器，在地址栏中输入路由器的管理地址，如 http://192.168.1.1，按【Enter】键，进入路由器登录界面，并输入管理员密码，单击【确认】按钮。

❷ 单击【无线设置】➢【基本设置】选项，进入无线网络基本设置界面，在 SSID 号文本框中输入新的网络名称，单击【保存】按钮。

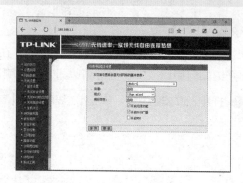

提示 如果仅修改网络名称，单击【保存】按钮后，根据提示重启路由器即可。

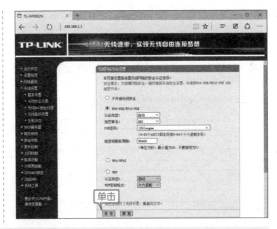

❸ 单击左侧【无线安全设置】超链接进入无线网络安全设置界面，在"WPA-PSK/WPA2-PSK"下面的【PSK密码】文本框中输入新密码，单击【保存】按钮，然后单击按钮上方出现的【重启】超链接。

❹ 进入【重启路由器】界面，单击【重启路由器】按钮，将路由器重启即可。

7·5·3 IP 的带宽控制

在局域网中，如果希望限制其他 IP 的网速，除了使用 P2P 工具外，还可以使用路由器的 IP 流量控制功能来管控。

❶ 打开浏览器，进入路由器后台管理界面，单击左侧的【IP 带宽控制】超链接，单击【添加新条目】按钮。

提示 在 IP 带宽控制界面，勾选【开启 IP 带宽控制】复选框，然后设置宽带线路类型、上行总带宽和下行总带宽。

宽带线路类型，如果上网方式为 ADSL 宽带上网，选择【ADSL 线路】即可，否则选择【其他线路】。下行总带宽是通过 WAN 口可以提供的下载速度。上行总带宽是通过 WAN 口可以提供的上传速度。

❷ 进入【条目规则配置】界面，在 IP 地址范围中设置 IP 地址段、上行带宽和下行带宽，如下图设置则表示分配给局域网内 IP 地址为 192.168.1.100 的计算机的上行带宽最小 128Kbit/s、最大 256Kbit/s，下行带宽最小 512Kbit/s、最大 1024Kbit/s。设置完毕后，单击【保存】按钮。

❸ 如果要设置连续 IP 地址段，如下图所示，设置了 101~103 的 IP 段，表示局域网内 IP 地址为 192.168.1.101 到 192.168.1.103 的三台计算机的带宽总和为上行带宽最小

256Kbit/s、最大 512Kbit/s，下行带宽最小 1024Kbit/s、最大 2048Kbit/s。

地址段。

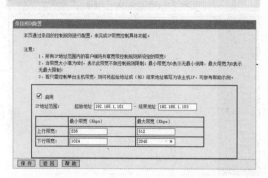

 返回 IP 宽带控制界面，即可看到添加的 IP

7.5.4 关闭路由器无线广播

通过关闭路由器的无线广播，防止其他用户搜索到无线网络名称，从根本上杜绝别人蹭网。

打开浏览器，输入路由器的管理地址，登录路由器后台管理页面，单击【无线设置】➤【基本设置】超链接，进入【无线网络基本设置】页面，撤销勾选【开启 SSID 广播】复选框，并单击【保存】按钮，重启路由器即可。

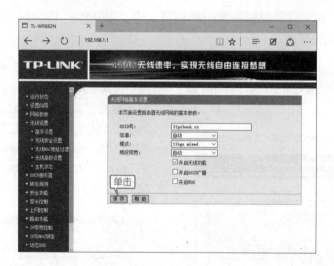

7.5.5 实现路由器的智能管理

智能路由器以其简单、智能的优点，成为路由器市场上的香饽饽，如果用户现在使用的不是智能路由器，也可以借助一些软件实现路由器的智能化管理。本节介绍的 360 路由器卫士，它可以让用户简单且方便地管理网络。

❶ 打开浏览器，在地址栏中输入 http://iwifi.360.cn，进入路由器卫士主页，单击【电脑版下载】超链接。

> **提示** 如果使用的是最新版本 360 安全卫士，会集成该工具，在【全部工具】界面可找到，则不需要单独下载并安装。

❷ 打开路由器卫士，首次登录时，会提示输入路由器账号和密码。输入后，单击【下一步】按钮。

❸ 此时，即可进到【我的路由】界面。用户可以看到接入该路由器的所有连网设备及当前网速。如果需要对某个 IP 进行带宽控制，在对应的设备后面单击【管理】按钮。

❹ 打开该设备管理对话框，在网速控制文本框中，输入限制的网速，单击【确定】按钮。

❺ 返回【我的路由】界面，即可看到列表中该设备上显示【已限速】提示。

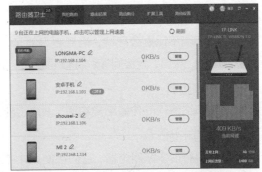

❻ 同样，用户可以对路由器做防黑检测、设备跑分等。用户可以在【路由设置】界面备份上网账号、快速设置无线网及重启路由器功能。

7.6 实现 Wi-Fi 信号家庭全覆盖

本节视频教学录像：10 分钟

随着移动设备、智能家居的出现并普及，无线 Wi-Fi 网络已不可或缺，而 Wi-Fi 信号能否全面覆盖成了不少用户关心的话题，因为多数人都面临着在家里存在着很多网络死角和信号弱等问题，不能获得良好的上网体验。本节讲述如何增强 Wi-Fi 信号，实现家庭全覆盖。

7.6.1 家庭网络信号不能全覆盖的原因

无线网络传输是一个信号发射端发送无线网络信号，然后被无线设备接收端接收的过程。对于一般家庭网络布局，主要是由网络运营商接入互联网，家中配备一个路由器实现有线和无线的小型局域网络布局。在这个信号传输过程中，会由于不同的因素，导致信号变弱，下面简单分析下几个最为常见的原因。

1. 物体阻隔

家庭环境不比办公环境，格局更为复杂，墙体、家具、电器等都对无线信号产生阻隔，尤其是自建房、跃层、大房间等，有着混凝土墙的阻隔，无线网络会逐渐递减到接收不到。

2. 传播距离

无线网络信号的传播距离有限，如果接收端距离无线路由器过远，则会影响其接收效果。

3. 信号干扰

家庭中有很多家用电器，它们在使用中都会产生向外的电磁辐射，如冰箱、洗衣机、空调、微波炉等，都会对无线信号产生干扰。

另外，如果周围处于同一信道的无线路由器过多，也会相互干扰，影响 Wi-Fi 的传播效果。

4. 天线角度

天线的摆放角度也是影响 Wi-Fi 传播的影响因素之一。大多数路由器配备的是标准偶极天线，在垂直方向上无线覆盖更广，但在其上方或下方，覆盖就极为薄弱。因此，当无线路由器的天线以垂直方向摆放时，如果无线接收端处在天线的上方或下方，接收效果就不好。

5. 设备老旧

过于老旧的无线路由器信号发射功率比目前主流路由器的低。早期的无线路由器都是单根天线，增益过低，而目前市场上主流路由器最少是两根天线，普遍为三根、四根，甚至更多。当然天线数量的多少并不是衡量路由器信号强度和覆盖面的唯一标准，但在同等条件下，天线数量多的表现一般更优越些。

另外，路由器的发射功率较低，也会影响无线信号的覆盖质量。

7.6.2 解决方案

了解了影响无线网络覆盖的因素后，我们就需要找到对应的解决方案。虽然家庭的格局环境是不能轻易改变的，但是我们可以通过其他的布局调整，提高 Wi-Fi 信号的强度、扩大信号覆盖面。

1. 合理摆放路由器

合理摆放路由器，可以减少信号阻隔、缩短传输距离等。切勿将路由器放在角落或靠墙处，而应将其放在宽敞的位置，比如客厅或几个房间的交汇处，如下图所示，在二室一厅中圆心位置就是路由器摆放的最佳位置，在几个房间的交汇处。

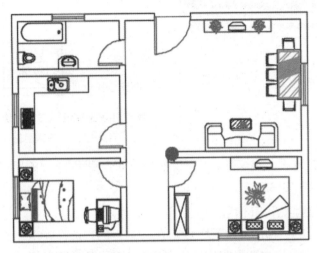

关于信号角度，建议将路由器摆放在较高的地方，使信号向下辐射，减少阻碍物的阻拦，减少信号盲区，如下图所示就可以在沙发上方置物架上摆放无线路由器。

另外，应尽量将路由器摆放在离其他无线设备和家用电器较远的地方，以减少相互干扰。

2. 改变路由器信道

信号的干扰是影响无线网络接收效果的因素之一，除了家用电器发射的电磁波会对接收效果造成一定的影响外，网络信号扎堆同一信道段也是信号干扰的主要原因之一，因此，用户应尽量选择干扰较少的信道，以获得更好的信号接收效果。用户可以使用 Network Stumbler 或 Wi-Fi 分析工具等，查看附近存在的无线信号及其使用的信道。下面介绍如何修改无线网络信道，具体步骤如下。

❶ 打开浏览器，进入路由器后台管理界面，单击【无线设置】➤【基本设置】超链接，进入【无线网络基本设置】界面。

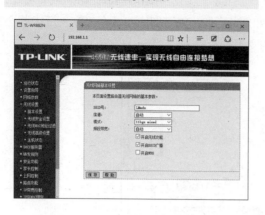

❷ 单击信道后面的 ☑ 按钮，打开信道列表，选择要修改的信道。

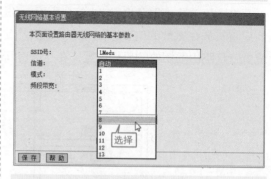

❸ 如这里将信道由【自动】改为【8】，单击【保存】按钮，并重启路由器即可。

　　如果路由器支持双频，建议开启 5GHz 频段，如今使用 11ac 的用户较少，5GHz 频段干扰小，信号传输也较为稳定。

3. 扩展天线，增强 Wi-Fi 信号

　　目前，网络流行的一种用易拉罐增强 Wi-Fi 信号的方法，确实屡试不爽，可以较好地加强无线 Wi-Fi 信号。它主要是将信号集中起来，套上易拉罐后把最初的 360° 球面波向 180° 集中，改道向另一方向传播，改道后方向的信号就会比较强。如下图所示就是一个易拉罐 Wi-Fi 信号放大器。

4. 使用最新的 Wi-Fi 硬件设备

　　Wi-Fi 硬件设备作为无线网的源头，其质量的好坏也影响着无线信号的覆盖面，使用最新的 Wi-Fi 硬件设备可以得到最新的技术支持，能够最直接最快地提升上网体验，尤其是现在有各种大功率路由器，即使穿过墙面信号受到削弱，也可以表现出较好的信号强度。

　　一般用户建议使用前 3 种方法，减少信号的削弱，加强信号强度即可。如果用户有多个

路由器，可以尝试 WDS 桥接功能，大大扩展路由的覆盖区域。

7.6.3　使用 WDS 桥接增强路由覆盖区域

WDS 是 Wireless Distribution System 的英文缩写，译为无线分布系统，最初用作无线基站之间的联系通信系统。随着技术的发展，其开始在家庭和办公方面充当无线网络的中继器，让无线 AP 或者无线路由器之间通过无线进行桥接（中继），延伸扩展无线信号，从而覆盖更广更大的范围。

> **提示** 目前流行的无线路由器放大器，就是将路由器的信号源放大，增强无线信号，其原理和 WDS 桥接差不多，相当于一个无线中继器。

目前大多数路由器都支持 WDS 功能，用户可以很好地借助该功能实现家庭网络覆盖布局。本节主要讲述如何使用 WDS 功能实现多路由的协同，扩大路由器信号的覆盖区域。

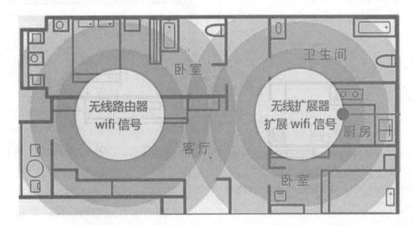

在设置之前，需要准备两台无线路由器，其中一台需要支持 WDS 功能，用户可以将无 WDS 功能的作为中心无线路由器，如果都有 WDS 功能，选用性能最好的路由器作中心无线路由器 A，也就是与 Internet 网相连的路由器，另外一台路由器作为桥接路由器 B。A 路由器按照日常的路由设置即可，可按 8.5 节设置，本节不再赘述。主要是 B 路由器，需满足两点，一是与中心无线路由器信道相同，二是关闭 DHCP 功能即可。具体设置步骤如下。

❶ 使用电脑连接 A 路由器，按照 7.3.2 节进行无线网设置，但需将其信道设置为固定数，如这里将其设置为"1"，勾选【开启无线功能】和【开启 SSID 广播】复选框，不勾选【开启 WDS】复选框，如下图所示。

❷ A 路由器设置完毕后，将桥接路由器选择

好要覆盖的位置，连接电源，然后通过电脑连接 B 路由器，如果电脑不支持无线，可以使用手机连接，比起有线连接更为方便，连接后，打开电脑或手机端的浏览器，登录 B 路由器后台管理页面，单击【网络参数】▷【LAN 口设置】超链接，进入【LAN 口设置】页面，将 IP 地址修改为与 A 路由器不同的地址，如 A 路由器 IP 地址为 192.168.1.1，这里将 B 路由器 IP 地址修改为 192.168.1.2，避免 IP 冲突，然后关闭【DHCP 服务器】，设置为【不启用】即可。然后单击【保存】按钮，进行重启。

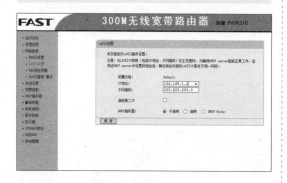

提示 开启路由器的 DHCP 服务器功能，可以让 DHCP 服务器自动替用户配置局域网中各计算机的 TCP/IP 协议。B 路由器关闭 DHCP 功能主要是有 A 路由器分配 IP。另外如果【LAN 口设置】页面如果没有 DHCP 服务器选项，可在【DHCP 服务器】页面关闭。

❸ 重启路由器后，登录 B 路由器管理页面，此时 B 路由的配置地址变为：192.168.1.2，登录后，单击【无线设置】▷【基本设置】超链接，进入【无线基本设置】页面，将信道设置为与 A 路由器的相同的信道，然后勾选【开启 WDS】复选框。

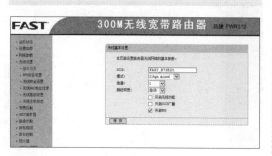

❹ 单击弹出的【扫描】按钮。

❺ 在扫描的 AP 列表中，找到 A 路由器的 SSID 名称，然后单击【连接】超链接。如果未找到，单击【刷新】按钮。

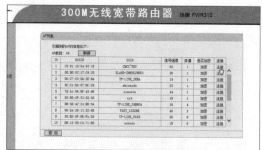

❻ 返回【无线基本设置】页面，将【密钥类型】设置为与 A 路由器一致的加密方式，这里选择【WPA2-PSK】，并在【密钥】文本框中输入 A 路由器的无线网路密码，单击【保存】按钮。

⑦ 进入【WDS 安全设置】页面，设置 B 路由器的无线网密码，单击【保存】按钮，重启路由器即可。

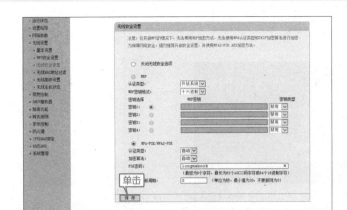

此时，两台路由器桥接完成，用户可以连接 B 路由器上网了，同样用户还可以连接更多从路由器，进行无线网络布局，增强 Wi-Fi 信号。上面的操作可以总结为以下表，方便读者理解。

设置	WAN 口设置	LAN 口设置	DHCP	无线设置	
				信道	WDS
A（主）路由器	服务商	192.168.1.1（默认）	启用	信道一致即可	不勾选
B（从）路由器	无	192.168.1.X（1 < X ≤ 255）	不启用		勾选

高手私房菜

📇 本节视频教学录像：2 分钟

技巧 1：安全使用免费 Wi-Fi

黑客可以利用虚假 Wi-Fi 盗取手机系统、品牌型号、自拍照片、邮箱账号密码等各类隐私数据，甚至盗号、窃取银行卡、支付宝信息、植入病毒等，为了避免遭到攻击，在使用免费 Wi-Fi 时，建议注意以下几点。

- 在公共场所使用免费 Wi-Fi 时，不要用手机支付，尽量使用手机流量进行支付。
- 警惕同一地方，出现多个相同 Wi-Fi，很有可能是诱骗用户信息的钓鱼 Wi-Fi。
- 在网上银行支付时，尽量使用安全键盘，不要使用网页之类的。
- 在上网时，如果弹出不明网页，要求输入个人私密信息时，请谨慎，及时关闭 WLAN 功能。

技巧 2：将电脑转变为无线路由器

如果电脑可以上网，即使没有无线路由器，也可以通过简单的设置将电脑的有线网络转为无线网络，但是前提是台式电脑必须装有无线网卡，笔记本电脑自带有无线网卡，如果准备好后，可以参照以下操作，创建 Wi-Fi，实现网络共享。

❶ 打开 360 安全卫士主界面，然后单击【更多】超链接。

❷ 在打开的界面中，单击【360 免费 Wi Fi】图标按钮，进行工具添加。

❸ 添加完毕后，弹出【360 免费 WiFi】对话框，用户可以根据需要设置 Wi-Fi 名称和密码。

❹ 单击【已连接的手机】可以看到连接的无线设备，如下图所示。

第

章

电脑系统的优化

 本章视频教学录像：27 分钟

高手指引

　　随着计算机的使用，很多空间会被浪费，用户需要及时优化系统，从而提高计算机的性能。本章主要介绍硬盘优化、加快系统运行速度以及使用 360 安全卫士优化电脑等操作，为电脑加速。

重点导读

+ 掌握硬盘优化的方法
+ 掌握加快系统运行速度的方法
+ 掌握系统瘦身的方法
+ 掌握使用 360 安全卫士优化电脑的方法

8.1 硬盘优化

📀 本节视频教学录像：11分钟

随着使用时间的增加，硬盘会产生垃圾和碎片，需要进行清理和整理。本节主要介绍硬盘的优化操作。

8.1.1 检查磁盘错误

通过检查一个或多个驱动器是否存在错误可以解决一些计算机问题。例如，用户可以通过检查计算机的主硬盘来解决一些性能问题，或者当外部硬盘驱动器不能正常工作时，可以检查该外部硬盘驱动器。

Windows 10 操作系统提供了检查硬盘错误信息的功能，具体操作步骤如下。

❶ 在桌面上右键单击【此电脑】图标，在弹出的快捷菜单中选择【管理】菜单命令。

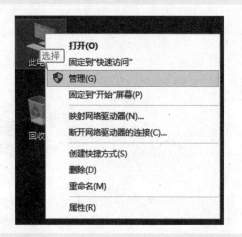

❷ 弹出【计算机管理】窗口，在左侧的列表中选择【磁盘管理】选项。

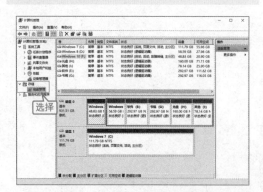

❸ 窗口的右侧显示磁盘的基本情况，选择需要检查的磁盘并右键单击，在弹出的快捷菜单中选择【属性】菜单命令。

❹ 弹出【属性】对话框，选择【工具】选项卡，在【查错】选区中单击【检查】按钮。

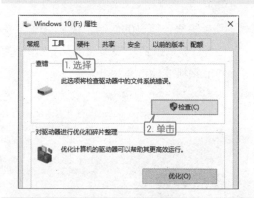

❺ 弹出【检查磁盘】对话框，选择【扫描驱动器】选项。

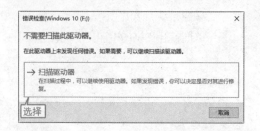

⑥ 系统开始自动检查硬盘并修复发现的错误。

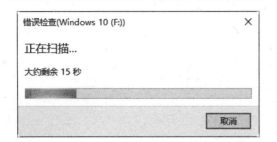

⑦ 检查并修复完成后，单击【关闭】按钮即可。

8.1.2 整理磁盘碎片

用户保存、更改或删除文件时，硬盘卷上会产生碎片。用户所保存的对文件的更改通常存储在卷上与原始文件所在位置不同的位置。这不会改变文件在 Windows 中的显示位置，而只会改变组成文件的信息片段在实际卷中的存储位置。随着时间推移，文件和卷本身都会碎片化，而电脑跟着也会变慢，因为电脑打开单个文件时需要查找不同的位置。

磁盘碎片整理实质是指合并卷（如硬盘或存储设备）上的碎片数据，以便卷能够更高效地工作。磁盘碎片整理程序能够重新排列卷上的数据并重新合并碎片数据，有助于电脑更高效地运行。在 Windows 操作系统中，磁盘碎片整理程序可以按计划自动运行，用户也可以手动运行该程序或更改该程序使用的计划。

> 提示　如果电脑使用的是固态硬盘则不需要对磁盘碎片进行整理。

❶ 打开【此电脑】窗口，选择需要整理碎片的分区并单击鼠标右键，在弹出的快捷菜单中选择【属性】菜单命令。

❷ 弹出【软件（E:）属性】对话框，选择【工具】选项卡，在【对驱动器进行优化和碎片整理】选区中单击【优化】按钮。

❸ 弹出【优化驱动器】对话框，如选择【软件(E:)】选项，单击【分析】按钮。

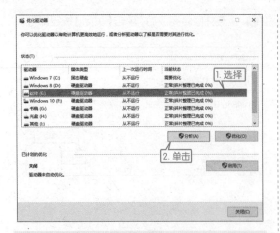

❹ 系统开始自动分析磁盘，在对应的当前状态栏下显示碎片分析的进度。

❺ 分析完成后，单击【优化】按钮，系统开始自动对磁盘碎片进行整理操作。

❻ 除了手动整理磁盘碎片外，用户还可以设置自动整理碎片的计划，单击【启用】按钮。

❼ 弹出【磁盘碎片整理程序：修改计划】对话框，用户可以设置自动检查碎片的频率、日期、时间和磁盘分区，设置完成后，单击【确定】按钮。

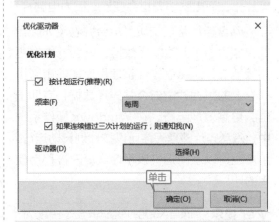

❽ 返回到【磁盘碎片整理程序】窗口，单击【关闭】按钮，即可完成磁盘的碎片整理及设置。

8.2 加快系统运行速度

本节视频教学录像：4 分钟

用户可以对电脑中的一些选项进行设置，如结束多余的进程、取消显示开机锁屏界面及取消开机密码等，从而加速电脑运行速度。

8.2.1 结束多余的进程

结束多余进程可以提高电脑运行的速度。具体的操作步骤如下。

❶ 按键盘上的【Ctrl+Alt+Del】组合键，打开【Windows 任务管理器】窗口，选择【进程】选项卡，即可看到本机中开启的所有进程。

（6）svchost.exe：从动态链接库中运行服务的通用主机进程名称（在 Windows XP 系统中通常有 6 个 svchost.exe 进程）。

（7）spoolsv.exe：将文件加载到内存中以便打印。

（8）explorer.exe：资源管理进程。

（9）internat.exe：输入法进程。

❷ 在进程列表中查找多余的进程，然后单击鼠标右键，从弹出的快捷菜单中选择【结束任务】菜单项，即可结束当前进程。

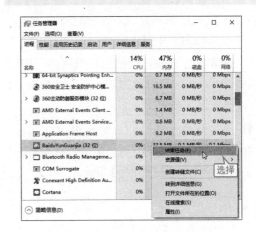

> **提示**　【Windows 任务管理器】窗口中主要系统进程的含有如下。
> （1）smss.exe：会话管理。
> （2）csrss.exe：子系统服务器进程。
> （3）winlogon.exe：管理用户登录。
> （4）service.exe：系统服务进程。
> （5）lsass.exe：管理 IP 安全策略及启动 ISAKMP/Oakley（IKE）和 IP 安全启动程序。

> **提示**　单击【结束进程】按钮，也可结束选中的进程。

8.2.2 取消显示开机锁屏界面

虽然开机锁屏界面给人以绚丽的视觉效果，但是不免影响了开机时间和速度，用户可以根据需要取消系统启动后的锁屏界面，具体步骤如下。

❶ 按【Win+R】组合键，打开【运行】对话框，输入"gpedit.msc"命令，单击【确定】按钮。

❷ 弹出【本地组策略编辑器】对话框，单击【计算机配置】▶【管理模板】▶【控制面板】▶【个性化】命令，在【设置】列表中双击打开【不显示锁屏】命令。

❸ 弹出【不显示锁屏】对话框，选择【已启用】单选项，单击【确定】按钮，即可取消显示开机锁屏界面。

8.2.3 取消开机密码并设置 Windows 自动登录

虽然使用账户登录密码，可以保护电脑的隐私安全，但是每次登录时都要输入密码，对于一部分用户来讲，太过于麻烦。用户可以根据需求，选择是否使用开机密码，如果希望 Windows 可以跳过输入密码直接登录，可以参照以下步骤。

❶ 在电脑桌面中，按【Windows+R】组合键，打开【运行】对话框，在文本框中输入"netplwiz"，按【Enter】键确认。

❷ 弹出【用户账户】对话框，选中本机用户，并取消勾选【要使用计算机，用户必须输入用户名和密码】复选框，单击【应用】按钮。

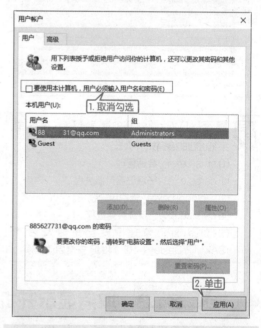

❸ 弹出【自动登录】对话框，在【密码】和【确认密码】文本框中输入当前账户密码，然后单击【确定】按钮即可取消开机登录密码。

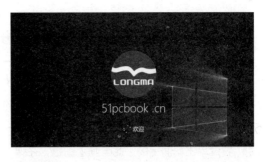

❹ 再次重新登录时，无需输入用户名和密码，直接登录系统。

> **提示**　如果是在锁屏状态下，则还是需要输入账户密码的，只有在启动系统登录时，可以免输入账户密码。

8.3 系统瘦身

🎬 本节视频教学录像：3 分钟

对于系统不常用的功能，可以将其关闭，从而给系统"瘦身"，达到提高电脑性能的目的。

8.3.1 关闭系统还原功能

Windows 操作系统提供了系统还原功能，当系统被破坏时，可以恢复到正常状态。但是这样占用了系统资源，如果不需要此功能，可以将其关闭。关闭系统还原功能的具体操作步骤如下。

❶ 按【Windows+R】组合键，弹出【运行】对话框，在【打开】文本框中输入"gpedit.msc"命令。

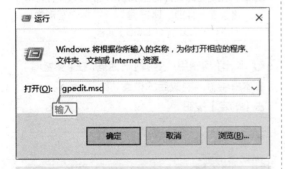

❷ 弹出【本地组策略编辑器】窗口，选择【计算机配置】➤【管理模板】➤【系统】➤【系统还原】选项，在右侧的窗口中双击【关闭系统还原】选项。

❸ 弹出【关闭系统还原】窗口，选择【已启用】单选按钮，然后单击【确定】按钮即可。

8.3.2 更改临时文件夹位置

把临时文件转移到非系统分区中，既可以为系统瘦身，也可以避免在系统分区内产生大量的碎片而影响系统的运行速度，还可以轻松地查找临时文件，进行手动删除。更改临时文件夹位置的具体操作步骤如下。

❶ 右键单击桌面上的【此电脑】图标，在弹出的快捷菜单中选择【属性】菜单命令，弹出【系统】窗口。

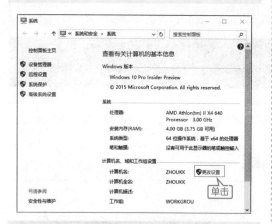

❷ 单击【更改设置】链接，弹出【系统属性】对话框，单击【高级】选项卡下的【环境变量】按钮。

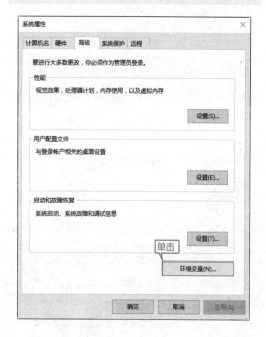

❸ 弹出【环境变量】对话框，在【变量】组中包括两个变量：TEMP 和 TMP，选择 TEMP 变量，单击【编辑】按钮。

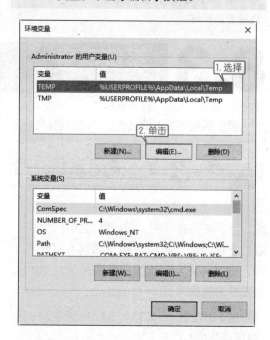

提示 TEMP 和 TMP 文件是各种软件或系统产生的临时文件，也就是常说的垃圾文件，两者都是一样的。TMP 是 TEMP 的简写形式，TMP 的可以向后（DOS）兼容。

❹ 弹出【编辑用户变量】对话框，在【变量值】文本框中输入更改后的位置"E:\Temp"，单击【确定】按钮。

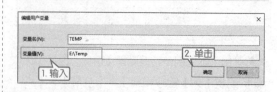

提示 【变量名】文本框显示要编辑变量的名称，【变量值】文本框主要是设置临时文件夹的位置，可以根据需要设置在其他非系统盘中。

❺ 返回到【环境变量】对话框，可以看到变量的路径已经改变。使用同样的方法更改变量 TMP 的值即可，单击【确定】按钮，完成临时文件夹位置的更改。

 8.3.3 禁用休眠

Windows 操作系统默认情况下已打开休眠支持功能，在操作系统所在分区中创建文件名为 hiberfil.sys 的系统隐藏文件，该文件的大小与正在使用的内存容量有关。

 提示 如果不需要休眠功能，可以将其关闭，这样可以节省更多的磁盘空间。

禁用休眠功能的具体操作步骤如下。

❶ 按【Windows+R】组合键，弹出【运行】对话框，在【打开】文本框中输入"cmd"命令，单击【确定】按钮。

❷ 在命令行提示符中输入"powercfg -h off"，按【Enter】键确认，即可禁用休眠功能。

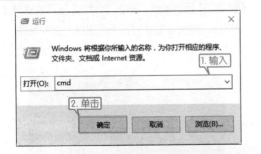

 8.4 使用 360 安全卫士优化电脑

📽 本节视频教学录像：6 分钟

使用软件对操作系统进行优化是常用的优化系统的方式之一。目前，网络上存在多种软件都能对系统进行优化，如 360 安全卫士、腾讯电脑管家、百度卫士等，本节主要讲述如何使用 360 优化电脑。

 8.4.1 电脑优化加速

360 安全卫士的优化加速功能可以提升开机速度、系统速度、上网速度和硬盘速度，具体操作步骤如下。

❶ 双击桌面上的【360 安全卫士】快捷图标，打开【360 安全卫士】主窗口，单击【优化加速】图标。

❷ 进入【优化加速】界面，单击【开始扫描】按钮。

❸ 扫描完成后，会显示可优化项，单击【立即优化】按钮。

❹ 弹出【一键优化提醒】对话框，勾选需要优化的选项。如需全部优化，单击【全选】按钮；如需进行部分优化，在需要优化的项目前，单击复选框，然后单击【确认优化】按钮。

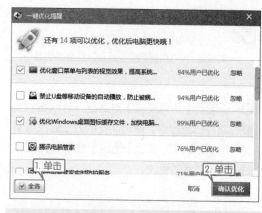

❺ 对所选项目优化完成后，即可提示优化的项目及优化提升效果，如下图所示。

❻ 单击【运行加速】按钮，则弹出【360 加速球】对话框，可快速实现对可关闭程序、上网管理、电脑清理等管理。

8.4.2　给系统盘瘦身

　　系统盘可用空间太小会影响系统的正常运行，本节主要讲述使用 360 安全卫士的【系统盘瘦身】功能，释放系统盘空间。

❶ 双击桌面上的【360 安全卫士】快捷图标，打开【360 安全卫士】主窗口，单击窗口右下角的【更多】超链接。

❷ 进入【全部工具】界面，在【系统工具】类别下，将鼠标移至【系统盘瘦身】图标上，单击显示的【添加】按钮。

❸ 工具添加完成后，打开【系统盘瘦身】工具，单击【立即瘦身】按钮，即可进行优化。

❹ 完成后，即可看到释放的磁盘空间。由于部分文件需要重启电脑后才能生效，单击【立即重启】按钮，重启电脑。

8.4.3　转移系统盘的重要资料和软件

　　如果使用了【系统盘瘦身】功能后，系统盘可用空间还是偏小，那么可以尝试转移系统盘重要资料和软件，腾出更大的空间。本节使用【C 盘搬家】小工具转移资料和软件，具体操作步骤如下。

❶ 进入 360 安全卫士的【全部工具】界面，在【实用小工具】类别下，添加【C 盘搬家】工具。

❷ 添加完毕后，打开该工具。在【重要资料】选项卡下，勾选需要搬移的重要资料，单击【一键搬资料】按钮。

> 📝 **提示** 如果需要修改重要资料和软件，搬移的目标文件，单击窗口下面的【更改】按钮即可修改。

❸ 弹出【360 C盘搬家】提示框，单击【继续】按钮。

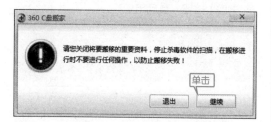

❹ 此时，即可对所选重要资料进行搬移，完成后，则提示搬移的情况，如下图所示。

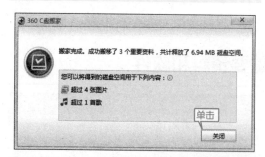

❺ 单击【关闭】按钮，选择【C盘软件】选项卡，即可看到 C 盘中安装的软件。软件默认勾选建

议搬移的软件，用户也可以自行选择搬移的软件，在软件名称前，勾选复选框即可。选择完毕后，单击【一键搬软件】按钮。

❻ 弹出【360 C盘搬家】提示框，单击【继续】按钮。

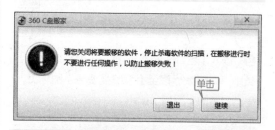

❼ 此时，即可进行软件搬移，完成后即可看到释放的磁盘空间。

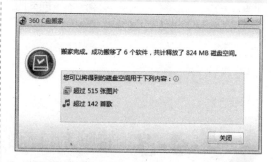

按照上述方法，用户也可以搬移 C 盘中的大型文件。另外除了讲过的小工具，用户还可以使用【查找打文件】、【注册表瘦身】、【默认软件】等优化电脑，在此不再一一赘述，用户可以根据需要添加和使用。

高手私房菜

本节视频教学录像：3 分钟

技巧 1：手工清理注册表

对于电脑高手来说，手工清理注册表是最有效、最直接的清除注册表垃圾的方法。手工清理注册表的具体操作步骤如下。

❶ 打开【注册表编辑器】窗口，在左侧的窗格中展开并选中需要删除的项，选择【编辑】➤【删除】菜单命令。

❷ 随即弹出【确认项删除】对话框，提示用户是否确实要删除这个项和所有其子项，单击【是】按钮，即可将该项删除。

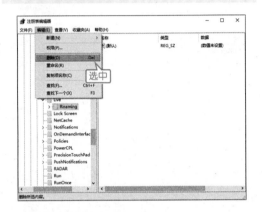

> **提示** 对于初学电脑的用户，自己清理注册表垃圾是非常危险的，弄不好会造成系统瘫痪，因此，最好不要手工清理注册表。建议利用注册表清理工具来清理注册表中的垃圾文件。

> **提示** 在删除项上右键单击，在弹出的快捷菜单中选择【删除】命令，也可以删除注册表信息。

技巧 2：利用组策略设置用户权限

当多人共用一台电脑时，可以在【本地组策略编辑器】中设置不同的用户权限，这样就可以限制黑客访问该电脑时的某些操作。具体操作步骤如下。

❶ 在【本地组策略编辑器】窗口中展开【计算机配置】➤【Windows 设置】➤【安全设置】➤【本地策略】➤【用户权限分配】选项，即可进入【用户权限分配】设置窗口。

❷ 双击需要改变的用户权限选项,如【从网络访问此计算机】选项,即可打开【从网络访问此计算机 属性】对话框。

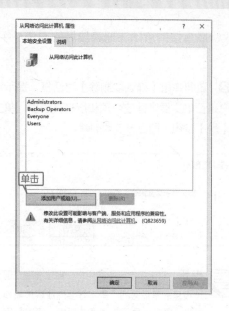

❸ 单击【选择计算机】按钮,即可打开【选择计算机】对话框,在【输入对象名称来选择】文本框中输入添加对象的名称。单击【确定】按钮,即可完成用户权限的设置操作。

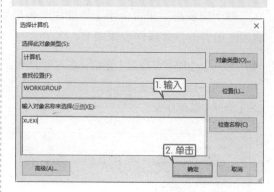

第 **9** 章

电脑系统的备份、还原与重装

本章视频教学录像：21 分钟

高手指引

　　用户在使用电脑的过程中误删了系统文件，或者系统遭受病毒与木马的攻击，都有可能导致系统崩溃或无法进入操作系统，这时用户就不得不重装系统。但是如果提前进行了系统备份，那么就可以直接将其还原，节省不少时间。

重点导读

+ 掌握 Windows 系统工具备份与还原系统的方法
+ 掌握 GHOST 一键备份与还原系统的方法
+ 掌握重置电脑的方法
+ 掌握重装系统的方法

9.1 使用 Windows 系统工具备份与还原系统

本节视频教学录像：6 分钟

Windows 10 操作系统中自带了备份工具，支持对系统的备份与还原，在系统出问题时可以使用创建的还原点，恢复到还原点状态。

9.1.1 使用 Windows 系统工具备份系统

Windows 操作系统自带的备份还原功能非常强大，支持 4 种备份还原工具，分别是文件备份还原、系统映像备份还原、早期版本备份还原和系统还原，为用户提供了高速度、高压缩的一键备份还原功能。

1. 开启系统还原功能

部分系统或因为某些优化软件会关系系统还原功能，要想使用 Windows 系统工具备份和还原系统，首先需要开启系统还原功能。具体的操作步骤如下。

❶ 右键单击电脑桌面上的【此电脑】图标，在弹出的快捷菜单命令中，选择【属性】菜单命令。

❷ 在打开的窗口中，单击【系统保护】超链接。

❸ 弹出【系统属性】对话框，在【保护设置】列表框中选择系统所在的分区，并单击【配置】按钮。

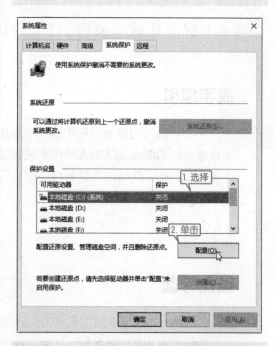

❹ 弹出【系统保护本地磁盘】对话框，单击选中【启用系统保护】单选按钮，单击鼠标调整【最大使用量】滑块到合适的位置，然后单击【确定】按钮。

2. 创建系统还原点

用户开启系统还原功能后，默认打开保护系统文件和设置的相关信息，保护系统。用户也可以创建系统还原点，当系统出现问题时，就可以方便地恢复到创建还原点时的状态。

❶ 根据上述的方法，打开【系统属性】对话框，并单击【系统保护】选项卡，然后选择系统所在的分区，单击【创建】按钮。

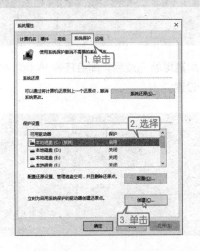

❷ 弹出【系统保护】对话框，在文本框中输入还原点的描述性信息。单击【创建】按钮。

❸ 即可开始创建还原点。

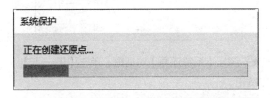

❹ 创建还原点的时间比较短，稍等片刻就可以了。创建完毕后，将弹出"已成功创建还原点"提示信息，单击【关闭】按钮即可。

 提示 可以创建多个还原点，因系统崩溃或其他原因需要还原时，可以选择还原点还原。

9.1.2 使用 Windows 系统工具还原系统

在为系统创建好还原点之后，一旦系统遭到病毒或木马的攻击，致使系统不能正常运行，就可以将系统恢复到指定还原点。

下面介绍如何还原到创建的还原点，具体操作步骤如下。

❶ 打开【系统属性】对话框，在【系统保护】选项卡下，单击【系统还原】按钮。

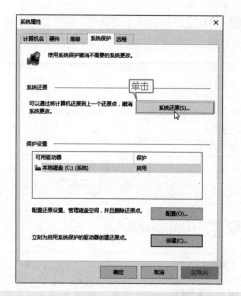

② 弹出【系统还原】对话框，单击【下一步】
按钮。

③ 在【确认还原点】界面中，显示了还原点，
如果有多个还原点，建议选择距离出现故障时
间最近的还原点，单击【完成】按钮。

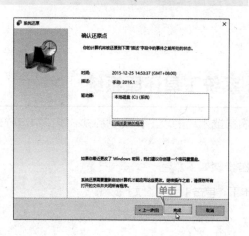

④ 弹出"启动后，系统还原不能中断。你希
望继续吗？"提示框，单击【是】按钮。

⑤ 即会显示正在准备还原系统，当进度条结
束后，电脑自动重启。

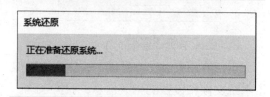

⑥ 进入配置更新界面，如下图所示，无需任
何操作。

⑦ 配置更新完成后，即会还原 Windows 文
件和设置。

⑧ 系统还原结束后，再次进入电脑桌面即可
看到还原成功提示，如下图所示。

9.1.3 系统无法启动时进行系统还原

有时问题比较严重，甚至无法正常进入系统时，就无法通过【系统属性】对话框进行系统还原，这时就需要通过其他办法进行系统恢复。具体可以参照以下方法。

❶ 当系统启动失败两次后，第三次启动即会进入【选择一个选项】界面，单击【疑难解答】选项。

❷ 打开【疑难解答】界面，单击【高级选项】选项。

> **提示** 如果没有创建系统还原，则可以单击【重置此电脑】选项，将电脑恢复到初始状态。

❸ 打开【高级选项】界面，单击【系统还原】选项。

❹ 电脑即会重启，显示"正在准备系统还原"界面，如下图所示。

❺ 进入【系统还原】界面，选择要还原的账户。

❻ 选择账户后，在文本框输入该账户的密码，并单击【继续】按钮。

❼ 弹出【系统还原】对话框，用户即可根据提示进行操作。

⑧ 在【将计算机还原到所选事件之前的状态】界面中，选择要还原的点，单击【下一步】按钮。

⑨ 在【确认还原点】界面中，单击【完成】按钮。

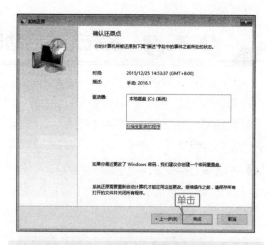

⑩ 系统即进入还原中，如下图所示。

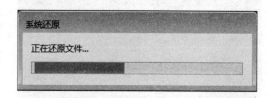

⑪ 提示系统还原成功后，单击【重新启动】按钮即可。

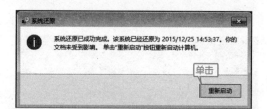

9.2 使用 GHOST 一键备份与还原系统

📹 本节视频教学录像：5 分钟

虽然 Windows 10 操作系统中自带了备份工具，但操作较为麻烦，下面介绍一种快捷的备份和还原系统的方法——使用 GHOST 备份和还原。

9.2.1 一键备份系统

使用一键 GHOST 备份系统的操作步骤如下。

❶ 下载并安装一键 GHOST 后，即可打开【一键备份系统】对话框，此时一键 GHOST 开始初始化。初始化完毕后，将自动选中【一键备份系统】单选项，单击【备份】按钮。

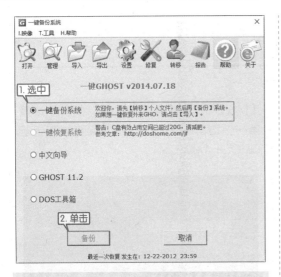

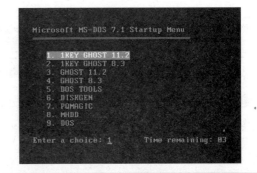

② 打开【一键 Ghost】提示框，单击【确定】
按钮。

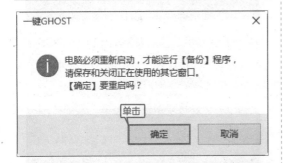

⑤ 选择完毕后，接下来会弹出【MS-DOS 二
级菜单】界面，在其中选择第一个选项，表示
支持 IDE、SATA 兼容模式。

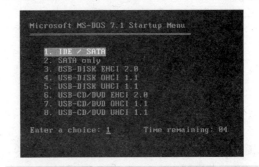

③ 系统开始重新启动，并自动弹出
GRUB4DOS 菜单，在其中选择第一个选项，
表示启动一键 GHOST。

⑥ 根据 C 盘是否存在映像文件，将会从主窗
口自动进入【一键备份系统】警告窗口，提示
用户开始备份系统。选择【备份】按钮。

⑦ 此时，开始备份系统，如下图所示。

④ 系统自动选择完毕后，接下来会弹出
【MS-DOS 一级菜单】界面，在其中选择
第一个选项，表示在 DOS 安全模式下运行
GHOST 11.2。

9.2.2 一键还原系统

使用一键 GHOST 还原系统的操作步骤如下。

❶ 打开【一键 GHOST】对话框。单击【恢复】按钮。

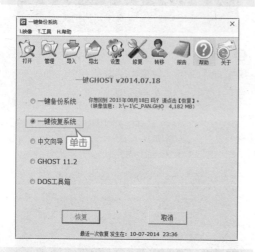

❷ 打开【一键 GHOST】对话框，提示用户电脑必须重新启动，才能运行【恢复】程序。单击【确定】按钮。

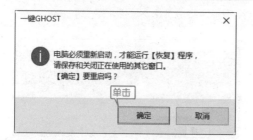

❸ 系统开始重新启动，并自动弹出 GRUB4DOS 菜单，在其中选择第一个选项，表示启动一键 GHOST。

❹ 系统自动选择完毕后，接下来会弹出

【MS-DOS 一级菜单】界面，在其中选择第一个选项，表示在 DOS 安全模式下运行 GHOST 11.2。

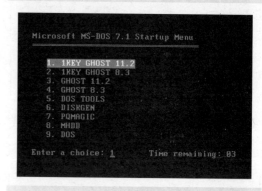

❺ 选择完毕后，接下来会弹出【MS-DOS 二级菜单】界面，在其中选择第一个选项，表示支持 IDE、SATA 兼容模式。

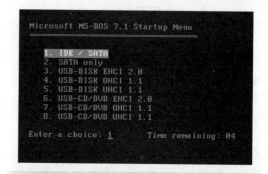

❻ 根据 C 盘是否存在映像文件，将会从主窗口自动进入【一键恢复系统】警告窗口，提示用户开始恢复系统。选择【恢复】按钮，即可开始恢复系统。

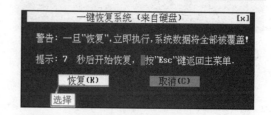

❼ 此时，开始恢复系统，如下图所示。

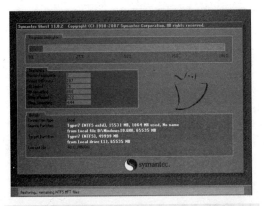

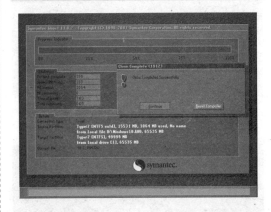

启动，即可将系统恢复到以前的系统。至此，就完成了使用 GHOST 工具还原系统的操作。

⑧ 在系统还原完毕后，将弹出一个信息提示框，提示用户恢复成功，单击【Reset Computer】按钮重启电脑，然后选择从硬盘

9.3 重置电脑

本节视频教学录像：2 分钟

Windows 10 操作系统中提供了重置电脑功能，用户可以在电脑出现问题、无法正常运行或者需要恢复到初始状态时重置电脑，具体操作如下。

❶ 按【Win+I】组合键，打开【设置】界面，单击【更新和安全】➤【恢复】选项，选择【恢复】选项，在右侧的【重置此电脑】区域单击【开始】按钮。

❷ 弹出【选择一个选项】界面，单击选择【保留我的文件】选项。

❸ 弹出【将会删除你的应用】界面，单击【下一步】按钮。

❹ 弹出【警告】界面，单击【下一步】按钮。

❺ 弹出【准备就绪，可以重置这台电脑】界面，单击【重置】按钮。

❻ 电脑重新启动，进入【重置】界面。

❼ 重置完成后会进入 Windows 安装界面。

❽ 安装完成后自动进入 Windows 10 桌面以及看到恢复电脑时删除的应用列表。

9.4 重装系统

本节视频教学录像：6分钟

　　由于种种原因，如用户误删除系统文件、病毒程序将系统文件破坏等，导致系统中的重要文件丢失或受损，甚至系统崩溃无法启动，此时就不得不重装系统了。另外，有些时候，系统虽然能正常运行，但是却经常出现不定期的错误提示，甚至系统修复之后也不能消除这一问题，那么也必须重装系统。

9.4.1 什么情况下重装系统

　　具体地来讲，当系统出现以下三种情况之一时，就必须考虑重装系统了。

　　(1) 系统运行变慢

　　系统运行变慢的原因有很多，如垃圾文件分布于整个硬盘而又不便于集中清理和自动清理，或者是计算机感染了病毒或其他恶意程序而无法被杀毒软件清理等。这样就需要对磁盘进行格式化处理并重装系统了。

　　(2) 系统频繁出错

　　众所周知，操作系统由很多代码和程序组成，在操作过程中可能由于误删除某个文件或者是被恶意代码改写等原因，致使系统出现错误，此时如果该故障不便于准确定位或轻易解决，就需要考虑重装系统了。

(3) 系统无法启动

导致系统无法启动的原因很多，如 DOS 引导出现错误、目录表被损坏或系统文件"Nyfs. sys"文件丢失等。如果无法查找出系统不能启动的原因或无法修复系统以解决这一问题，就需要重装系统。

另外，一些电脑爱好者为了能使电脑在最优的环境下工作，也会经常定期重装系统，这样就可以为系统"减肥"。但是，不管是哪种情况下重装系统，重装系统的方式分为两种，一种是覆盖式重装，一种是全新重装。前者是在原操作系统的基础上进行重装，其优点是可以保留原系统的设置，缺点是无法彻底解决系统中存在的问题。后者则是对系统所在的分区重新格式化，其优点是彻底解决系统的问题。在重装系统时，建议选择全新重装。

9.4.2 重装前应注意的事项

在重装系统之前，用户需要做好充分的准备，以避免重装之后造成数据丢失等严重后果。那么在重装系统之前应该注意哪些事项呢？

(1) 备份数据

在因系统崩溃或出现故障而准备重装系统前，首先应该想到的是备份好自己的数据。这时，一定要静下心来，仔细罗列一下硬盘中需要备份的资料，把它们一项一项地写在一张纸上，然后逐一对照进行备份。如果硬盘不能启动，这时需要考虑用其他启动盘启动系统，然后拷贝自己的数据，或将硬盘挂接到其他电脑上进行备份。但是，最好的办法是在平时就养成备份重要数据的习惯，这样就可以有效避免硬盘数据不能恢复的现象。

(2) 格式化磁盘

重装系统时，格式化磁盘是解决系统问题最有效的办法，尤其是在系统感染病毒后，最好不要只格式化 C 盘，如果有条件将硬盘中的数据全部备份或转移，尽量将整个硬盘都进行格式化，以保证新系统的安全。

(3) 牢记安装序列号

安装序列号相当于一个人的身份证号，标识这个安装程序的身份。如果不小心丢掉自己的安装序列号，那么在重装系统时，如果采用的是全新安装，安装过程将无法进行下去。正规的安装光盘的序列号会在软件说明书中或光盘封套的某个位置上。但是，如果用的是某些软件合集光盘中提供的测试版系统，那么，这些序列号可能是存在于安装目录中的某个说明文本中，如 SN.TXT 等文件。因此，在重装系统之前，首先将序列号读出并记录下来以备稍后使用。

9.4.3 重新安装系统

重装系统就是重新将系统安装一遍，下面以 Windows 10 为例，简单介绍重装的方法。

> 📝 **提示** 如果不能正常进入系统，可以使用 U 盘、DVD 等重装系统，具体操作可参照第 5 章。

❶ 直接运行目录中的 setup.exe 文件，在许可协议界面，单击选中【我接受许可条款】复选框，并单击【接受】按钮。

2 进入【正在确保你已准备好进行安装】界面，检查安装环境界面，检测完成，单击【下一步】按钮。

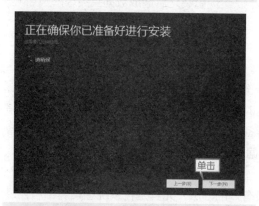

3 进入【你需要关注的事项】界面，在显示结果界面即可看到注意事项，单击【确认】按钮，然后单击【下一步】按钮。

4 如果没有需要注意的事项则会出现下图所示界面，单击【安装】按钮即可。

提示 如果要更改升级后需要保留的内容，可以单击【更改要保留的内容】链接，在下图所示的窗口中进行设置。

5 即可开始重装 Windows 10，显示【安装 Windows 10】界面。

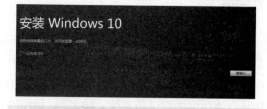

6 电脑会重启几次，即可进入 Windows 10 界面，表示完成重装。

高手私房菜

技巧：进入 Windows 10 安全模式

Windows 10 以前版本的操作系统，可以在开机进入 Windows 系统启动画面之前按【F8】键或者启动计算机时按住【Ctrl】键进入安全模式，安全模式下可以在不加载第三方设备驱动程序的情况下启动电脑，使电脑运行在系统最小模式，这样用户就可以方便地检测与修复计算机系统的错误。下面介绍在 Windows 10 操作系统中进入安全模式的操作步骤。

❶ 按【Win+I】组合键，打开【设置】窗口，单击【更新和安全】图标选项。

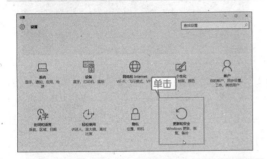

❷ 弹出【更新和安全】设置窗口，在左侧列表中选择【恢复】选项，在右侧【高级启动】区域单击【立即重启】按钮。

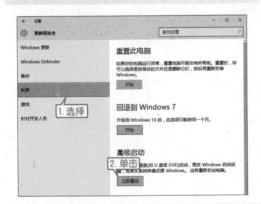

❸ 打开【选择一个选项】界面，单击【疑难解答】选项。

> **提示**　在 Windows 10 桌面，按住【Shift】键的同时依次选择【电源】▶【重新启动】选项，也可以进入该界面。

❹ 打开【疑难解答】界面，单击【高级选项】选项。

❺ 进入【高级选项】界面，单击【启动设置】选项。

❻ 进入【启动设置】界面，单击【重启】按钮。

❼ 系统即可开始重启，重启之后，会看到下图所示的界面。按【F4】键或数字【4】键选择"启用安全模式"。

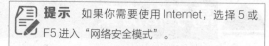

提示 如果你需要使用 Internet，选择 5 或 F5 进入"网络安全模式"。

❽ 电脑即会重启，进入安全模式，如下图所示。

提示 打开【运行】对话框，输入"msconfig"后单击【确定】按钮，在打开的【系统配置】对话框中选择【引导】选项卡，在【引导选项】组中单击选中【安全引导】复选框，然后单击【确定】按钮，系统提示重新启动后，并进入安全模式。

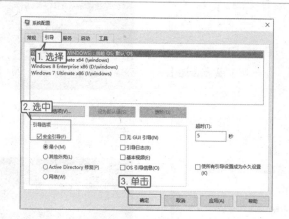

第4篇

故障处理篇

第

10章

电脑故障处理基础

 本章视频教学录像：37 分钟

高手指引

　　电脑的核心部件包括主板、内存、CPU、硬盘、显卡、电源和显示器等，任何一个硬件出现问题都会造成电脑不能正常使用。其实很多电脑故障用户都可以自行解决。本章主要讲述电脑故障处理的基础知识、故障产生的原因、故障的诊断原则和故障的分析方法等。

重点导读

+ 了解故障处理的基础
+ 了解故障产生的原因
+ 学习故障诊断的原则和方法

10.1 故障处理的基础

📹 本节视频教学录像：5 分钟

局域网系统主要由硬件系统、软件系统和外部设备系统 3 部分组成，因此常见的局域网故障分为硬件故障、软件故障和外部设备故障。

10.1.1　软件故障

软件故障是指在用户使用软件的过程中出现的故障。其原因有丢失文件、文件版本不匹配、内存冲突、内存耗尽等。常见的软件故障的表现有以下几个方面。

1. 驱动程序故障

驱动程序故障可引起电脑无法正常使用。如果未安装驱动程序或驱动程序间产生冲突，在操作系统下的资源管理器中就可发现一些标记，其中"？"表示未知设备，通常是设备没有正确安装；"！"表示设备间有冲突；"×"表示所安装的设备驱动程序不正确。

2. 重启或死机

运行某一软件时，系统自动重新系统或死机，只有按机箱上的重启键才能够重新启动电脑。

3. 提示内存不足

在软件的运行过程中，提示内存不足，不能保存文件或某一功能不能使用。这种现象经常出现在图像处理软件中，例如 Photoshop CC、AutoCAD 2017 等软件。

4. 运行速度缓慢

在电脑的使用过程中，当用户打开多个软件时，电脑的速度明显变慢，甚至出现假死机的现象。

5. 软件中毒

病毒对电脑的危害是众所周知的，轻则影响机器速度，重则破坏文件或造成死机。一旦病毒感染了软件，就可以在后台启动软件，甚至破坏软件的文件，导致软件无法使用。

10.1.2　硬件故障

硬件故障主要是指电脑硬件中的元器件发生故障，而不能正常工作。一旦出现硬件故障，用户就需要及时维修，从而保证网络的正常运行。常见的硬件故障分为以下几种。

1. 硬件质量问题

有些硬件故障和硬件本身的质量有关，对此用户可以更换新的硬件。

2. 接触不良的故障

这类故障主要发生在各种板卡、内存和 CPU 等与主板的接触不良，或电源线、数据线、音频线等的连接不良。其中各种接口卡、内存与主板接触不良的现象较为常见，用户只要更换相应的插槽位置或用橡皮擦一下金手指，即可解决这类故障。

3. 参数设置错误

这类故障发生的原因是 CMOS 参数的设置问题。CMOS 参数主要有硬盘、软驱、内存的类型，以及口令、机器启动顺序、病毒警告开关等。由于参数未设置或设置不当，系统也会出现出错的警告信息提示。

4. 电路故障

这类故障的发生主要是由于主板、内存、显卡、键盘驱动器等电路芯片损坏、电阻开路，也可能是由于电脑散热不良引起的硬件短路等。

10.1.3 外部设备故障

外部设备故障是在外部设备使用的过程中出现的故障。通常外部设备包括音箱设备、交换机、路由器、打印机、扫描仪和复印件等。常见的外部设备故障分为以下几种。

1. 音箱的故障

音箱的故障包括音箱的噪音比较大、音箱没有声音、安装集成声卡后音箱没有声音、声卡驱动不能安装等。

2. 交换机故障

交换机故障通常分为电源故障、端口故障、模块故障、背板故障和交换机系统故障。由于外部供电不稳定、电源线路老化或者雷击等原因导致电源损坏或者风扇停止，从而导致交换机不能正常工作，这种故障在交换机故障中较为常见。无论是光纤端口还是双绞线的RJ-45 端口，在插拔接头时一定要小心，否则插头很容易被弄脏，导致交换机端口被污染而影响正常的通信。

3. 路由器故障

路由器是一种网络设备，主要用于对外网的连接，执行路由选择任务。常见的路由器故障包括不能正常启动、网络瘫痪、路由器端口损坏等。

4. 打印机故障

打印机是电脑的常用外部设备，在实际工作中，它已逐渐成为不可缺少。打印机的故障主要包括打印效果与预览效果不同、打印掉色、打印出白纸、打印机无法正确打印字体，打印机不能进纸、打印机使用中经常停机等。

10.2 故障产生的原因

本节视频教学录像：8分钟

电脑故障产生的原因很多，大致上可以分为硬件引起的故障和软件引起的故障。

1. 硬件引起的故障

电脑的硬件故障主要是指物理硬件的损坏、CMOS 参数设置不正确、硬件之间不兼容等引起的电脑不能正常使用的现象。硬件故障产生的原因主要有内存不兼容或损坏、CPU 针脚问题、硬盘损坏、机器磨损、静电损坏、用户操作不当和外部设备接触不良等。

虽然硬件故障产生的原因很多，但归纳起来有以下几种。

(1) 非正常使用

当电脑出现故障时，如果用户在机器运行的情况下乱动机箱内部的硬件或连线，很容易造成硬件的损坏。例如当系统在运行时，如果用户直接把硬盘卸掉，很容易直接造成数据的丢失，或者造成硬盘的物理坏道，这主要是因为硬盘此时正在高速运转。

(2) 硬件的不兼容

硬件之间在相互搭配工作的时候，需要具有共同的工作频率。同时由于主板对各个硬件的支持范围不同，所以硬件之间的搭配显得尤其重要。例如在升级内存时，如果主板不支持，将造成无法开机。如果插入两个内存，最好是同一型号的产品，否则也会出现这样或那样的硬件故障。

(3) 灰尘太多

灰尘一直是硬件的隐形杀手，机器内灰尘过多会引起硬件故障。如软驱磁头或光驱激光头沾染过多灰尘后，会导致读写错误，严重的会引起电脑死机。另外对于潮湿天气还会造成电路短路现象，灰尘对电脑的机械部分也有极大影响，造成运转不良，从而不能正常工作。

(4) 硬件和软件不兼容

每一个版本的操作系统或软件都会对硬件有一定的要求，如果不能满足要求，也会产生电脑故障。例如一些三维软件，由于对内存的需要比较大，当内存较小时，系统会出现死机等故障现象。

(5) CMOS 设置不当

CMOS 设置的有关参数需要和硬件本身相符合。如果设置不当，会造成系统故障。如硬盘参数设置、模式设置、内存参数设置不当从而导致计算机无法启动。如将无 ECC 功能的内存设置为具有 ECC 功能，这样就会因内存错误而造成死机。

(6) 周围的环境

电脑周围的环境主要包括电源、温度、静电和电磁辐射等因素的影响。过高过低或忽高忽低的交流电压都将对电脑系统造成很大危害。如果电脑的工作环境温度过高，对电路中的元器件影响很大，首先会加速其老化、损坏的速度，其次过热会使芯片插脚焊点脱焊。由于目前电脑采用的芯片仍为 CMOS 电路，从而环境静电会比较高，这样很容易造成电脑内部硬件的损坏。另外，电磁辐射也会造成电脑系统的故障，所以电脑应该远离冰箱、空调等电气设备，并且不要与这些设备共用一个插座。

2. 软件引起的故障

软件在安装、使用和卸载的过程中也会引起故障。主要原因有以下几个方面。

(1) 系统文件误删除

由于 Windows 操作系统启动需要有 Command.com、Io.sys、Msdos.sys 等文件，如果这些文件遭破坏或被误删除，将会引起电脑不能正常使用。

(2) 病毒感染

电脑感染病毒后，会出现很多种故障现象，如显示内存不足、死机、重启、速度变慢、系统崩溃等现象。这时用户可以使用杀毒软件（如 360 杀毒、金山毒霸、瑞星等）来进行全面查毒和杀毒，并做到定时升级杀毒软件。

(3) 动态链接库文件（DLL）丢失

在 Windows 操作系统中还有一类文件也相当重要，这就是扩展名为 DLL 的动态链接库文件，这些文件从性质上来讲属于共享类文件，也就是说，一个 DLL 文件可能会有多个软件在运行时需要调用它。如果用户在删除一个应用软件的时候，该软件的反安装程序会记录它曾经安装过的文件并准备将其逐一删去，这时候就容易出现被删掉的动态链接库文件同时还会被其他软件用到的情形，如果丢失的链接库文件是比较重要的核心链接文件的话，那么系统就会死机，甚至崩溃。

(4) 注册表损坏

在操作系统中，注册表主要用于管理系统的软件、硬件和系统资源。有时由于用户操作不当、黑客的攻击、病毒的破坏等原因造成注册表的损坏，也会造成电脑故障。

(5) 软件升级故障

大多数人可能认为软件升级是不会有问题的，事实上，在升级过程中都会对其中共享的一些组件也进行升级，但是其他程序可能不支持升级后的组件，从而也会引起电脑的故障。

(6) 非法卸载软件

不要把软件安装所在的目录直接删掉，如果直接删掉的话，注册表以及 Windows 目录中会有很多垃圾存在，时间长了，系统也会不稳定，从而产生电脑故障。

10.3 故障诊断的原则

本节视频教学录像：3 分钟

用户要想更快更好地排除电脑故障，就必须遵循一定的原则。下面将介绍常见的故障诊断原则。

10.3.1 先假后真

电脑故障有真故障和假故障两种。在发现电脑故障时首先要确定是否为假故障，仔细观察电脑的环境，是否有其他电器的干扰，设备之间的连线是否正常，电源开关是否打开，自己的操作是否正确等，排除了假故障之后，方可进行真故障的诊断与修理。

10.3.2 先软后硬

所谓先软后硬诊断原则，是指在诊断的过程中，先判断是否为软件故障，然后检查是否为软件问题。当软件没有任何问题时，如果故障不能消失，再从硬件方面着手检查。

10.3.3 先外后内

当故障涉及外部设备时，应先检查机箱及显示的外部部件，特别是机箱外的一些开关、旋钮是否调整了，外部的引线、插座有无断路、短路现象等，实践证明许多用户的电脑故障都是由此而起的。当确认外部设备正常时，再打开机箱或显示器进行检查。

10.3.4　先简单后复杂

　　在进行电脑故障诊断的过程中，应先进行简单的检查工作，如果还不能消除故障，再进行那些相对比较复杂的工作。所谓简单，是指对电脑的观察和周围环境的分析。观察的具体内容包含以下几个方面。

　　(1) 电脑周围的环境情况，包括位置、电源、连接、其他设备、温度与湿度等。

　　(2) 电脑所表现的现象、显示的内容，以及它们与正常情况下的异同。

　　(3) 电脑内部的环境情况，包括灰尘、连接、器件的颜色、部件的形状、指示灯的状态等。

　　(4) 电脑的软硬件配置，包括安装了什么硬件、资源的使用情况、使用的是哪个版本的操作系统、安装了什么应用软件、硬件的设置驱动程序版本等。

　　用户需要分析的内容包括以下几个方面。

　　(1) 首先判断在最小系统下电脑是否正常。

　　(2) 判断环境没有问题的；部件是什么以及怀疑的部件是什么。

　　(3) 在一个干净的系统中，添加硬件和软件来进行分析判断。

　　从简单的事情做起，有利于集中精力进行故障的判断与定位。所以用户需要在认真的观察后，再进行判断与维修。

10.3.5　先一般后特殊

　　遇到电脑的故障时，用户首先需要考虑带有普遍性和规律性的常见故障，以及最常见的原因是什么，如果这样还不能解决问题，再考虑比较复杂的原因，以便逐步缩小故障范围，由面到点，缩短修理时间。如电脑启动后显示器灯亮，但不显示图像，此时用户应该先查看显示器的数据线是否连接正常，或者换个数据线试试，也许这样就可以解决问题。

10.4　电脑维修的常用工具

本节视频教学录像：8 分钟

　　在进行电脑故障的诊断和排除前，用户需要准备好常用的工具，包括系统盘、常用软件、螺丝刀、镊子、万用表、主板测试卡、热风焊台、皮老虎、毛刷等。

10.4.1　系统安装盘

　　当系统不能正常启动时，电脑必须要重新安装系统，所以要准备好一张系统安装盘，它可以是安装光盘，也可以是带有系统安装程序的 U 盘或移动硬盘。

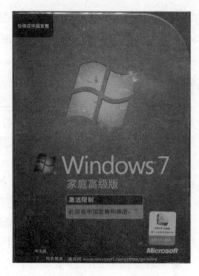

用户可以在微软官网下载和购买原装系统盘，也可以下载一些 GHOST 版系统，关于如何将其刻录到 DVD 或制作成启动 U 盘，具体可以参照第 18 章内容。

10.4.2 拆卸工具

在拆卸电脑机箱或笔记本电脑时，常需要用到螺丝刀、镊子、尖嘴钳等工具。

1. 螺丝刀

螺丝刀的种类很多，在维修电脑的过程中，经常使用的有一字和十字螺丝刀，螺丝刀主要用于固定硬盘电路板上的螺丝。在选择螺丝刀时，最好选择带有磁性的，各尺寸级别都要有，以方便快速处理大大小小的螺丝钉。

2. 镊子

由于机箱的空间不大，在设置主板上的跳线和硬盘等设备时，无法用手直接设置，可以借助镊子完成。

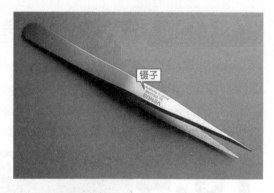

3. 尖嘴钳

尖嘴钳在电脑维修中，可以拆卸一些机箱外壳上较紧的螺丝，也可以用于剪短一些连接线等。

202

10.4.3 清洁工具

电脑故障不少是由于机箱内灰尘太多造成的，因此需要配备常用的清洁工具，如屏幕清洁剂套装、除尘毛刷、电脑吹风机等。

1. 屏幕清洁剂套装

屏幕清洁剂套装是液晶屏幕清洁的专用产品，一般包括清洁剂、擦拭布和刷子，不仅可以去除屏幕上的油污、指印和灰尘，还可以使用刷子清洁电脑和键盘的死角。

2. 除尘毛刷

除尘毛刷主要用来清洁风扇、板卡上的灰尘，且不对板卡上的元件造成损坏。

3. 吹气囊或电脑吹风机

对于一些较难用毛刷处理的灰尘，如机箱深部的死角，可以借助吹气囊或电脑吹风机尝试清除。当然，如果没有类似的专业工具，借助家中备有的打气筒或吹风机等，也可以达到一定的清洁效果。

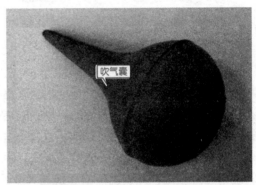

除了上述清洁工作外，如果内存、显卡等金手指地方较脏的话，可以使用橡皮擦拭上面的氧化物。

 ### 10.4.4 焊接工具

在电脑维修中，经常要用到焊接工具，来焊接电脑元件，如常用的有电烙铁、焊锡、热风枪和热风焊台等。

1. 电烙铁

电烙铁是维修电路板必不可少的工具之一，主要用于焊接元件和导线。电烙铁按机械结构可分为内热式电烙铁和外热式电烙铁。

内热式电烙铁由手柄、连接杆、弹簧夹、烙铁芯、烙铁头组成。由于烙铁芯安装在烙铁头里面，因而发热快，热利用率高，因此，称为内热式电烙铁。内热式电烙铁的常用规格有 20W、50W 几种。内热式的电烙铁发热效率较高，更换烙铁头较方便，体积小，价格便宜，是一般用户的最佳选择。

电烙铁

外热式电烙铁由烙铁头、烙铁芯、外壳、木柄、电源引线、插头等部分组成。由于烙铁头安装在烙铁芯里面，故称为外热式电烙铁。烙铁芯是电烙铁的关键部件，它是将电热丝平行地绕制在一根空心瓷管上构成，中间的云母片绝缘，并引出两根导线与220V交流电源连接，一般功率在45W~100W，可以焊接一些较大的元件。

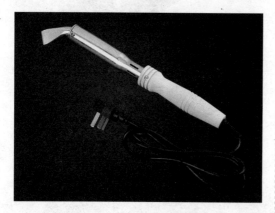

在使用电烙铁时，为了确保安全，建议使用烙铁架，在预热时用于摆放烙铁，并配用耐热海绵来擦洗烙铁头。

2. 焊锡和助焊剂

在焊接元件时，需要使用焊锡和助焊剂，一般常采用松香芯焊锡线或焊锡丝，它在焊锡中加入了助焊剂，使焊锡丝熔点较低，使用方便。

焊锡

助焊剂主要是帮助和促进焊接过程，具有保护作用及阻止氧化反应的化学物质，常用松香或松香水。在焊接导线或元件时，也可以采用焊锡膏，不过它具有腐蚀性，焊接后应及时清除残留物。

助焊剂

3. 热风焊台

热风焊台是一种贴片原件和贴片集成电路的拆焊工具，主要由气泵、线路电路板、气流稳定器、手柄等组成。

热风焊台

10.4.5 万用表

万用表又叫多用表，分为指针式万用表和数字万用表，是一种多功能、多量程的测量仪表。一般万用表可测量直流电流、直流电压、交流电流、交流电压、电阻和音频电平等。下图所示是数字万用表。

10.4.6 主板测试卡

主板诊断卡也叫 POST 卡（Power On Self Test，加电自检），广泛用于主板维修中，它是插在 PCI 槽上的一个测试卡，当电脑开机时，上面会有数字跳变，通过数字的跳变和显示的数字情况，来确定主板的故障范围。主板诊断卡工作原理是利用主板中 BIOS 内部程序的检测结果，通过主板诊断卡代码一一显示出来，结合诊断卡的代码速查表就能很快地知道电脑故障所在。尤其在电脑不能引导操作系统、黑屏、喇叭不叫时，使用本卡更能体现其便利，事半功倍。

10.5 故障诊断的方法

本节视频教学录像：9 分钟

掌握好故障诊断的原则后，下面将介绍几种故障的诊断方法。

 ## 10.5.1 查杀病毒法

病毒是引起电脑故障的常见因素，用户可以使用杀毒软件进行杀毒以解决故障问题。常用的杀毒软件包括 360 杀毒、腾讯管家、金山毒霸、Windows Defender 等。利用这些软件先进行全盘扫描，发现病毒后及时查杀；如果没有发现病毒，可以升级一下病毒库。查杀病毒法在解决电脑故障时是用户首先需要考虑的方法，可以使用户少走很多弯路。

 ## 10.5.2 清洁硬件法

对于长期使用的电脑，一旦出现故障，用户就需要考虑灰尘的问题。因为长时间的灰尘积累，会影响电脑的散热，从而引起电脑故障，所有用户需要保持电脑清洁。同时还要查看主板上的引脚是否有发黑的现象，这是引脚被氧化的表现。一旦引脚被氧化，很有可能导致电路接触不良，从而引起电脑故障。

在清洁硬件的过程中，应注意以下几个方面的事项。

(1) 注意风扇的清洁。包括 CPU 风扇、电源风扇和显卡风扇等。在清洁风扇的过程中，最好能在风扇的轴处涂抹一点钟表油，加强润滑。

(2) 注意风道的清洁。在机箱的通风处清洗，保证通风的畅通性。

(3) 注意接插头、座、槽、板卡金手指部分的清洁。对于金手指，用户可以用橡皮或酒精棉擦拭。插头、座、槽的金属引脚上的氧化物，采用橡皮擦或专业的清洁剂清除即可。

(4) 大规模集成电路、元器件等引脚处的清洁。清洁时，应用小毛刷或吸尘器等除掉灰尘，同时要观察引脚有无虚焊和潮湿的现象，元器件是否有变形、变色或漏液现象。

(5) 注意使用的清洁工具。清洁用的工具首先应是防静电的。如清洁用的小毛刷，应使用天然材料制成的毛刷，禁用塑料毛刷。其次是如使用金属工具进行清洁时，必须切断电源，且对金属工具进行泄放静电的处理。

(6) 对于比较潮湿的情况，应想办法使其干燥后再使用。可用的工具如电风扇、电吹风等，也可让其自然风干。

10.5.3　直接观察法

直接观察法可以总结为"望、闻、听、切"4 个字，具体方法如下。

(1) 望。观察系统板卡的插头、插座是否歪斜；电阻、电容引脚是否相碰，表面是否烧焦；芯片表面是否开裂；主板上的铜箔是否烧断。还要查看是否有异物掉进主板的元器件之间（造成短路），也可以看看板上是否有烧焦变色的地方，印刷电路板上的走线（铜箔）是否断裂等。

(2) 闻。闻主机、板卡中是否有烧焦的气味，便于发现故障和确定短路所在地。

(3) 听。即监听电源风扇、软／硬盘电机或寻道机构、显示器变压器等设备的工作声音是否正常。另外，系统发生短路故障时常常伴随着异常声响。监听可以及时发现一些事故隐患和帮助在事故发生时即时采取措施。

(4) 切。即用手按压管座的活动芯片，看芯片是否松动或接触不良。另外，在系统运行时用手触摸或靠近 CPU、显示器、硬盘等设备的外壳，根据其温度可以判断设备运行是否正常；用手触摸一些芯片的表面，如果发烫，则为该芯片损坏。

10.5.4　替换法

替换法是用好的部件去代替可能有故障的部件，以判断故障现象是否消失的一种维修方法。好的部件可以是同型号的，也可以是不同型号的。替换一般按以下 4 个步骤进行。

(1) 根据故障的现象或第二部分中的故障类别，来考虑需要进行替换的部件或设备。

(2) 按"先简单，后复杂"的顺序进行替换。例如，先内存、CPU，后主板；如要判断打印故障时，可先考虑打印驱动是否有问题，再考虑打印电缆是否有故障，最后考虑打印机或并口是否有故障等。

(3) 最先考查与怀疑有故障的部件相连接的连接线、信号线等，之后是替换怀疑有故障的部件，再后是替换供电部件，最后是与之相关的其他部件。

(4) 从部件的故障率高低来考虑最先替换的部件。故障率高的部件先进行替换。

10.5.5　插拔法

插拔法包括逐步添加和逐步去除两种方法。

(1) 逐步添加法，以最小系统为基础，每次只向系统添加一个部件／设备或软件，来检查故障现象是否消失或发生变化，以此来判断并定位故障部位。

(2) 逐步去除法，正好与逐步添加法的操作相反。

逐步添加／去除法一般要与替换法配合，才能较为准确地定位故障部位。

10.5.6　最小系统法

最小系统是指从维修判断的角度能使电脑开机或运行的最基本的硬件和软件环境。最小系统有两种形式。

一是硬件最小系统：由电源、主板和 CPU 组成。在这个系统中，没有任何信号线的连接，只有电源到主板的电源连接。在判断过程中是通过声音来判断这一核心组成部分是否可正常工作。

二是软件最小系统：由电源、主板、CPU、内存、显示卡／显示器、键盘和硬盘组成。这个最小系统主要用来判断系统是否可完成正常的启动与运行。

对于软件最小系统，有以下几点需要说明。

(1) 硬盘中的软件环境保留着原先的软件环境，只是在分析判断时，根据需要进行隔离（如卸载、屏蔽等）。保留原有的软件环境主要是用来分析判断应用软件方面的问题。

(2) 硬盘中的软件环境只有一个基本的操作系统环境，可能是卸载掉所有应用，或是重新安装一个干净的操作系统，然后根据分析判断的需要，加载需要的应用。需要使用一个干净的操作系统环境，主要是判断系统问题、软件冲突或软、硬件间的冲突问题。

(3) 在软件最小系统下，可根据需要添加或更改适当的硬件。例如，在判断启动故障时，由于硬盘不能启动，想检查一下能否从其他驱动器启动。这时，可在软件最小系统下加入一个软驱或干脆用软驱替换硬盘来检查。又如，在判断音视频方面的故障时，应在软件最小系统中加入声卡；在判断网络问题时，就应在软件最小系统中加入网卡等。

最小系统法主要是用来判断在最基本的软、硬件环境中，系统是否可正常工作。如果不能正常工作，即可判定最基本的软、硬件部件有故障，从而起到故障隔离的作用。

10.5.7　程序测试法

随着各种集成电路的广泛应用，焊接工艺越来越复杂，同时，随机附带的硬件技术资料较缺乏，仅凭硬件维修手段往往很难找出故障所在。而通过随机诊断程序、专用维修诊断卡及根据各种技术参数（如接口地址），自编专用诊断程序来辅助硬件维修则可达到事半功倍之效。

程序测试法的原理就是用软件发送数据、命令，通过读线路状态及某个芯片（如寄存器）状态来识别故障部位。此法往往用于检查各种接口电路故障及具有地址参数的各种电路。但此法应用的前提是 CPU 及总线基本运行正常，能够运行有关诊断软件，能够运行安装于 I/O 总线插槽上的诊断卡等。

编写的诊断程序要严格、全面、有针对性，能够让某些关键部位出现有规律的信号，能够对偶发故障进行反复测试并能显示记录出错情况。软件诊断法要求具备熟练编程技巧、熟悉各种诊断程序与诊断工具（如 debug、DM）等、掌握各种地址参数（如各种 I/O 地址）以及电路组成原理等，尤其是掌握各种接口单元正常状态的各种诊断参考值，这是有效运用软件诊断法的前提。

10.5.8　对比检查法

对比检查法与替换法类似，即用好的部件与怀疑有故障的部件进行外观、配置、运行现象等方面的比较，也可在两台电脑间进行比较，以判断故障电脑在环境设置、硬件配置方面的不同，从而找出故障部位。

高手私房菜

本节视频教学录像：4 分钟

技巧：如何养成好的电脑使用习惯

如何保养和维护好一台电脑，最大限度地延长其使用寿命，是广大电脑使用者非常关心的话题。

1. 环境

环境对电脑寿命的影响是不可忽视的。电脑理想的工作温度应在 10℃ ~ 35℃，温度太高或太低都会影响计算机配件的寿命。条件许可时，计算机机房一定要安装空调，相对湿度应为 30 % ~ 80 %，太高会影响 CPU、显卡等配件的性能发挥，甚至引起一些配件的短路。在南方天气较为潮湿，最好每天使用电脑或使电脑通电一段时间。

有人认为使用电脑的次数少或使用的时间短，就能延长电脑寿命，这是片面、模糊的观点；相反，电脑长时间不用，由于潮湿或灰尘、汗渍等原因，会引起电脑配件的损坏。当然，如果天气潮湿到一定程度，如：显示器或机箱表面有水汽，此时绝对不能给机器通电，以免引起短路等不必要的损失。湿度太低易产生静电，同样对配件的使用不利。

另外，空气中灰尘含量对电脑影响也较大。灰尘含量太大，天长日久就会腐蚀各配件、芯片的电路板；灰尘含量过小，则会产生静电反应。所以，计算机室最好有吸尘器。

电脑对电源也有要求。交流电电压正常的范围应在 220V ± 10 %，频率范围是 50Hz ± 5 %，且具有良好的接地系统。条件允许时，可使用 UPS 来保护电脑，使得电脑在市电中断时能继续运行一段时间。

2. 使用习惯

良好的个人使用习惯对电脑的影响也很大。请正确执行开、关机顺序。开机的顺序是：先打开外设（如：打印机、扫描仪、UPS 电源、MODEM 等），显示器电源不与主机电源相连的，还要先打开显示器电源，然后再开主机；关机顺序则相反：先关主机，再关外设。

> **提示** 因为在主机通电时，关闭外设的瞬间会对主机产生较强的冲击电流。关机后一段时间内，不能频繁地开、关机，因为这样对各配件的冲击很大，尤其是对硬盘的损伤更严重。

一般关机后距下一次开机时间至少应为 10 秒钟。特别要注意当电脑工作时，应避免进行关机操作。例如：计算机正在读写数据时突然关机，很可能会损坏驱动器（硬盘、软驱等）；更不能在机器正常工作时搬动机器。

关机时，应注意先退出操作系统，关闭所有程序，再按正常关机顺序退出，否则有可能损坏应用程序。当然，即使机器未工作时，也应尽量避免搬动计算机，因过大的震动会对硬盘、主板之类配件造成损坏。

第 11 章

11

章

电脑开关机故障处理

 本章视频教学录像：40 分钟

高手指引

电脑具有一个较长时间的硬件和软件的启动和检测的过程，这个过程正常、安全完成后，电脑才可以正常使用。此外，在电脑应用完后，它的关闭也有一个较长的过程，这个过程同样要正常、安全完成后，才可以正常关闭电脑。如果这些过程出现问题，产生故障，将会影响电脑日常的使用。

重点导读

+ 掌握故障诊断的思路
+ 解决开机异常的问题
+ 解决关机异常的问题
+ 解决开 / 关机速度慢的问题

11.1 故障诊断思路

本节视频教学录像：10 分钟

在电脑开关的过程中，最复杂、影响电脑稳定性、最关键的往往是电脑的启动过程，它分为 BIOS 自检、硬盘引导和系统启动 3 个必经阶段。下面详细地介绍如何诊断和维修在电脑开关的过程中常见的故障。

在 BIOS 自检的过程中，包括开机、无显示 BIOS 自检和有显示 BIOS 自检 3 个阶段，下面以 Award BIOS 为例，分别对这 3 个阶段进行说明。

1. 开机阶段

【正常情况】：电脑启动的第一步是按下电源开关。电脑接通电源后，首先系统在主板 BIOS 的控制下进行自检和初始化。如果电源工作正常，应该听到电源风扇转动的声音，机箱上的电源指示灯常亮；硬盘和键盘上的 NumLock 等三个指示灯先亮一下，然后熄灭；显示器也会发出轻微的"唰"声，这比消磁发出的声音会小得多，这是显卡信号送到显示器的反应。

【故障表现】：如果自检无法进行，或键盘的相关指示灯没有按照正常情况闪亮，那么应该着重检查电源、主板和 CPU。因为此时系统是由主板 BIOS 控制的，在基础自检结束前，是不会检测其他部件的，而且开机自检发出相关的报警声响很有限，显示屏也不会显示有任何相关主机部件启动情况的信息。此时可以从以下几个方面检查。

(1) 如果听不到系统自检的"嘟"声，同时看不到电源指示灯亮，以及 CPU 风扇没有转动，应该检查机箱后面的电源接头是否插紧，这时可以将电源接口拔出来重新插入，排除电源线接触不良的原因。当然，电源插座、UPS 保险丝等这些与电源相关的地方也应该仔细检查。

(2) 如果电源指标灯亮，但显示屏没有任何信息，没有发出轻微的"唰"声，硬盘和键盘指示灯完全不亮，也没有任何报警声，那么可能是由于曾经在 BIOS 程序中错误地修改过相关设置，如 CPU 的频率和电压等的设置项目。此外，也很可能是由于 CPU 没有插牢、出现接触不良的现象，或者选用的 CPU 不适合当前的主板使用，或者 CPU 安装不正确，也或者在主板中硬件 CPU 调频设置错误。

这时应该检查 CPU 的型号和频率是否适合当前的主板使用，以及检查 CPU 是否按照正确方法插牢。如果是 BIOS 程序设置错误，可以使用放电方法，将主板上的电池取出，待过了 1 小时左右再将其装回原来的地方，如果主板上具有相关 BIOS 恢复技术，也可使用这些功能。如果是主板的硬件 CPU 调频设置错误，则应该对照主板说明书仔细检查，按照正确的设置将其调回适当的位置。

(3) 若电源指示灯亮，而硬盘和键盘指示灯完全不亮，同时听到连续的报警声，说明主板上的 BIOS 芯片没有装好或接触不良，或者 BIOS 程序损坏。这时可以关闭电源，将 BIOS 芯片插牢；否则就可能是由于 BIOS 程序损坏的原因，如受到 CIH 病毒攻击，或者如果升级过 BIOS 的话，那么也可能是因为在升级 BIOS 时失败所致。不过，在开机自检的故障中，由于 BIOS 芯片没有装好或 BIOS 程序损坏这种情况不常见。

(4) 有些机箱制作粗糙，复位键（Reset）按下后弹不起来或内部卡死，会使复位键处于常闭状态，这种情况同样也会导致电脑开机出现故障。这时应该检查机箱的复位键，并将其调好。

2. 无显示 BIOS 自检阶段

【正常情况】：如果硬盘和键盘 NumLock 等三个指示灯亮一下再灭，系统会发出"嘟"的一声，接着检测显示卡，屏幕左上角出现显示卡芯片型号、显示 BIOS 日期等相关信息。

【故障表现】：如果这时自检中断，出现故障，可以从以下几方面检查。

(1) 如果电脑发出不间断的长"嘟"声，说明系统没有检测到内存条，或者内存条的芯片损坏。这时可以关闭电源，重新安装内存条，排除接触不良的因素，或者另外更换内存再次开机测试。

(2) 电脑发出 1 长 2 短的报警声，说明存在显示器或显示卡错误。这时应该关闭电源，检查显卡和显示器插头等部位是否按触良好。如果排除接触不良的原因，则应该更换显卡进行测试。

(3) 如果这时自检中断，而且使用了 CPU 非标准外频，以及没有对 AGP/PCI 端口进行锁频设置，那么也可能是由于设置的非标准外频而导致自检中断。这是因为使用了非标准外频，AGP 显卡的工作频率会高于标准的 66MHz，质量较差的显卡就可能通不过。这时可以将 CPU 的外频设置为标准外频，或在 BIOS 中将 AGP/PCI 端口进行锁频设置，其中 AGP 应该锁在 66MHz 的频率，而 PCI 则应该锁在 33MHz 的频率。

3. 有显示 BIOS 自检阶段

【正常情况】：自检完毕后，就会在显示屏中显示 CPU 型号和工作频率、内存容量、硬盘工作模式，以及所使用的中断号等，高版本的 BIOS 还可以显示 CPU 和机箱内的温度，以及 CPU 和内存的工作电压等数据。如果 CPU 的工作速度很高，上述 BIOS 信息显示的速度可能很快，这时可以按下键盘的 Pause 键暂停，查看完后再敲回车键继续。

项目的设置是否正确。其中，频率和电压设置通常在 BIOS 设置程序的 CPU 频率设置项目中。

优化设置通常是 BIOS 设置程序【Advanced Chipset Features】选项里面的【DRAM Timing Settings】选项。具体设置可以参考主板的说明书以及查询相关的资料。

当出现这种情况的时候，应该将相关优化内存的项目设置为不优化或低优化的参数，以及不要对 CPU 和内存进行超频，必要时可以选择 BIOS 设置程序的【Load Fail-Safe Defaults】项目，恢复BIOS出厂默认值。其次，如果排除以上的原因，那么很可能是由于内存出现兼容或质量方面的问题，这时应该更换内存条进行测试。

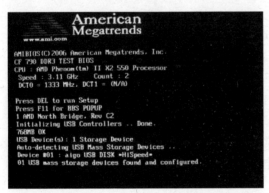

【故障表现】：这一阶段可能出现以下常见问题。

(1) 检测内存容量的数字，没有检测完就死机。出现这种情况，应该进入 BIOS 的设置程序，检查相关内存的频率、电压和优化

（2）显示完 CPU 的频率、内存容量之后，出现【Keyboard error or no keyboard present】的提示。这个提示是指在检测键盘时出现错误，这种情况是由于键盘接口出现接触不良，或者键盘的质量有问题。这时应该关闭电脑，重新安装键盘的接口，如果反复尝试多次都还有这个提示，那么应该更换键盘进行测试。

（3）显示完 CPU 的频率、内存容量之后，出现【Hard disk(s) disagnosis fail】的提示。这个提示是指在检测硬盘时出现错误，这种情况是由于硬盘的数据线或电源线出现接触不良，或者硬盘的质量有问题。这时应该关闭电脑，重新安装硬盘的数据线或电源线，并检查硬盘的数据线和电源线的质量是否可靠，如果排除数据线和电源线的原因，并且反复安装多次都还有这个提示，那么应该更换硬盘进行测试。

（4）显示完 CPU 的频率、内存容量之后，出现【Floppy disk(s) fail】的提示。这个提示是指在检测软驱时出现错误。产生这样的故障原因，可能是在 BIOS 中启用了软驱，但在电脑上却没有安装有软驱。另外，如果连接软驱的数据线或者软驱本身有问题，或者软驱的电源接口和数据线接口接触不良，也会导致这一故障的出现。

11.2 开机异常

本节视频教学录像：17 分钟

开机异常是指不能正常开机，下面将讲述常见开机异常的诊断方法。

11.2.1 按电源没反应

【故障表现】：操作系统完全不能启动，见不到电源指示灯亮，也听不到风扇的声音。

【故障分析】：从故障现象分析，基本可以初步判定是电源部分故障。检查电源线和插座是否有电、主板电源插头是否连好、UPS 是否正常供电，再确认电源是否有故障。

【故障处理】：最简单的就是替换法，但是用户手中不一定备有电源等备件，这时可以尝试使用下面的方法。

（1）先把硬盘、CPU 风扇、或者 CD-ROM 连好，然后把 ATX 主板电源插头用一根导线连接两个插脚，把插头的一侧突起对着自己，上层插脚从左数第 4 个和下层插脚从右数第 3 个，方向一定要正确，然后把 ATX 电源的开关打开，如果电源风扇转动，说明电源正常，否则电源损坏。如果电源没问题，直接短接主板上电源开关的跳线，如果正常，说明机箱面板的电源开关损坏。

（2）市电电源问题，请检查电源插座是否正常、电源线是否正常。

（3）机箱电源问题，请检查是否有 5V 待机电压、主板与电源之间的连线是否松动，如果不会测量电压可以找个电源调换一下试试。

（4）主板问题，如果上述几项都没有问题，那么主板故障的可能性就比较大了。首先检查主板和开机按钮的连线有无松动，开关是否正常。可以将开关用电线短接一下试试。如不行，只有更换一块主板试试。应尽量找型号相同或同一芯片组的主板，因为别的主板可能不支持本机的 CPU 和内存。

11.2.2　不能开机并有报警声

【故障表现】：电脑在启动的过程中，突然死机，并有报警声。

【故障分析】：不同的主板 BIOS，其报警声的含义也有所不同，根据不同的主板说明书，判定相应的故障类型。

【故障处理】：常见的 BIOS 分为 Award 和 AMI 两种，报警声的含义分别如下。

1. Award BIOS 报警声

其报警声的含义如下表所示。

报警声	含义
1 短声	说明系统正常启动，表明机器没有问题
2 短声	说明 CMOS 设置错误，重新设置不正确选项
1 长 1 短	说明内存或主板出错，换一根内存条试试
1 长 2 短	说明显示器或显示卡存在错误，检查显卡和显示器插头等部位是否接触良好，或用替换法确定显卡和显示器是否损坏
1 长 3 短	说明键盘控制器错误，应检查主板
1 长 9 短	说明主板 Flash RAM、EPROM 错误或 BIOS 损坏，更换 Flash RAM
重复短响	说明主板电源有问题
不间断的长声	说明系统检测到内存条有问题，重新安装内存条或更换新内存条重试

2. AMI BIOS 报警声

其报警声的含义如下表所示。

报警声	含义
1 短	说明内存刷新失败，更换内存条
2 短	说明内存 ECC 校验错误，在 CMOS 中将内存 ECC 校验的选项设为 Disabled 或更换内存
3 短	说明系统基本内存检查失败，换内存
4 短	说明系统时钟出错，更换芯片或 CMOS 电池
5 短	说明 CPU 出现错误，检查 CPU 是否插好
6 短	说明键盘控制器错误，应检查主板
7 短	说明系统实模式错误，不能切换到保护模式
8 短	说明显示内存错误，显示内存有问题，更换显卡试试
9 短	说明 BIOS 芯片检验和错误
1 长 3 短	说明内存错误，即内存已损坏，更换内存
1 长 8 短	说明显示测试错误，显示器数据线没插好或显示卡没插牢

11.2.3　开机要按【F1】键

【故障表现】：开机后停留在自检界面，提示按【F1】进入操作系统。

【故障分析】：开机需要按下【F1】键才能进入，主要是由于 BIOS 中设置与真实硬件数据不符引起的，可以分为以下几种情况。

(1) 实际上没有软驱或者软驱坏了，而 BIOS 里却设置有软驱，这样就导致了要按【F1】键才能继续。

(2) 原来挂了两个硬盘，在 BIOS 中设置成了双硬盘，后来拿掉其中一个的时候却忘记将 BIOS 设置改回来，也会出现这个问题。

(3) 主板电池没有电了也会造成数据丢失，从而出现这个故障。

(4) 重新启动系统，进入 BIOS 设置中，发现软驱设置为 1.44MB 了，但实际上机箱内并无软驱，将此项设置为 NONE 后，故障排除。

【故障处理】：排除故障的方法如下。

(1) 开机按 Del 键，进入 BIOS 设置，选择第一个基本设置，把【Floopy】一项设置为【Disable】即可。

(2) 刚开始开机时按【Del】键进入 BIOS，按回车键进入基本设置，将【DriveA】项设置为【None】，然后保存后退出 BIOS，重启电脑后检查，如果故障依然存在，可以更换电池。

11.2.4 硬盘提示灯不闪、显示器提示无信号

【故障表现】：开机时显示屏没有任何信息，也没有发出轻微的"嘀"声，硬盘和键盘指示灯完全不亮，键盘灯没有闪，也没有任何报警声。

【故障分析】：故障原因可能是由于曾经在 BIOS 程序中，错误地修改过相关设置，如 CPU 的频率和电压等的设置项目。此外，也很可能是由于 CPU 没有插牢、出现接触不良的现象，或者选用的 CPU 不适合当前的主板使用，或者 CPU 安装不正确，也或者在主板中硬件 CPU 调频设置错误。

【故障处理】：检查 CPU 的型号和频率是否适合当前的主板使用，以及检查 CPU 是否按照正确方法插牢。如果是 BIOS 程序设置错误，可以使用放电方法将主板上的电池取出，待过了 1 小时左右再将其装回原来的地方，如果主板上具有相关 BIOS 恢复技术，也可使用这些功能。如果是主板的硬件 CPU 调频设置错误，则应该对照主板说明书仔细检查，按照正确的设置将其调回适当的位置。

11.2.5 硬盘提示灯闪、显示器无信号

【故障表现】：显示器无信号，但机器读硬盘，硬盘指示灯也在闪亮，通过声音判断，机器已进入操作系统。

【故障分析】：这一故障说明主机正常，问题出在显示器和显卡上。

【故障处理】：检查显示器和显卡的连线是否正常，接头是否正常。如有条件，使用替换法更换显卡和显示器试试，即可排除故障。

病毒对电脑的危害是众所周知的，轻则影响机器速度，重则破坏文件或造成死机。一旦病毒感染了软件，就可以在后台启动软件，甚至破坏软件的文件，导致软件无法使用。

11.2.6 停留在自检界面

【故障表现】：开机后一直停留在自检界面，并显示主板和显卡信息，经过多次重启，故障依然存在。

【故障分析】：上述故障现象说明内部自检已通过，主板、CPU、内存、显卡、显示器应该都正常，但主板 BIOS 设置不当、内存质量差、电源不稳定会造成这种现象。问题出在其他硬件的可能性比较大。一般来说，硬件坏了 BIOS 自检只是找不到，但还可以进行下一步自检，如果是因为硬件的原因停止自检，说明故障比较严重，硬件线路可能出了问题。

【故障处理】：排除故障的方法如下。

(1) 解决主板 BIOS 设置不当可以用放电法，或进入 BIOS 修改，或重置为出厂设置，查阅主板说明书就会找到步骤。关于修改方面有一点要注意，BIOS 设置中，键盘和鼠标报警项如设置为出现故障就停止自检，那么键盘和鼠标坏了就会出现这种现象。

(2) 通过了解自检过程分析，BIOS 自检到某个硬件时停止工作，那么这个硬件出故障的可能性非常大，可以将这个硬件的电源线和信号线拔下来，开机看是否能进入下一步自检，如可以，那么就是这个硬件的问题。

(3) 将软驱、硬盘、光驱的电源线和信号线全部拔下来，将声卡、调制解调器、网卡等板卡全部拔下（显卡内存除外）。将打印机、扫描仪等外置设备全部断开，然后按硬盘、软驱、光驱、板卡、外置设备的顺序重新安装，安装好一个硬件就开机试试看，当接至某一硬件出问题时，就可判定是它引起的故障。

 11.2.7　启动顺序不对，不能启动引导文件

【故障表现】：电脑的启动过程中，提示信息【Disk Boot Failure, Insert System Disk And Press Enter】，从而不能启动引导文件，不能正常开机。

【故障分析】：这种故障一般都不是严重问题，只是系统在找到的用于引导的驱动器中找不到引导文件，比如：BIOS 的引导驱动器设置中将软驱排在了硬盘驱动的前面，软驱中又放有没有引导系统的软盘，或者 BIOS 的引导驱动器设置中将光驱排在了硬盘驱动的前面，而光驱中又放有没有引导系统的光盘。

【故障处理】：将光盘或软盘取出，然后设置启动顺序，即可解决故障。

11.2.8　系统启动过程中自动重启

【故障表现】：在 Windows 操作系统启动画面出现后、登录画面显示之前电脑自动重新启动，无法进入操作系统的桌面。

【故障分析】：导致这种故障的原因是操作系统的启动文件 Kernel32.dll 丢失或者已经损坏。

【故障处理】：如果在系统中安装有故障恢复控制台程序，这个文件也可以在 Windows XP 的安装光盘中找到。不过，在 Windows XP 安装盘中找到的文件是 Kernel32.dl_，这是一个未解压的文件，它需要在故障恢复控制台中先运行 "map" 这个命令，然后将光盘中的 Kernel32.dl_ 文件复制到硬件，并运行 "expand kernel32.dl_" 这个命令，将 Kernel32.dl_ 这个文件解压为 Kernel32.dll，最后将解压的文件复制到对应的目录即可。如果没有备份 Kernel32.dll 文件，在系统中也没有安装故障恢复控制台，也不能从其他电脑中拷贝这个文件，那么重新安装 Windows 系统也可以解决故障。

 11.2.9　系统启动过程中死机

【故障表现】：电脑在启动时出现死机现象，重启后故障依然存在。

【故障分析】：这种情况可能是由于硬件冲突所致，这时可以使用插拔检测法。

【故障处理】：将电脑里面一些不重要的部件（例如光驱、声卡、网卡）逐件卸载，检查出导致死机的部件，然后不安装或更换这个部件即可。此外，这种情况也可能是由于硬盘的质量有问题。

如果使用插拔检测法后，故障没有排除，可以将硬盘接到其他的电脑上进行测试，如果硬盘可以应用，说明是硬盘与原先的电脑出现兼容问题；如果在其他的电脑上测试，同样有这种情况，说明硬盘的质量不可靠，甚至已经损坏。

另外，这种情况也可能是由于在 BIOS 中对内存、显卡等硬件设置了相关的优化项目，而优化的硬件却不能支持在优化的状态中正常运行。因此，当出现这种情况的时候，应该在 BIOS 中将相关优化的项目调低或不优化，必要时可以恢复 BIOS 的出厂默认值。

11.3 关机异常

本节视频教学录像：6 分钟

Windows 的关机程序在关机过程中将执行下述各项功能：完成所有磁盘写操作，清除磁盘缓存，执行关闭窗口程序，关闭所有当前运行的程序，将所有保护模式的驱动程序转换成实模式。

引起 Windows 系统出现关机故障的主要原因有：选择退出 Windows 时的声音文件损坏；不正确配置或损坏硬件；BIOS 的设置不兼容；在 BIOS 中的【高级电源管理】或【高级配置和电源接口】的设置不适当；没有在实模式下为视频卡分配一个 IRQ；某一个程序或 TSR 程序可能没有正确关闭；加载了一个不兼容的、损坏的或冲突的设备驱动程序等。

11.3.1 无法关机且点击关机没有反应

【故障表现】：一台电脑无法关机，点击【关机】按钮也没有反应，只能通过手动按下机箱的关机键才能关机。

【故障分析】：从上述故障可以初步判断是系统文件丢失的问题。

【故障处理】：在【运行】对话框里输入 "rundll32user.exe, exitwindows"，按【Enter】键后观察，如果可以关机，那说明是程序的问题。

(1) 利用杀毒软件全面查杀病毒。

(2) 利用 360 安全卫士修复 IE 浏览器。

(3) 运行 msconfig 查看是否有多余的启动项，有些启动项启动后无法关闭也会导致无法关机。

(4) 在声音方案中换个关机音乐，有时关机音乐文件损坏也会导致无法关机。

(5) 如果 CMOS 参数设置不当的话，Windows 系统同样不能正确关机。为了检验是否是 CMOS 参数设置不当造成了计算机无法关闭的现象，可以重新启动计算机系统，进入到 CMOS 参数设置页面，将所有参数恢复为默认的出厂数值，然后保存好 CMOS 参数，并重新启动计算机系统。接着再尝试一下关机操作，如果此时能够正常关闭计算机的话，就表明是系统的 CMOS 参数设置不当，需要进行重新设置，设置的重点主要包括病毒检测、电源管理、中断请求开闭、CPU 外频以及磁盘启动顺序等选项，具体的参数设置值最好要参考主板的说明书，如果对 CMOS 设置不熟悉的话，只有将 CMOS 参数恢复成默认数值，才能确保计算机关机正常。

11.3.2　电脑关机后自动重启

【故障表现】：在 Windows 系统中关闭电脑，系统却变为自动重新启动，同时在操作系统中不能关机。

【故障分析】：导致这一故障的原因很有可能是由于用户对操作系统的错误设置，或利用一些系统优化软件修改了 Windows 系统的设置。

【故障处理】：根据分析，排除故障的具体操作步骤如下。

❶ 按【Windows+Pause Break】组合键，打开【系统】对话框，单击【高级系统设置】链接。

❷ 弹出【系统属性】对话框，选择【高级】选项卡，在【启动和故障恢复】一栏中单击【设置】按钮。

统失败】一栏中选中【自动重新启动】复选框，单击【确定】按钮。重新启动电脑，即可排除故障。

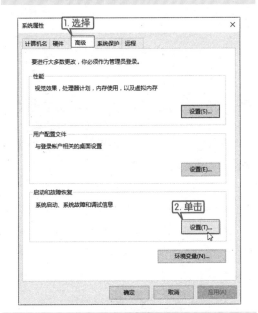

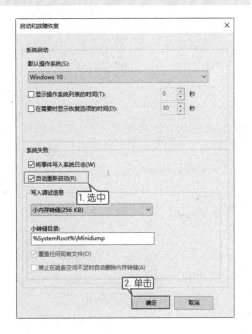

❸ 弹出【启动和故障恢复】对话框，在【系

11.3.3 按电源按钮不能关机

故障现象：电脑本来关机一直是正常的，但有时在按下电源的开关后却没有反应，这样如何恢复呢？

排除故障的具体操作步骤如下。

❶ 右键单击【开始】菜单，在弹出的快捷菜单中单击【控制面板】。

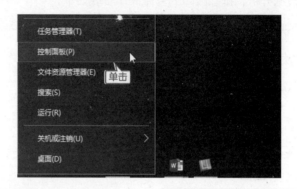

❷ 弹出【控制面板】窗口，单击【类别】按钮，在弹出下拉菜单中选择【大图标】菜单命令。

❸ 在弹出的窗口中单击【电源选项】链接。

❹ 弹出【电源选项】窗口，单击【选择电源

按钮的功能】链接。

❺ 弹出【系统设置】窗口，单击【按电源按钮时】右侧的向下按钮，在弹出的下拉列表中选择【关机】菜单命令，单击【保存修改】按钮。重启电脑后，故障排除。

11.4 开/关机速度慢

本节视频教学录像：5 分钟

本节主要讲述开 / 关机速度慢的常见原因和解决方法。

11.4.1 每次开机自动检查 C 盘或 D 盘后才启动

【故障表现】：一台电脑在每次开机时，都会自动检查 C 盘或 D 盘后才启动，每次开机的时间都比较长。

【故障分析】：从故障可以看出，开机自检导致每次开机都检查硬盘，关闭开机自检 C 盘或 D 盘功能，即可解决故障。

【故障处理】：排除故障的具体操作步骤如下。

❶ 按【Windows+R】组合键，弹出【运行】对话框，在【打开】文本框中输入"cmd"命令，单击【确定】按钮。

❷ 输入"chkntfs /x c: d:"后，按【Enter】键确认，即可排除故障。

11.4.2 开机时随机启动程序过多

【故障表现】：开机非常缓慢，常常要 4 分钟左右，进入系统后，速度稍微快一点，经过杀毒也没有发现问题。

【故障分析】：开机缓慢往往与启动程序太多有关，可以利用系统自带的管理工具设置启动的程序。

【故障处理】：排除故障的具体操作步骤如下。

❶ 右键单击任务栏，在弹出的快捷菜单中，单击【任务管理器】命令。

❷ 打开【任务管理器】对话框，单击【启动】选项卡，选择要禁用的程序，单击【禁用】按钮。

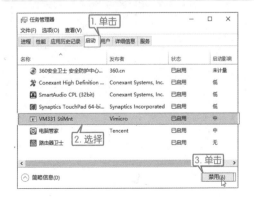

❸ 即可看到该程序的状态显示为"已禁用"。如希望开机启动该程序,单击【启用】按钮即可。

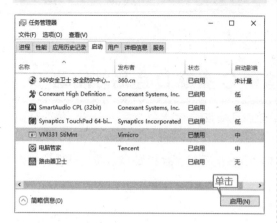

如果操作系统是 Windows 7,可以采用以下方法。

❶ 按【Windows+R】组合键,弹出【运行】对话框,在【打开】文本框中输入"msconfig"命令,单击【确定】按钮。

❷ 弹出【系统配置】对话框,选择【启动】选项卡,取消不需要启动的项目,单击【确定】按钮即可优化启动程序。

11.4.3 开机系统动画过长

【故障表现】:在开机的过程中,系统动画的时间很长,有时间会停留好几分钟,进入操作系统后,一切操作正常。

【故障分析】:可以通过设置注册表信息,缩短开机动画的等待时间。

【故障处理】:排除故障的具体操作步骤如下。

❶ 按【Windows+R】组合键,弹出【运行】对话框,在【打开】文本框中输入"regedit"命令,单击【确定】按钮。

❷ 单击【确定】按钮,即可打开【注册表】窗口。

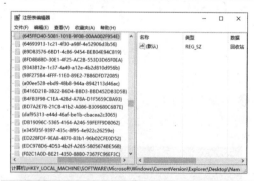

❸ 在窗口的左侧展开 HKEY_LOCAL_

MACHINE\System\CurrentControlSet\
Control 树形结构。

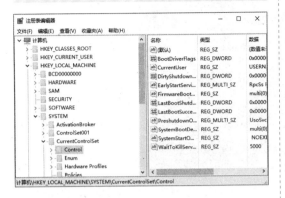

❹ 在右侧的窗口中双击
【WaitToKillServiceTimeout】选项，弹出
【编辑字符串】对话框，在【数值数据】中输
入"1000"，单击【确定】按钮。重新启动
电脑后，故障排除。

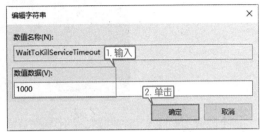

11.4.4　开机系统菜单等待时间过长

【故障表现】：在开机的过程中，出现系统选择菜单时，等待时间为 10 秒，时间太长，
每次开机都是如此。

【故障分析】：通过系统设置，可以缩短开机菜单等待的时间。

【故障处理】：排除故障的具体操作步骤如下。

❶ 按【Windows+R】组合键，弹出【运行】
对话框，在【打开】文本框中输入"msconfig"
命令，单击【确定】按钮。

选项卡，在【超时】文本框中输入时间为"5"
秒，也可以设置更短的时间，单击【确定】按钮。
重启电脑后，故障排除。

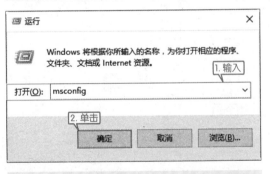

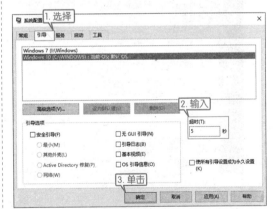

❷ 弹出【系统配置】对话框，选择【引导】

11.4.5　Windows 10 开机黑屏时间长

【故障表现】：在开机时，跳过开机动画后，黑屏时间等待较长，开机速度慢。

【故障分析】：这种问题主要出现在双显卡的笔记本电脑中，独立显卡驱动不兼容 Windows 10 系统导致，需要禁用独立显卡驱动

【故障处理】：排除故障的具体操作步骤如下。

❶ 右键单击【此电脑】图标，在弹出的快捷菜单中选择【管理】命令。

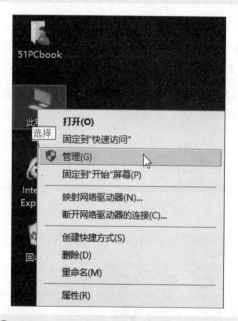

❷ 打开【计算机管理】窗口，单击左侧的【设备管理器】选项，在右侧窗口单击【显示适配器】选项，在展开的列表中，右键单击独立显卡，在弹出的快捷菜单中，单击【卸载】命令，对独立显卡进行卸载。

Windows 10 操作系统支持自动安装驱动程序，即使独立显卡卸载完成后，也不能从根本上解决问题，此时需要禁止系统自动安装驱动，除非 Windows 系统解决了此兼容性问题。

❶ 按【Windows+Pause Break】组合键，打开【系统】窗口，并单击【高级系统设置】链接。

❷ 打开【系统属性】对话框，单击【硬件】选项卡，并单击【设备安装设置】按钮。

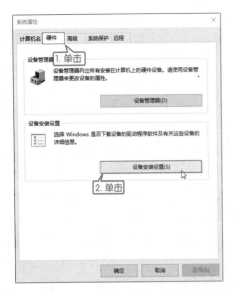

❸ 弹出【设备安装设置】对话框，选择【否】单选项，并单击【保存更改】按钮。

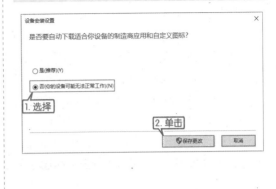

 高手私房菜

本节视频教学录像：2 分钟

技巧 1：关机时出现蓝屏

【故障表现】：在关闭电脑的过程中，显示屏突然显示蓝屏界 面，按下键盘的任何按键也没有反应。

【故障分析】：这种情况很可能是由于 Windows 系统缺少某些重要系统文件或驱动程序所致，也可能是由于在没有关闭系统的应用软件的情况下直接关机所致。

【故障处理】：在关闭电脑前，先关闭所有运行的程序，然后再关机。

如果故障没有排除，则参照以下操作步骤进行操作。

❶ 按【Windows+R】组合键，弹出【运行】对话框，在【打开】文本框中输入"sfc /scannow"命令。

❷ 单击【确定】按钮，按照提示完成系统文件的修复即可。

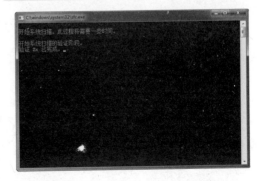

技巧 2: 自动关机或重启

【故障表现】: 电脑在正常运行过程中, 突然自动关闭系统或重新启动系统。

【故障分析】: 现在的主板普遍对 CPU 都具有温度监控功能, 一旦 CPU 温度过高, 超过了主板 BIOS 中所设定的温度, 主板就会自动切断电源, 以保护相关硬件。

【故障排除】: 在出现这种故障时, 应该检查机箱的散热风扇是否正常转动、硬件的发热量是否太高, 或者设置的 CPU 监控温度是否太低。

另外, 系统中的电源管理和病毒软件也会导致这种现象发生。因此, 也可以检查一下相关电源管理的设置是否正确, 同时也可检查是否有病毒程序加载在后台运行, 必要时可以使用杀毒软件对硬盘中的文件进行全面检查。其次, 也可能是由于电源功率不足、老化或损坏而导致这种故障, 这时可以通过替换电源的方法进行确认。

第12章

CPU 与内存故障处理

 本章视频教学录像：17 分钟

高手指引

　　CPU 是电脑中最关键的部件之一，是电脑的运算核心和控制核心，电脑中所有操作都由 CPU 负责读取指令、对指令译码并执行指令，一旦其出了故障，电脑的问题就比较严重。内存是系统临时存放数据的地方，一旦其出了问题，将会导致电脑系统的稳定性下降、黑屏、死机和开机报警等故障。本章将讲述如何诊断 CPU 与内存的故障。

重点导读

　✚　了解故障诊断思路
　✚　解决 CPU 常见故障
　✚　解决内存常见故障

12.1 故障诊断思路

本节视频教学录像：4分钟

下面将介绍 CPU 和内存故障的诊断思路。

12.1.1 CPU 故障诊断思路

CPU 是比较精密的硬件，出现故障的频率不高。常见的故障原因有以下几种。

(1) 接触不良：CPU 接触不良可导致无法开机或开机后黑屏，处理方法为重新插一次 CPU。

(2) 散热故障：CPU 在工作时会产生较多的热量，因散热不良引起 CPU 温度过高会产生 CPU 故障。

(3) 设置故障：如果 BIOS 参数设置不当，也会引起无法开机、黑屏等故障。常见的设置故障是将 CPU 的工作电压、外频或倍频等设置错误所致。处理方法为将 CPU 的工作参数进行正确设置。

(4) 其他设备与 CPU 的工作频率不匹配：如果其他设备的工作频率和 CPU 的外频不匹配，则 CPU 的主频会发生异常，从而导致不能开机等故障。处理方法是更换其他设备。

判断一台电脑是否是 CPU 故障，可以参照下面的判断思路。

1. 观察风扇运行是否正常

CPU 风扇是否运行正常将直接影响 CPU 的正常工作，一旦其出了故障，CPU 会因温度过高而被烧坏。所以用户在平常使用电脑时，要注意对风扇进行保养。

2. 观察 CPU 是否被损坏

如果风扇运行正常，接下来打开机箱，取下风扇和 CPU，观察 CPU 是否有被烧损、压坏的痕迹。现在大部分封装 CPU 都很容易被压坏。另外，观察针脚是否有损坏的现象，一旦其被损坏，也会引起 CPU 故障。

3. 利用替换法检测是否是 CPU 的故障

找一个同型号的 CPU，插入到主板中，启动电脑，观察是否还存在故障，从而判断是否是 CPU 内部出现故障，如果是 CPU 的内部故障，可以考虑换个新的 CPU。

12.1.2 内存故障诊断思路

内存故障的常用排除方法有清洁法和替换法两种。

1. 清洁法

处理内存接触不良故障时经常使用清洁法，清洁的工具包括橡皮、酒精和专用的清洁液等，对于主板的插槽清洗，可以使用皮老虎、毛刷、专用吸尘器等进行清理。

2. 替换法

当用户怀疑电脑的内存质量或兼容性有问题时，可以采用替换法进行诊断。将一个可以正常使用的内存条替换故障电脑中的内存条，也可以将故障电脑中的内存条插到一台工作正常的电脑的主板上，以确定是否是内存本身的问题。

12.2　CPU 常见故障的表现与解决

本节视频教学录像：5 分钟

下面就 CPU 引起的问题介绍几种常见故障的解决方法。

12.2.1　开机无反应

【故障表现】：一台电脑在经过一次挪动后，按下电源开关后，开机系统无任何反应，电源风扇不转，显示器无任何显示，机箱的电脑嗽叭无任何声音。

【故障诊断】：由于电脑经过了挪动，说明机箱内部的硬件出现了接触不良的故障。首先打开机箱，看一下风扇是否被堵住，检查下显卡是否松动，拔下显卡后用橡皮擦下，然后再重新插到主板上，开机检测，如果还是开机无反应，开始检查 CPU 的问题。关闭电源，将 CPU 拔下，发现 CPU 有松动，而且 CPU 的针脚有发绿的现象，表示 CPU 被氧化了。

【故障处理】：卸下 CPU，用皮老虎清理一下 CPU 插槽，然后用橡皮擦清理一下针脚，重新插上 CPU，通电开机，电脑恢复正常。

12.2.2　针脚损坏

【故障表现】：一台电脑运行正常，为了散热，用户卸下 CPU，涂抹一些散热胶，然后重新插上 CPU，按下电源开关后，不能开机。

【故障诊断】：因为用户只是将 CPU 拆下涂抹了些散热胶，并没有做太大的改动，所以首先想到是某个部件接触不良，或者灰尘过多造成的。应对办法是将显卡、内存等部件全部拆下，进行简单的清理工作，然后将主板上的灰尘也打扫干净。如果重新安装后问题依然存在，然后再判断是否为 COMS 电池没电引发无法开机的问题。若更换一颗新的电池，依然无法开机，此时根据先前做的操作，可以将 CPU 拆下，观察发现插座内是否有针脚断裂问题。

【故障处理】：根据故障诊断，可以判断是针脚的问题，先用镊子将针脚复位，然后将断的针脚焊接上。安装上 CPU，重新开机测试，问题解决。具体焊接的操作步骤如下。

❶ 首先将 CPU 断脚处的表面刮净，用焊锡和松香对其迅速上锡，使焊锡均匀地附在断面上即可。

❷ 将 CPU 断脚刮净，用同样的方法上锡。如果短脚丢失，可以找个大头针代替。

❸ 用双面胶将 CPU 固定在桌面上，左手用镊子夹住断脚，使上锡的一端与 CPU 断脚处相接，右手用电烙铁迅速将两者焊接在一起，可多使用一些松香，使焊点细小而光滑。

④ 将 CPU 小心地插入 CPU 插座内，如果插不进去，可用刀片对焊接处小心修整，插好后开机测试。

12.2.3 CPU 温度过高导致系统关机重启

【故障表现】：一台电脑使用一段时间后，会自动关机并重新启动系统，然后过几分钟又关机重启，此现象反复发生。

【故障诊断】：首先用杀毒软件进行全盘扫描杀毒，如果没有发现病毒，则关闭电源，打开机箱，用手摸下 CPU，发现很烫手，说明温度比较高，而 CPU 的温度过高会引起不停重启的现象。

【故障处理】：解决 CPU 温度高引起的故障的具体操作步骤如下。

❶ 打开机箱，开机并观察电脑自动关机时的症状，发现 CPU 的风扇停止转动，然后关闭电源，将风扇拆下，用手转下风扇，风扇转动很困难，说明风扇出了问题。

❷ 使用软毛刷将风扇清理干净，重点清理风扇转轴的位置，并在该处滴几滴润滑油，经过处理后试机。如果故障依然存在，可以换个新的风扇，再次通电试机，电脑运行正常，故障排除。

❸ 为了更进一步提高 CPU 的散热能力，可以除去 CPU 表面旧的硅胶，重新涂抹新的硅胶，这样也可以加快 CPU 的散热，提高系统的稳定性。

❹ 检查电脑是否超频。如果电脑超频工作会带来散热问题。用户可以使用鲁大师检查一下电脑的问题，如果是因为超频带来的高温问题，可以重新设置 CMOS 的参数。

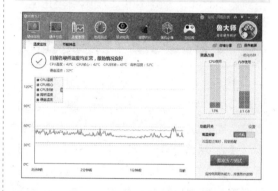

12.3 内存常见故障的表现与解决

本节视频教学录像：6 分钟

下面就内存引起的问题介绍几种常见故障的解决方法。

12.3.1 开机长鸣

【故障表现】：电脑开机后一直发出"嘀，嘀，嘀……"的长鸣，显示器无任何显示。

【故障诊断】：从开机后电脑一直长鸣可以判断出是硬件检测不过关，根据声音的间断为一声，所以可以判断为内存问题。关机后拔下电源，打开机箱并卸下内存条，仔细观察发现内存的金手指表面覆盖了一层氧化膜，而且主板上有很多灰尘。因为机箱内的湿度过大，内存的金手指发生了氧化，从而导致内存的金手指和主板的插槽之间接触不良，而且灰尘也是导致元件接触不良的常见因素。

【故障处理】：排除该故障的具体操作步骤如下。

❶ 关闭电源，取下内存条，用皮老虎清理一下主板上内存插槽。

❷ 用橡皮擦一下内存条的金手指，将内存插回主板的内存插槽中。在插入的过程中，双手拇指用力要均匀，将内存压入到主板的插槽中，当听到"啪"的一声表示内存已经和内存卡槽卡好，内存成功安装。

❸ 接通电源并开机测试，电脑成功自检并进入操作系统，表示故障已排除。

12.3.2　提示内存读写错误

【故障表现】：一台老电脑最近在使用的时候突然弹出提示【"0x7c930ef4"指令引用的"0x0004fff9"的内存，该内存不能为"read"】，单击【确定】按钮后，打开的软件自动关闭。

【故障诊断】：上述提示表明故障的原因与内存有一定的关系。但是内存是不容易坏的元件，所以用户应该采用"先软后硬"的原则进行排除问题。

【故障处理】：排除该故障的具体操作步骤如下。

❶ 使用杀毒软件检查系统中是否有木马或病毒。这类程序为了控制系统往往任意篡改系统文件，从而导致操作系统异常。用户平常应加强信息安全意识，对来源不明的可执行程序要使用杀毒软件检测一下。查杀完病毒后没有发现病毒。

❷ 更换正版的应用程序，有些应用程序存在一定的漏洞，也会引起上述故障。重新安装应用程序后故障依然存在。

❸ 重装操作系统。如果用户使用的是盗版的操作系统，也会引起上述故障。重新安装操作系统后，故障排除，说明故障与操作系统有关。

【备用处理方案】：如果故障还不能排除，可以从硬件入手查看故障的原因，具体操作步骤如下。

❶ 打开机箱，查看内存插在主板上的金手指部分灰尘是否较多，硬件接触不良也会引起上述故障。用橡皮擦一下内存的金手指两侧，然后用皮老虎清理一下内存插槽。清理完成后，重新插上内存。

❷ 使用替换法检查是否是内存本身的质量问题。如果内存有问题，可以更换一条新的内存条。

❸ 从内存的兼容性入手，检查是否存在不兼容问题。使用不同品牌、不同容量或者不同工作频率参数的内存，也会引起上述故障。可以更换内存条以解决故障。

12.3.3　内存损坏，安装系统提示解压缩文件出错

【故障表现】：一台旧电脑由于病毒损坏导致系统崩溃，之后开始重新安装 Windows 操作系统，但是在安装过程中突然提示"解压缩文件时出错，无法正确解开某一文件"，导

致意外退出而不能继续安装。重新启动电脑再次安装操作系统，故障依然存在。

【故障诊断】：出现上述故障最严重的原因是内存损坏，也有可能是光盘质量差或光驱读盘能力下降。一般是因为内存的质量不良或稳定性差，常见于安装操作系统的过程中。用户首先可更换其他的安装光盘，并检查光驱是否有问题。若发现故障与光盘和光驱无关，这时可检测内存是否出现故障，或内存插槽是否损坏，并更换内存进行检测，如果能继续安装，则说明是原来的内存出现了故障，这就需要更换内存。

【故障处理】：更换一根性能良好的内存条，启动电脑后故障排除。

 12.3.4 内存接触不良引起死机

【故障表现】：电脑在使用一段时间后，出现频繁死机现象。

【故障诊断】：造成电脑死机故障的原因有硬件不兼容、CPU过热、感染病毒、系统故障。使用杀毒软件查杀病毒后，未发现病毒，故障依然存在。以为是系统故障，在重装完系统后，故障依旧。

【故障处理】：打开电脑机箱，检查CPU风扇，发现有很多灰尘，但是转动正常。另外主板、内存上也沾满了灰尘。在将风扇、主板和内存的灰尘处理干净后，再次打开电脑，故障消失。

 高手私房菜

本节视频教学录像：2分钟

技巧1：Windows经常自动进入安全模式

【故障表现】：在电脑启动的过程中，Windows经常自动进入安全模式，这是什么原因造成的？

【故障诊断】：此类故障一般是由于主板与内存条不兼容或内存条质量不佳引起的，常见于高频率的内存用于某些不支持此频率内存条的主板上。

【故障处理】：启动电脑按【Del】键进入BIOS，可以尝试在BIOS设置内降低内存读取速度看能否解决问题，如果故障一直存在，那就只有更换内存条了。另外高频率的内存用于某些不支持此频率内存条的主板上，有时也会出现即使加大内存系统资源反而降低的情况。

技巧2：开机时多次执行内存检查

【故障表现】：一台电脑在开机时总是多次执行内存检测，这样就浪费了时间，如何能减少内存检查的次数？

【故障诊断】：在检查内存时，按【Esc】键跳过检查步骤，如果感觉麻烦，可以在BIOS中进行相关设置。

【故障处理】：开机时按【Del】键进入BIOS设置，在主界面中选择【BIOS FEATURES SETUP】选项卡，在其中的【Quick Power On Self Test】设为【Enabled】，然后保存设置，重启电脑即可。

主板与硬盘故障处理

本章视频教学录像：47 分钟

高手指引

主板是组成电脑的重要部件，主要负责电脑硬件系统的管理与协调工作，使得 CPU、功能卡和外部设备能正常运行。主板的性能直接影响着电脑的性能。本章主要介绍主板和硬盘故障处理的方法。

重点导读

+ 了解故障诊断思路
+ 解决主板常见故障
+ 解决 BIOS 常见故障
+ 解决硬盘物理故障
+ 解决硬盘逻辑故障

13.1 故障诊断思路

本节视频教学录像：13 分钟

下面将介绍主板和硬盘的诊断思路和方法。

13.1.1 主板故障诊断思路

对于主板的故障诊断，采用的方法一般为观察表面现象、闻是否有气味、用手摸感觉是否烫手、开机后听声音等。主板故障常用的维修方法有：清洁法、排除法、观察法、触摸法、软件分析法、替换法、比较法、重新焊接法等。

1. 清洁法

电脑用久了，由于机箱风扇的影响，在主板上特别容易积累大量的灰尘，特别是在风扇散热的部位比较明显。灰尘遇到潮湿的空气就会导电，造成电脑无法正常工作。使用吹风机、毛刷和皮老虎将灰尘清理干净，也许主板即可正常工作。

主板的一些插槽和芯片的插脚会因灰尘而氧化，从而导致接触不良，使用橡皮擦去内存条金手指的表面氧化层，内存条即可恢复正常工作。对于内存插槽处被氧化，也可以使用小刀片在插槽内刮削，去除插槽处的氧化物。

2. 排除法

电脑出现了故障，主要可能是主板、内存条、显卡、硬盘等出现了故障。将主板上的元件都拔掉，换上好的 CPU 和内存，查看主板是否正常工作。如果此时主板不能正常工作，可以判定是主板出现了故障。

3. 观察法

一旦主板出现了故障，可以通过观察主板上各个插头、电阻、电容引脚是否有短路现象、主板表面是否有烧坏发黑的现象、电解电容是否有漏液等。通过观察，可以发现比较明显的故障。

4. 触摸法

用手触摸芯片的表面，感受元件的温度是否正常，可以判断出现故障的部位。比如 CPU 和北桥芯片，在工作时应该是发热的，如果开机很久没有热的感觉，很有可能是烧毁电路了，而南桥芯片则不应该发热，如果感觉烫手，则可能该芯片已经短路了。

5. 软件分析法

软件分析法主要包括简易程序测试法、检查诊断程序测试法和高级诊断法等 3 种。它是通过软件发送数据、命令，通过读线路的状态及某个芯片的状态来诊断故障的部位。

6. 替换法

对于一些特殊的故障，软件分析法并不能判断是哪个元件出了问题。此时可使用功能完好的元件去替换所怀疑的元件，如果替换之后故障消失，则说明该元件是有问题的。通常可以根据经验，直接替换好的元件，如果替换之后还是有问题，说明主板的问题比较严重，不是出在单独某个元件上。

7. 比较法

对于不同的主板其设计也不同。包括信号电压值、元件引脚的对地阻值也不相同。找一块相同型号的正常主板，与故障主板对比同一点的电压、频率或电阻，即可找到故障。

8. 重新焊接法

对于 CPU 插座、北桥芯片和南桥芯片因为虚焊而导致的主板故障，使用普通的方法很难检测出是哪根总线出了问题，此时可以将主板的大概故障部位放在锡炉上加热加焊，这样也可能排除故障。

 ## 13.1.2　硬盘故障诊断思路

在维修硬盘故障时，还需要配合一些故障维修方法来判断和排除故障。硬盘的故障维修方法有多种。

1. 观察法

观察法主要是维修人员根据经验通过用眼看、鼻闻、耳听等作辅助检查，观察有故障的电路板以找出故障原因所在。在观察故障电路板时将检查重点放在数据接口排针、数据接口排针下的排阻、硬盘跳线、电源口接线柱和主控芯片引脚等地方，看是否存在如下问题。

(1) 检查电路板表面是否有断线、焊锡片和虚焊等。

(2) 电路板表面如芯片是否有烧焦的痕迹，一般内部某芯片烧坏时会发出一种臭味，此时应马上关机检查，不应再加电使用。

(3) 注意电阻或电容引脚是否相碰、硬盘跳线是否设置正常。

(4) 是否有异物掉进电路板的元器件之间。

一般简单的问题直接通过表面观察法就能够解决，但对于有疑问的地方，维修人员也可以借助万用表测量一下，这样可以节省维修时间，提高维修效率。

2. 触摸法

一般电路板的正常温度（指组件外壳的温度）不超过 40℃～50℃，手指摸上去有一点温度，但不烫手。而电路板在出现开路或短路的情况下，芯片温度会出现异常，如开路、无供电、工作条件不满足时，芯片温度会过低；而短路、电源电压高时，芯片温度过高。部分损坏较严重的芯片甚至可闻到焦味，一旦维修人员发现这种现象，一定要立即断开电源。

3. 替换法

替换法即用好的芯片或元器件替换可能有故障的配件，这种方法常用在不能确定故障点的情况下。维修人员首先应检查与怀疑有故障的配件相连接的连接线是否有问题，替换怀疑有故障的配件，再替换供电配件，最后替换与之相关的其他配件。但这种方法需要维修人员对电路板的各元器件非常熟悉，否则可能会弄巧成拙。

4．比较法

比较法是用一块与故障电路板型号完全一样的好的电路板，通过外观、配置、运行现象等方面的比较和测量找出故障电路板的故障点的方法。但这种方法比较麻烦，维修人员需要多次比较和测量才能找出故障的部位。

5．电流法

电流法需要用到万用电表，它可以测量电流、电压、电阻，有的还可以测量三级管的放大倍数、频率、电容值、逻辑电位、分贝值等。硬盘电源+ 12V 的工作电流应为 1.1A 左右。如果电路板有局部短路现象，则短路元件会升温发热并可能引起保险丝熔断。这时用万用电表测量故障线路的电流，看是否超过正常值。硬盘驱动器适配卡上的芯片短路会导致系统负载电流加大，驱动电机短路或驱动器短路会导致主机电源故障。当硬盘驱动器负载电流加大时会使硬盘启动时好时坏。电机短路或负载过流，轻则使保险丝熔断，重则导致电源块、开关调整管损坏。

在大电流回路中可串入电流假负载进行测量。不同情况可采用不同的测量方法。

(1) 对于有保险的线路，维修人员可断开保险管一头，将万用电表串入进行测量。

(2) 对于印刷板上某芯片的电源线，维修人员可用刻刀或钢锯条割断铜箔引线串入万用表测量。

(3) 对于电机插头、电源插头，可从卡口里将电源线起出，再串入万用电表测量。

6．电压法

该测量方法是在加电情况下，用万用表测量部件或元件的各管脚之间对地的电压大小，并将其与逻辑图或其他参考点的正常电压值进行比较。若电压值与正常参考值之间相差较大，则该部件或元件有故障；若电压正常，说明该部分完好，可转入对其他部件或元件的测试。

I/O 通道系统板扩展槽上的电源电压为 +12V、−12V、+5V 和 −5V。板上信号电压的高电平应大于 2.5V，低电平应小于 0.5V。硬盘驱动器插头、插座按照引脚的排列都有一份电压表，高电平在 2.7~3.0V 之间。若高电平输出小于 3V、低电平输出大于 0.6V，即为故障电平。

7．测电阻法

测电阻法是硬盘电路板维修方法中比较常用的一种测量方法，这种方法可以判断电路的通断及电路板上电阻、电容的好坏；参照集成电路芯片和接口电路的正常阻值，还可以帮助判断芯片电路的好坏。

测电阻法一般使用万用表的电阻挡测量部件或元件的内阻，根据其阻值的大小或通断情况，分析电路中的故障原因。一般元器件或部件的引脚除接地引脚和电源引脚外，其他信号的输入引脚与输出引脚对地或对电源都有一定的内阻，不会等于 0Ω 或接近 0Ω，也不会无穷大，否则就应怀疑管脚是否有短路或开路的情况。一般正向阻值在几十欧姆至 100Ω 左右，而反向电阻多在数百欧姆以上。

用电阻法测量时，首先要关机停电，再测量器件或板卡的通断、开路短路、阻值大小等，以此来判断故障点。若测量硬盘的步进电机绕组的直流电阻为 24Ω，则符合标称值为正常；

10Ω 左右为局部短路；0Ω 或几欧为绕组短路烧毁。

硬盘驱动器的数据线可以采用通断法进行检测。硬盘的电源线既可拔下单测，也可在线测其对地电阻；如果阻值无穷大，则为断路；如果阻值小于 10Ω，则有可能是局部短路，需要维修人员进一步检查方可确定。

13.2 主板常见故障的表现与解决

本节视频教学录像：6 分钟

主板的常见故障往往与 CMOS 的设置有关。CMOS 是集成在主板上的一块芯片，里面保存着重要的开机参数。一旦 CMOS 出现问题，将会造成电脑无法正常使用。

◢ 13.2.1 CMOS 设置不能保存

【故障表现】：一台正常运行的电脑，进入 CMOS 更改相应的参数并保存退出，重新启动电脑时，电脑仍按照修改前的设置启动，修改参数的操作并没有起到作用。重复保存操作，故障依然存在。

【故障诊断】：CMOS 设置不能保存，用户可以从以下几个方面进行诊断。

(1) CMOS 线路设置错误时，可以导致 CMOS 设置不能保存。

(2) CMOS 供电电路出现问题时，可以导致 CMOS 设置不能保存。

(3) CMOS 电池不能提供指定的电压时，可以导致 CMOS 设置不能保存。

【故障处理】：根据先易后难的原则，处理故障的具体操作步骤如下。

❶ 用一块新的 CMOS 更换主板上的旧电池，启动电脑进入 CMOS 设置程序，修改相关参数并保存退出，判断故障是否解决。

两种状态：一种为 NORMAL 状态，一般为 1~2 跳线；另一种为 CLEAR 状态，一般为 2~3 跳线。必须保证跳线设置为 NORMAL 状态才能保存设置。

❷ 如果更换电池仍然不能解决问题，可参照主板说明书，检查 CMOS 的跳线情况，观察跳线是否插在正确的引线上。主板上的引线有

❸ 如果上述两种方法都不能解决问题，可以初步判断是主板上 CMOS 供电电路出现了问题，可以送到专门的售后服务站去维修。

13.2.2 电脑频繁死机

【故障表现】：一台电脑经常出现死机现象，在 CMOS 中设置参数时也会出现死机，重装系统后故障依然不能排除。

【故障诊断】：出现此类故障一般是由于 CPU 有问题、主板 Cache 有问题或主板设计散热不良引起。

【故障处理】：在死机后触摸 CPU 周围主板元件，发现其非常烫手。在更换大功率风扇之后，死机故障得以解决。对于 Cache 有问题的故障，用户可以进入 CMOS 设置，将 Cache 禁止后即可顺利解决问题，当然，Cache 被禁止后速度肯定会受到影响。如果上述方法还是不能解决问题，可以更换主板或 CPU。

13.2.3 主板温控失常，导致开机无显示

【故障表现】：电脑主板温控失常，导致开机无显示。

【故障诊断】：由于 CPU 发热量非常大，所以许多主板都提供了严格的温度监控和保护装置。一般 CPU 温度过高，或主板上的温度监控系统出现故障，主板就会自动进入保护状态，拒绝加电启动或报警提示，导致开机电脑无显示。

【故障处理】：重新连接温度监控线，再重新电脑开机。当主板无法正常启动或报警时，应该先检查主板的温度监控装置是否正常。

13.2.4 接通电源，电脑自动关机

【故障表现】：电脑开机自检完成后，就自动关机了。

【故障诊断】：出现这种故障的原因是开机按钮按下后未弹起、电源损坏导致供电不足或者主板损坏导致供电出问题。

【故障处理】：首先需要检查主板，测试是否是主板故障，检查过后发现不是主板故障。然后检查是否开机按键损坏，拔下主板上开机键连接的线，用螺丝刀短接开机针脚，启动电脑后，几秒后仍是自动关机，看来并非开机键原因。那么最有可能就是电源供电不足，用一个好电源连接电脑主板，再次测试，电脑顺利启动，未发生中途关机现象，确定是电源故障。

将此电脑的电源拆下来，打开盖检查，发现有一个较大点的电鼓泡了，找一个同型号的新电容换上，将此电源再次连接主板上，开机测试，顺利进入系统。故障彻底排除。

13.2.5 电脑开机时，反复重启

【故障表现】：电脑开机后不断自动重启，无法进入系统，有时开机几次后能进入系统。

【故障诊断】：观察电脑开机后，在检测硬件时会自动重启，分析应该是硬件故障导致的。故障原因主要有以下几点：CPU 损坏、内存接触不良、内存损坏、显卡接触不良显卡损坏、主板供电电路故障。

【故障处理】：对于这个故障应该先检查故障率高的内存，然后再检查显卡和主板。

(1) 用替换法检查 CPU、内存、显卡，都没有发现问题。

(2) 检查主板的供电电路，发现 12V 电源的电路对地电阻非常大，检查后发现，电源插座的 12V 针脚虚焊了。

(3) 将电源插座针脚加焊，再开机测试，故障解决。

13.3 BIOS 常见故障

本节视频教学录像：4 分钟

用户在使用计算机的过程中，都会接触到 BIOS，它在计算机系统中起着非常重要的作用。

 ## 13.3.1 BIOS 不能设置

【故障表现】：电脑开机后进入 BIOS 程序，除了可以设置【用户口令】、【保存退出】和【不保存退出】外，其他各项都不能进入。

【故障分析】：此故障估计是 CMOS 被破坏了，可以尝试放电处理。如果放电后仍不能够解决故障，可以尝试升级 BIOS，具体方法可以参照上一节的操作步骤。升级后故障依然存在。

【故障处理】：经分析可以判断是 CMOS 存储器出了问题，换一个新的存储器后，故障排除。

 ## 13.3.2 BIOS 感染病毒导致电脑不能启动

【故障表现】：一台电脑开机后显示器黑屏，无法正常启动。

【故障分析】：病毒是比较常见的故障因素，电脑可能中了各种各样的病毒。将硬盘取下，挂到正常的电脑上杀毒，终于查杀到病毒，杀完毒后重新将硬盘安装好，启动电脑后故障依然存在，此时可以初步判断是 BIOS 芯片中的数据被病毒损坏了。

【故障处理】：排除故障的具体操作步骤如下：

❶ 打开机箱，用螺丝刀取下 BIOS 芯片，用系统盘启动另外一台主板型号相同的电脑，在启动的过程中按下【Del】键进入 BIOS 启动界面。

❷ 在 BIOS 设置中将【System BIOS Cache】选项中设置为【Enable】，保存设置后退出 BIOS 界面。

❸ 重新启动电脑，用刚才的启动盘启动电脑进入 DOS 环境。当界面出现"A:\"提示符后，用工具取出主板上的 BIOS 芯片，将受损的 BIOS 芯片插入到主板 BIOS 的插座上。在

此过程中不可断电，否则会导致 BIOS 的数据更新失败。

❹ 在 "A:\" 提示符下键入 "aflsh" 命令后按下【Enter】键，然后根据提示一步步进行操作即可完成 BIOS 的刷新工作。接下来将刷新后的 BIOS 芯片重新插入故障电脑中。

❺ 启动故障电脑，按下【Del】键进入到 BIOS 启动界面，由 BIOS 自动检测硬盘数据后退出。

❻ 重新启动电脑，电脑运行正常，故障消失。

13.3.3 BIOS 密码清除

BIOS 密码可以有效地对电脑进行保护，但是也会有一些麻烦，用户在使用时想要清除密码。在知道密码的情况下，BIOS 密码清除的具体操作步骤如下。

❶ 在开机时按下键盘上的【F2】键，进入 BIOS 设置界面。

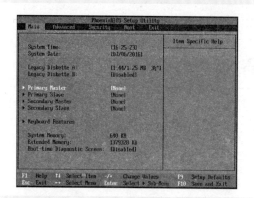

❷ 使用键盘左右键，找到【Security】选项，将光标定位在【Set Supervisor Password】选项上。

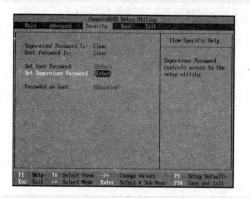

❸ 键入【Enter】键，弹出 Set Supervisor

Password 提示框，在提示框中 Enter New Password 文本框中输入设置的新密码。然后再按 Enter 键，在 Confirm New Password 文本框中再次输入一次密码，进行确认。

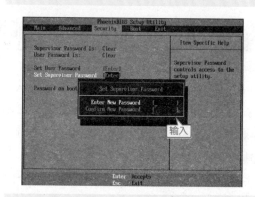

❹ 当输入操作完成后，按键盘上的【Enter】键，就会弹出 Setup Notice 提示框，然后选择【Continue】选项，并按【Enter】键进行确认，就可保存设置的密码。

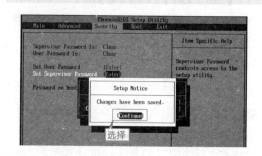

为了保护计算机的资源和安全，可以为其加上开机密码。但是不小心将密码忘记，就会致使计算机不能进入 BIOS 设置，或者不能启动计算机。这时建议采用如下方法进行处理。

❶ 可先试一下通用口令，如 AMI BIOS 的通用口令是"AMI"，Award BIOS 的通用口令比较多，可能有"AWARD"，"H996"，"Syzx"，"WANTGIRL"，"AwardSW"等，但通用口令不是万能的。

❷ 如果计算机能启动，但不能进入 CMOS 设置，可以在启动 DOS 后，执行下面程序段

来完成对所有 CMOS 的清除。

```
C:\debug
-O180 20
-O181 20
```

❸ 打开机箱后，在主板上找到清除 CMOS 内容的跳线，将其短接三五秒后再开机，CMOS 内容会清除为出厂时的设置。

13.4 硬盘物理故障

本节视频教学录像：9 分钟

　　硬盘的硬故障也就是指硬盘电路板损坏、盘片划伤、磁头组件损坏等故障。剧烈的震动、频繁开关机、电路短路、供电电压不稳定等比较容易引发硬盘物理性故障。由于这种情况的故障维修对维修条件及维修设备要求较高，一般无法自行维修，所以需要由专业技术人员才能解决。用户千万不要盲目拆盖、拔插控制卡或轻易将硬盘进行低级格式化，使问题变得更加复杂。有时还会由于维护操作不当，反而引起新的故障。

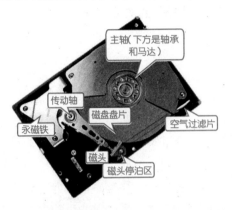

　　硬盘的硬故障可以分为扇区故障、磁道故障、磁头组件故障、系统信息错误、电子线路故障、综合性能故障等 6 大类。

1. 坏扇区（硬盘坏道）

　　坏扇区是硬盘中无法被访问或不能被正确读写的扇区。对付坏扇区最好的方法是将它们做出标记，这样可避免引起麻烦。坏扇区有两种类型。

　　(1) 硬盘格式化时由于磨损而产生的软损坏扇区：可将它们标记出来或再次格式化来修复。但一旦格式化硬盘，将会丢失硬盘中的全部数据。

　　(2) 无法修复的物理损坏：数据将永远无法写入到这种扇区中。如果硬盘中已经存在这种坏扇区，这块硬盘的寿命也就到头了。

　　硬盘被分割为以扇区为单位的存储单元，用于存储数据。硬盘在存储数据前，其中的坏扇区被标记出以使计算机不往这些扇区中写入数据。一般每个扇区可记录 512 字节的数据，如果其中任何一个字节不正常，该扇区就属于缺陷扇区。每个扇区除记录 512 字节的

数据外，还记录有一些信息（标志信息、校验码、地址信息等），其中任何一部分信息不正常都可导致该扇区出现缺陷。

　　硬盘出现坏道后的现象会因硬盘坏道的严重性不同而不同，如：系统启动慢，则可能是系统盘出现坏道。而有时用户虽然能够进入系统，但硬盘中的某些分区无法打开；或能够打开分区，但分区中的某些文件却无法打开。这些现象都是典型的硬盘坏道的表现，而严重的硬盘坏道会导致系统无法启动。如果硬盘中某一分区存在坏道，且该盘中存储有重要数据，用户切勿强行加电尝试复制数据，因为硬盘产生坏道后，坏扇区很容易扩散到其周围的正常扇区上。若强行加电会使坏道越来越多，越来越密集，会加大数据恢复的难度。

　　在判断计算机硬盘可能出现的硬件故障时，要按照由外向内的顺序进行检测，即先检测硬盘的外部连接、设置以及 IDE 接口等外部故障，再确定是否是硬盘本身出现了故障。

2. 磁道伺服故障

　　现在的硬盘大多采用嵌入式伺服，硬盘中每个正常的物理磁道都嵌入有一段或几段信息作为伺服信息，以便磁头在寻道时能准确定位及辨别正确编号的物理磁道。如果某个物理磁道的伺服信息受损，该物理磁道就可能无法被访问。这就是"磁道伺服缺陷"。

　　一旦出现磁道伺服缺陷，就可能会出现几种情况：分区过程非正常中断格式化过程无法完成用检测工具检测时中途退出或死机等。

3. 磁头组件故障

磁头组件故障主要指硬盘中磁头组件的某部分被损坏，造成部分或全部磁头无法正常读写的情况。磁头组件损坏的方式和可能性非常多，主要包括磁头磨损、磁头悬臂变形、磁线圈受损、移位等。

磁头损坏是硬盘常见的一种故障，磁头损坏的典型现象是：开机自检时无法通过自检，并且硬盘因为无法寻道而发出明显不正常的声音。此外，还可能会出现分区无法格式化，格式化后硬盘的分区从前到后都分布有大量的坏簇等。

遇到这种情况时，如果硬盘中存储有重要的数据，就应该马上断电，因为磁头损坏后磁头臂的来回摆动有可能会刮伤盘面而导致数据无数恢复。硬盘只能在100%的纯净间才可以拆开，更换磁头。而如果在一般的环境中拆开硬盘，将导致盘面粘灰而无法恢复数据。

4. 固件区故障

固件区是指硬盘存储在负道区的一些有关该硬盘的最基本的信息，如P列表、G列表、SMART表、硬盘大小等信息。每个硬盘内部都有一个系统保留区，里面分成若干模块保存有许多参数和程序，硬盘在通电自检时，要调用其中大部分程序和参数。

如果能读出那些程序和参数模块，而且校验正常的话，硬盘就进入准备状态。如果读不出某些模块或校验不正常，则该硬盘就无法进入准备状态。硬盘的固件区出错，会导致系统的BIOS无法检测到该硬盘及对硬盘进行任何读写操作。

此类故障典型现象就是开机自检后硬盘报错，并提示用户按【F1】键忽略或按【Del】键进入CMOS设置。当用户按【Del】键进入CMOS设置后，检测该硬盘会出现一些出错的参数。

5. 电子线路故障

电子线路故障是指硬盘电路板中的某一部分线路断路或短路，或某些电气元件或IC芯片损坏等，导致硬盘在通电后盘片不能正常运转，或运转后磁头不能正确寻道等。这类故障有些可通过观察线路板发现缺陷所在，有些则要通过仪器测量后才能确认缺陷部位。

6. 综合性能缺陷

综合性能缺陷主要是指因为一些微小变化使硬盘产生的问题。有些是硬盘在使用过程中因为发热或者其他关系导致部分芯片老化；有些是硬盘在受到震动后，外壳或盘面或马达主轴产生了微小的变化或位移；有些是硬盘本身在设计方面就在散热、摩擦或结构上存在缺陷。

这些原因最终导致硬盘不稳定，或部分性能达不到标准要求。一般表现为工作时噪声明显增大、读写速度明显太慢、同一系列的硬盘大量出现类似故障、某种故障时有时无等。

13.5 硬盘逻辑故障

本节视频教学录像：15分钟

硬盘实体未发生损坏只是逻辑数据故障，可使用软件进行修复，这类硬盘故障称为"逻辑故障"。硬盘逻辑故障相对于物理故障更容易修复些，而对数据的损坏程度也比物理故障轻些。

13.5.1 在Windows初始化时死机

【故障表现】：电脑开机自检时停滞不前且硬盘和光驱的灯一直常亮不闪。

【故障分析】：出现这种现象的原因是由于系统启动时，从BIOS启动然后再去检测IDE

设备，系统一直检查，而设备未准备好或根本就无法使用，这时就会造成死循环，从而导致计算机无法正常启动。

【故障处理】：用户应该检查硬盘数据线和电源线的连接是否正确或是否有松动，让系统找到硬盘，就可解决此问题。

 13·5·2　分区表遭到破坏

【故障表现】：电脑开机时出现提示信息【Invalid PartitionTable】，然后无法正常启动系统。

【故障分析】：该信息表示电脑中存在无效分区表，该故障现象出现的原因有两个：一是分区表错误引发的启动故障，二是分区有效标志错误的故障。

【故障处理】：根据不同的情况，设置不同的排除方法。

1. 分区表错误引发的启动故障

分区表错误是硬盘的严重错误，不同的错误程序会造成不同的损失。如果没有活动分区标志则电脑无法启动。但从软驱或光驱引导系统后，可对硬盘读写，可通过 FDISK 命令重置活动分区进行修复。如果某一分区类型错误可造成某一分区丢失。分区表的第四个字节为分区类型值，正常可引导的大于 32MB 的基本 DOS 分区值为 06，而扩展 DOS 分区值是 05。利用此类型值可实现单个分区的加密技术，恢复原正确类型值即可使该分区恢复正常。

用户遇到此类故障，可用硬盘维护工具 NU 等工具软件修复检查分区表中的错误，若发现错误将会询问是否愿意修改，只要不断回答"YES"即可修正错误（或用备份过的分区表覆盖）。如果由于病毒感染了分区表，即使高级格式化也解决不了问题，可先用杀毒软件杀毒，再用硬盘维护工具进行修复。

2. 分区有效标志错误的故障

在硬盘主引导扇区中最后两个字节 55AA 为扇区的有效标志。当从硬盘、软盘或光盘启动时将检测这两个字节，如果存在则认为硬盘存在，否则将不承认硬盘。

此类故障的解决方法是：采用 DEBUG 方法进行恢复处理。当 DOS 引导扇区无引导标志时，系统启动将显示为 Missing Operating System。这时，可从软盘或光盘引导系统后使用 SYS C: 命令传送系统修复故障，包括引导扇区及系统文件都可自动修复到正常状态。

 13·5·3　硬盘的逻辑坏道

硬盘逻辑坏道故障的表现如下。

(1) 在读取某一文件或运行某一程序时，硬盘反复读盘且经常出错，提示文件损坏等信息，或者要经过很长时间才能成功，并在读盘的过程中不断发出刺耳的杂音。一旦出现这种现象，就表明硬盘上的某些扇区已经损坏。

(2) Windows 中的 ScanDisk 功能可以在开机时对硬盘实现自动监测并修复硬盘上的逻辑坏道，如果每次启动 Windows 系统都会自动运行 ScanDisk 扫描磁盘错误进行自检，有时还不能通过自检，这时就可以判定硬盘上已经存在坏道。

(3) 在用 FDisk 分区时，FDisk 会对每一分区中的扇区进行检测，如果发现有扇区损坏，

FDisk 的检测进度就会反反复复，如 FDisk 已经检测了一半，又会从头开始检测，如此这样反复进行。这种现象就意味着该硬盘有坏道。

(4) 开机时系统不能通过硬盘引导，软盘启动后可以转到硬盘盘符，但无法进入，用 SYS 命令引导系统也不能成功。这种情况比较严重，很有可能是硬盘的引导扇区出了问题。

(5) 在用 FORMAT 格式化硬盘时，到某一进度停止不前，最后报错，无法完成。这也说明硬盘中存在坏道。因为在用 FORMAT 格式化硬盘某一分区时，FORMAT 会以簇为单位对分区进行检测。若某一簇中有坏扇区存在，该簇即为坏簇。FORMAT 发现后就会试图进行修复，在修复的过程中进度会停滞不前。

(6) 正常使用计算机时，会频繁无故地出现蓝屏、死机的现象。这也是由于硬盘扇区上的数据信息被损坏而造成系统程序出错引起的，是一种比较常见的现象。

上述故障都是用户会经常遇到的，也是一些非常典型的硬盘坏道故障。一些普通的硬盘修复工具都可处理逻辑坏道，遇到这类故障用户不必心慌。

(1) 使用 Windows 自带的 SCANDISK 工具修复。SCANDISK 工具只能修复逻辑坏道，对于物理坏道则无能为力。启动 SCANDISK 工具后会自动对硬盘上的逻辑坏道进行修复，即使用户在 Windows 操作过程中非正常关机，当再启动 Windows 时 SCANDISK 仍会自动启动以修复硬盘上的逻辑坏道，就好像有记忆功能一样，给用户带来极大的方便。另外，在 DOS 状态下，也可启动 SCANDISK 工具进行全盘扫描和修复。

(2) 使用低级格式化软件修复。将硬盘低级格式化操作后，硬盘所有扇区的伺服信息和校验信息都将被重写，数据区也全部归零。硬盘的逻辑坏道其实就是磁盘扇区上的校验信息（ECC）与磁道的数据和伺服信息不匹配造成的，低级格式化后这些不匹配信息也都被全部归零，这样逻辑坏道就不存在了。可以对硬盘进行低级格式化的软件有多种，如 DM、Lformat 等。

(3) 使用清零软件修复。使用清零软件将硬盘扇区中的数据区全部清零也可修复逻辑坏道，这种方法的操作和对硬盘进行低级格式化操作基本相同。可对硬盘清零的软件有多种，如 MHDD、DM 软件，其中 MHDD 中的清零功能是一种比较典型的方法。

13.5.4 磁盘碎片过多，导致系统运行缓慢

电脑使用一段时间后，速度就会变慢，除了系统本身的原因以外，磁盘中产生文件碎片也是一个非常重要原因。

由于硬盘被划分成一个一个簇，然后里头分成各个扇区，文件的大小不同，在存储的时候系统会搜索最匹配的大小，久而久之在文件和文件之间会形成一些碎片，较大的文件也可能被分散存储；产生碎片以后，在读取文件时需要更多的时间和查找，从而减慢操作速度，对硬盘也有一定损害，因此过一段时间应该进行一次碎片整理。

整理磁盘碎片的具体方法，用户可以参照本书 8.1.2 小节中的相关内容进行操作，这里不再重复讲述。

13·5·5　其他

硬盘出现逻辑故障时，常常会有如下几种现象。

1. Non-System disk or disk error，replace disk and press a key to reboot

该信息表示系统从硬盘无法启动。出现这种信息的原因有两种：一是 CMOS 参数丢失或硬盘类型设置错误造成的，只要进入 CMOS 重新设置硬盘的正确参数即可；二是系统引导程序未安装或被破坏，重新传递引导文件并安装系统程序即可。

2. Error Loading Operating System 或 Missing Operating System

该信息表示装载的 DOS 引导记录错误或 DOS 引导记录损坏。DOS 引导记录位于逻辑 0 扇区，由高级格式化命令 FORMAT 生成。主引导程序在检查分区表正确之后，根据分区表中指出的 DOS 分区起始地址读 DOS 引导记录。

如果连续读五次都失败则显示"Error Loading Operating System"错误提示；如果能正确读出 DOS 引导记录，主引导程序则将 DOS 引导记录送入内存 0:7c00h 处，检查 DOS 引导记录的最后两个字节是否为"55 AA"。如果不是这两个字节，则显示"Missing Operating System"的提示。一般情况下可以用硬盘修复工具（如 NDD）修复，若不成功只好用 FORMAT C:/S 命令重写 DOS 引导记录。

3. No ROM Basic，System Halted

该信息表示系统无法进入 ROM Basic，系统停止响应。造成该故障的原因一般是硬盘主引导区损坏或被病毒感染，或分区表中无自举标志，或结束标志"55 AA"被改写。

执行 FDISK/MBR 可生成正确的引导程序和结束标志，以覆盖硬盘上的主引导程序。但 FDISK/MBR 并不是万能的，它不能对付所有由引导区病毒感染而引起的硬盘分区表损坏的故障，所以用户在使用时一定要小心。

4. HDD controller failure Press F1 to Resume

在开机自检完成时屏幕提示该信息，表示硬盘无法启动，按【F1】键可重新启动。一旦出现上述信息，用户应该重点检查硬盘有关的电源线、数据线的接口有无松动、接触不良、信号线接反等，其次还要检查硬盘的跳线是否设置错误。此故障的解决方法就是需要重新插拔硬盘电源线、数据线或将数据线改插到其他 IDE 接口上进行替换试验。

5. FDD controller failure HDD contrller failure Press any key to Resume

该信息的意思是软、硬盘无法启动，按任意键可重新启动。出现该信息通常是由于连接软、硬盘的 I/O 部分接触不良或有损坏。如果故障较轻还可以修复；若故障较严重，如硬盘盘片有损坏，可能就需要到专门维修硬盘的地方换配件了。

高手私房菜

🎬 本节视频教学录像：5 分钟

技巧 1：硬盘故障提示信息

在开机进入计算机时屏幕上显示的信息都有具体含义，当硬盘存在故障时则会出现故障提示信息。只有了解这些故障信息的含义，才能更好地去解决这些故障。

(1) Data error（数据错误）。从软盘或硬盘上读取的数据存在不可修复错误，磁盘上有坏扇区和坏的文件分配表。

(2) Hard disk configuration error（硬盘配置错误）。硬盘配置不正确、跳线不对、硬盘参数设置不正确等。

(3) Hard disk controller failure（硬盘控制器失效）。控制器卡（多功能卡）松动、连线不对、硬盘参数设置不正确等。

(4) Hard disk failure（硬盘失效故障）。控制器卡（多功能卡）故障、硬盘配置不正确、跳线不对、硬盘物理故障。

(5) Hard disk drive read failure（硬盘驱动器读取失效）。控制器卡（多功能卡）松动、硬盘配置不正确、硬盘参数设置不正确、硬盘记录数据破坏等。

(6) No boot device available（无引导设备）。系统找不到作为引导设备的软盘或者硬盘。

(7) No boot sector on hard disk drive（硬盘上无引导扇区）。硬盘上引导扇区丢失，感染有病毒或者配置参数不正确。

(8) Non system disk or disk error（非系统盘或磁盘错误）。作为引导盘的磁盘不是系统盘，不含有系统引导和核心文件或磁盘片本身有故障。

(9) Sectornot found（扇区未找到）。系统盘在软盘和硬盘上不能定位给指定扇区。

(10) Seek error（搜索错误）。系统在软盘和硬盘上不能定位给定扇区、磁道或磁头。

(11) Reset Failed（硬盘复位失败）。硬盘或硬盘接口的电路故障。

(12) Fatal Error Bad Hard Disk（硬盘致命错误）。硬盘或硬盘接口故障。

(13) No Hard Disk Installed（没有安装硬盘）。没有安装硬盘，但 CMOS 参数中设置了硬盘或硬盘驱动器号没有接好。

技巧 2：硬盘故障代码含义

在出现硬盘故障时，往往会弹出相关代码，常见的代码含义如下表所示。

代码	代码含义
1700	硬盘系统通过（正常）
1701	不可识别的硬盘系统
1702	硬盘操作超时
1703	硬盘驱动器选择失败
1704	硬盘控制器失败
1705	要找的记录未找到
1706	写操作失败
1707	道信号错误
1708	磁头选择信号有错
1709	ECC 检验错误
1710	读数据时扇区缓冲器溢出
1711	坏的地址标志
1712	不可识别的错误
1713	数据比较错误
1780	硬盘驱动器 C 故障
1781	D 盘故障
1782	硬盘控制器错误
1790	C 盘测试错误
1791	D 盘测试错误

第

14

章

其他设备故障处理

 本章视频教学录像：43 分钟

高手指引

电脑中除了CPU、内存、主板和硬盘等一些主要的原件外，还包含显示器、显卡、声卡、USB、打印机和扫描仪等，这些设备出了问题，电脑也不能正常工作。本章主要介绍其他设备的故障处理方法。

重点导读

- ✚ 处理显卡故障
- ✚ 处理显示器故障
- ✚ 处理声卡故障
- ✚ 处理键盘与鼠标故障
- ✚ 处理打印机与 U 盘故障

14.1 显卡常见故障诊断与维修

本节视频教学录像：7分钟

显卡是计算机最基本配置、最重要的配件之一，显卡发生故障可导致电脑开机无显示，用户无法正常使用电脑。本章主要介绍显卡常见故障诊断与维修，通过学习本节内容，读者可以了解电脑显卡的常见故障现象，通过对故障的诊断，解决显卡故障问题。

14.1.1 开机无显示

【故障表现】：启动电脑时，显示器出现黑屏现象，而且机箱喇叭发出一长两短的报警声。

【故障诊断】：此类故障一般是因为显卡与主板接触不良或主板插槽有问题造成。对于一些集成显卡的主板，如果显存共用主内存，则需注意内存条的位置，一般在第一个内存条插槽上应插有内存条。

【故障处理】：① 首先判断是否是由于显卡接触不良引发的故障。关闭电脑电源，打开电脑机箱，将显卡拔出来，用毛笔刷将显卡板卡上的灰尘清理掉。接着用橡皮擦来回擦拭板卡的"金手指"，清理完成后将显卡重新安装好，查看故障是否已经排除。

② 显卡接触不良的故障，比如一些劣质的机箱背后挡板的空档不能和主板 AGP 插槽对齐，在强行上紧显示卡螺丝以后，过一段时间可能导致显示卡的 PCB 变形的故障，这时候只要松开显示卡的螺丝故障就可以排除。如果使用的主板 AGP 插槽用料不是很好，AGP 槽和显示卡 PCB 不能紧密接触，用户可以使用宽胶带将显示卡挡板固定，把显示卡的挡板夹在中间。

③ 检查显示卡金手指是否已经被氧化，使用橡皮清除锈渍显示卡后仍不能正常工作的话，可以使用除锈剂清洗金手指，然后在金手指上轻轻敷上一层焊锡，以增加金手指的厚度，但一定注意不要让相邻的金手指之间短路。

④ 检查显卡与主板是否存在兼容问题，此时可以将新的显卡插在主板上，如果故障解除，则说明兼容问题存在。另外，用户也可以将该显卡插在另一块主板上，如果也没有故障，则说明这块显卡与原来的主板确实存在兼容问题。对于这种故障，最好的解决办法就是换一块显卡或者主板。

⑤ 检查显卡硬件本身的故障，一般是显示芯片或显存烧毁，用户可以将显卡拿到别的机器上试一试，若确认是显卡问题，更换显卡后就可解决故障。

14.1.2 显卡驱动程序自动丢失

【故障表现】：电脑开机后，显卡驱动程序载入，运行一段时间后，驱动程序自动丢失。

【故障诊断】：此类故障一般是由于显卡质量不佳或显卡与主板不兼容，使得显卡温度太高，从而导致系统运行不稳定或出现死机。此外，还有一类特殊情况，以前能载入显卡驱动程序，但在显卡驱动程序载入后，进入 Windows 时出现死机。

【故障处理】：前一种故障只需要更换显卡就可以排除故障。后一种故障可更换其他型号的显卡，在载入驱动程序后，插入旧显卡给予解决。如果还不能解决此类故障，则说明是注册表故障，对注册表进行恢复或重新安装操作系统即可解决。

 14.1.3 显示颜色不正常

【故障表现】：电脑开机，显示颜色和平常不一样，而且电脑饱和度较差。

【故障诊断】：这类故障一般是由于显像管尾部的插座受潮或是受灰尘污染，也可能是由于显像管老化造成的。

【故障处理】：① 如果是受潮或受灰尘污染的情况，在情况不很严重的前提下，用酒精清洗显像管尾部插座部分即可解决。如果情况严重，则需更换显像管尾部插座。

② 如果是显像管老化的情况，只有更换显像管才能彻底解决问题。

 14.1.4 更换显卡后经常死机

【故障表现】：电脑更换显卡后经常在使用中会突然黑屏，然后自动重新启动。重新启动有时可以顺利完成，但是大多数情况下自检完就会死机。

【故障诊断】：这类故障可能是显卡与主板兼容不好，也可能是 BIOS 中与显卡有关的选项设置不当。

【故障处理】：在 BIOS 里的 Fast Write Supported(快速写入支持) 选项中，如果用户的显卡不支持快速写入或不了解是否支持，建议设置为 No Support 以求得最大的兼容。

14.1.5 玩游戏时系统无故重启

【故障表现】：电脑在一般应用时正常，但在运行 3D 游戏时出现重启现象。

【故障诊断】：一开始以为是电脑中病毒，经查杀病毒后故障依然存在。然后对电脑进行磁盘清理，但是故障还是没有排除，最后重装系统，发现故障依然存在。

在一般应用时电脑正常，而在玩 3D 游戏时死机，很可能是因为玩游戏时显示芯片过热导致的，检查显卡的散热系统，看有没有问题。另外，显卡的某些配件，如显存出现问题，玩游戏时也可能会出现异常，造成系统死机或重新启动。

【故障处理】：如果是散热问题，可以更换更好的显卡散热器。如果显卡显存出现问题，可以采用替换法检验一下显卡的稳定性，如果确认是显卡的问题，可以维修或更换显卡。

14.2 显示器故障的处理

本节视频教学录像：5 分钟

显示器属于电脑的 I/O 设备，当显示器发生故障时，电脑不能够正常显示内容，直接影响用户的操作。用户只有了解显示器的维修基础，才能够更好地使用电脑。

14.2.1　显示屏画面模糊

【故障表现】：一台显示器，以前一直很正常，可最近发现刚打开显示器时屏幕上的字符比较模糊，过一段时间后才渐渐清楚。将显示器换到别的主机上，故障依旧。

【故障诊断】：将显示器换到别的主机上，故障依旧。因此可知此类故障是显示器故障。

【故障处理】：显示器工作原理是显像管内的阴极射线管必须由灯丝加热后才可以发出电子束。如果阴极射线管开始老化了，那么灯丝加热过程就会变慢。所以在打开显示器时，阴极射线管没有达到标准温度，所以无法射出足够电子束，造成显示屏上字符因没有足够电子束轰击荧光屏而变得模糊。只需要更换新的显示器就可以解决故障，如果显示器购买时间不长，很可能是显像管质量不佳或以次充好，这时候可以联系供货商进行更换。

14.2.2　显示器屏幕变暗

【故障表现】：电脑屏幕变得暗淡，而且还越来越严重。

【故障诊断】：出现这类故障一般是由于显示器老化、频率不正常、显示器灰尘过多等原因。

【故障处理】：一般新显示器不会发生这样的问题，只有老显示器才有可能出现。这与显卡刷新频率有关，这需要检查几种显示模式。如果全部显示模式都出现同样现象，说明与显卡刷新频率无关。如果在一些显示模式下屏幕并非很暗淡，可能是显示卡的刷新频率不正常，尝试改变刷新频率或升级驱动程序。如果显示器内部灰尘过多或显像管老化，也能导致颜色变暗，可以自行清理一下灰尘（不过最好还是到专业修理部门去）。当亮度已经调节到最大而无效时，发暗的图像四个边缘都消失在黑暗之中，这就是显示器高电压的问题，只有请专业人士修理了。

14.2.3　显示器色斑故障

【故障表现】：打开电脑显示器，显示器屏幕上出现一块块色斑。

【故障诊断】：开始以为是显卡与显示器连接不紧造成。重新拔插后，问题依旧存在。准备替换显示器试故障时，最后发现是由于音箱在显示器的旁边，导致显示器被磁化。

【故障处理】：显示器被磁化产生的主要表现有一些区域出现水波纹路和偏色，通常在白色背景下可以很容易发现屏幕局部颜色发生细微的变化，这就可能是被磁化的结果。显示器被磁化产生的原因大部分是由于显示器周围可以产生磁场的设备对显像管产生了磁化作用，如音箱、磁化杯、音响等。当显像管被磁化后，首先要让显示器远离强磁场，然后看一看显示器屏幕菜单中有无消磁功能。以三星 753DFX 显示器为例，消磁步骤如下：按下"设定／菜单键"，激活 OSD 主菜单，通过左方向键和右方向键选择到"消磁"图标，再按下"设定／菜单键"，即可发现显示界面出现短暂的抖动。大家尽可放心，这属于正常消磁过程。

对于不具备消磁功能的老显示器，可利用每次开机自动消磁。因为全部显示器都包含消磁线圈，每次打开显示器，显示器就会自动进行短暂的消磁。如果上面的方法都不能彻底解决问题，需要拿到厂家维修中心那里采用消磁线圈或消磁棒消磁。

 14.2.4 显卡问题引起的显示器花屏

【故障表现】：一台电脑在上网时只要用鼠标拖动上下移动，这时候就会出现严重的花屏现象，如果不上网花屏现象就会消失。

【故障诊断】：① 显卡驱动程序问题；② 显卡硬件问题；③ 显卡散热问题。

【故障处理】：① 首先下载最新的显卡驱动程序，然后将以前的显卡驱动程序删除并安装新下载的驱动程序，安装完成后，开机进行检测，发现故障依然存在。

② 接下来使用替换法检测显卡，替换显卡后，故障消失，因此是由于显卡问题引起的故障，只需要更换显卡就可以。

14.3 声卡常见故障诊断与维修

本节视频教学录像：9 分钟

声卡是多媒体技术中最基本的组成部分，是实现声波 / 数字信号相互转换的一种硬件。了解声卡的维修基础，可以更快地解决声卡故障。

 14.3.1 声卡无声

【故障表现】：电脑运行无声音。

【故障诊断】：这里故障一般是因为系统设置为静音、声卡与其他插卡有冲突或者音频线断线引起的故障。

【故障处理】：① 系统默认声音输出为静音。单击屏幕右下角的声音小图标（小喇叭），出现音量调节滑块，下方有静音选项，单击前边的复选框，清除框内的对勾，故障排除。

② 声卡与其他插卡有冲突。当声卡与其他插卡产生冲突时，调整 PnP 卡所使用的系统资源，使各卡互不干扰。打开设备管理器，虽然未见黄色的惊叹号（冲突标志），但声卡就是不发声，其实也是存在冲突的，只是系统没有检测出来而已。安装了 DirectX 后声卡不能发声，说明此声卡与 DirectX 兼容性不好，需要更新驱动程序。

③ 如果是一个声道无声，则检查声卡到音箱的音频线是否有断线，如果断线只需要更换音频线就可以。

 14.3.2 操作系统无法识别声卡

【故障表现】：操作系统无法识别声卡。

【故障诊断】：此类故障是由于声卡没有安装好，或声卡不支持即插即用，以及驱动程序太老无法支持新的操作系统引起的。

【故障处理】：

1. 重新安装声卡

① 切断电源，打开机箱，从主板上拔下声卡。

② 清洁声卡的金手指，然后将声卡重新插回主板。

③ 开机检查电脑故障是否排除。

2. 手动添加声卡

① 依次选择【开始】→【设置】→【控制面板】，双击【控制面板】窗口中的【添加新硬件】项目。

②在【添加新硬件】向导中，系统会询问是否自动检测与配置新硬件，请选择【否】，然后单击【下一步】按钮，Windows 会列出所有可选择安装的硬件设备。

③在【硬件类型】中选择"声音、视频和游戏控制器"选项，单击【下一步】按钮，进入路径的选择界面。

④ 单击【从磁盘安装】按钮，选择驱动程序所在的路径，安装声卡驱动程序。

3. 更新驱动程序

到网上搜索声卡的最新驱动，如果没有的话，可用型号相近或音效芯片相同的声卡的驱动程序来代替。

 ## 14.3.3 声卡发出的噪声过大

声卡发出噪声过大，主要有以下几种原因。

（1）插卡不正。由于机箱制造精度不够高、声卡外挡板制造或安装不良导致声卡不能与主板扩展槽紧密结合，仔细观察可发现声卡上"金手指"与扩展槽簧片有错位。这种现象在 ISA 卡或 PCI 卡上都有，属于常见故障，一般用钳子校正即可解决故障。

（2）有源音箱输入接在声卡的 Speaker 输出端。对于有源音箱，应接在声卡的 Line out 端，它输出的信号没有经过声卡上的功放，噪声要小得多。有的声卡上只有一个输出端，是 Line out 还是 Speaker 要靠卡上的跳线决定，厂家的默认方式常是 Speaker，所以要拔下声卡调整跳线。

（3）Windows 自带的驱动程序不好。在安装声卡驱动程序时，要选择厂家提供的驱动程序而不要选 Windows 默认的驱动程序。如果用"添加新硬件"的方式安装，要选择"从磁盘安装"而不要从列表框中选择。如果已经安装了 Windows 自带的驱动程序，可以重新安装驱动程序，具体操作步骤如下。

❶ 在桌面上右键单击【此电脑】，在弹出的快捷菜单中选择【管理】菜单命令。

❷　弹出【计算机管理】对话框，选择【设备管理器】选项，在右侧的窗口中选择【声音、视频和游戏控制器】选项，然后选择【High Definition Audio】并右键单击，在弹出的快捷菜单中选择【更新驱动程序软件】菜单命令。

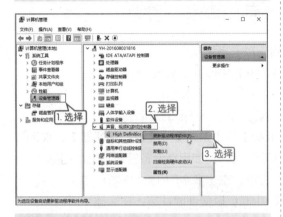

❸　弹出【您希望如何搜索驱动程序软件】对话框，如果用户已经联网，可以选择【自动搜索更新的驱动程序软】选项，如果使用光盘中的声卡驱动，则选择【浏览计算机以查找驱动程序软件】选项。

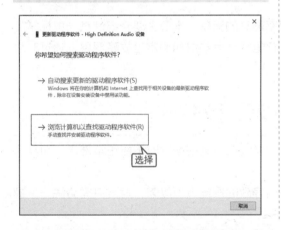

❹　弹出【浏览计算机上的驱动程序文件】对话框，单击【浏览】按钮。

❺　弹出【浏览文件夹】对话框，选择光盘的路径，单击【确定】按钮。返回到【浏览计算机上的驱动程序文件】对话框中，单击【下一步】按钮，系统将自动安装驱动程序。

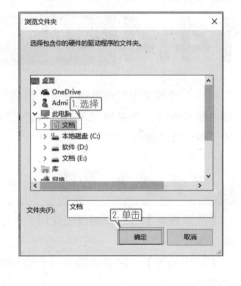

 14.3.4 播放声音不清晰

【故障表现】：一台电脑在播放歌曲的时候，声音不清晰有噪声。

【故障诊断】：信噪比一般是产生噪声的罪魁祸首，集成声卡尤其受到背景噪声的干扰，不过随着声卡芯片信噪比参数的加强，大部分集成声卡信噪比都在 75dB 以上，有些高档产品信噪比甚至达到 95dB，出现噪声问题的可能性越来越小。而除了信噪比的问题，杂波电磁干扰就是噪声出现的唯一理由。由于某些集成声卡采用了廉价的功放单元，做工用料上更是不堪入目，信噪比远远低于中高档主板的标准，噪声自然就无法控制了。

【故障处理】：由于 Speaker out 采用了声卡上的功放单元对信号进行放大处理，虽然输出的信号"大而猛"，但信噪比很低。而 Line out 则绕过声卡上的功放单元，直接将信号以线路传输方式输出到音箱，如果在有背景噪声的情况下不妨试试这个方法，相信会改进许多。不过如果你采用的是劣质的音箱，相信改善不会很大。

14.3.5 安装其他设备后，声卡不发声

【故障表现】：安装网卡或者其他设备之后，声卡不再发声。

【故障诊断】：这类故障大多是由于兼容性问题和中断冲突造成。

【故障处理】

① 驱动兼容性的问题比较好解决，用户只需要更新各个产品的驱动。

② 中断冲突就比较麻烦。首先进入【控制面板】→【系统】→【设备管理器】，查询各自的 IRQ 中断，并可以直接在手动设定 IRQ，消除冲突即可。如果在设备管理器无法消除冲突，最好的方法是回到 BIOS 中，关闭一些不需要的设备，空出多余的 IRQ 中断。也可以将网卡或其他设备换个插槽，这样也将改变各自的 IRQ 中断，以便消除冲突。在换插槽之后应该进入 BIOS 中的"PNP/PCI"项中将"Reset Configutionration Data"改为 ENABLE，清空 PCI 设备表，重新分配 IRQ 中断即可。

14.4 键盘与鼠标常见故障诊断与维修

本节视频教学录像：5 分钟

鼠标与键盘是电脑的外接设备，是使用频率最高的设备。本节主要介绍键盘与鼠标常见故障诊断与维修，通过学习本节，读者可以了解电脑键盘与鼠标的常见故障现象，通过对故障的诊断，解决键盘与鼠标故障问题。

14.4.1 故障 1：某些按键无法键入

【故障表现】：一个键盘已使用了一年多，最近在按某些按键时不能正常键入，而其余按键正常。

【故障诊断】：这是典型的由于键盘太脏而导致的按键失灵故障，通常只需清洗一下键盘内部即可。

【故障处理】：关机并拔掉电源后拔下键盘接口，将键盘翻转用螺丝刀旋开螺丝，打开底盘，用棉球沾无水酒精将按键与键帽相接的部分擦洗干净即可。

14.4.2 故障 2：键盘无法接进接口

【故障表现】：刚组装的电脑，键盘很难插进主板上的键盘接口。

【故障诊断】：这类故障一般是由于主板上键盘接口与机箱接口留的孔有问题。

【故障处理】：注意检查主板上键盘接口与机箱接口留的孔，看主板是偏高还是偏低，个别主板有偏左或偏右的情况，如有以上情况，要更换机箱，或者更换另外长度的主板铜钉

或塑料钉。塑料钉更好，因为可以直接打开机箱，用手按住主板键盘接口部分，插入键盘，解决主板有偏差的问题。

14.4.3　故障 3：按键显示不稳定

【故障表现】：最近使用键盘录入文字时，有时候某一排键都没有反应。

【故障诊断】：该故障很可能是因为键盘内的线路有断路现象。

【故障处理】：拆开键盘，找到断路点并焊接好即可。

14.4.4　故障 4：键盘按键不灵

【故障表现】：一个键盘，开机自检能通过，但敲击 A、S、D、F、和 V、I、O、P 这两组键时打不出字符来。

【故障诊断】：这类故障是由于电路金属膜问题，导致短路现象，键盘按键无法打字。

【故障处理】：拆开键盘，首先检查按键是否能够将触点压在一起，一切正常。仔细检查发现连接电路中有一段电路金属膜掉了一部分，用万用表一量，电阻非常大。可能是因为电阻大了电信号不能传递，而且那两组字母键共用一根线，所以导致成组的按键打不出字符来。要将塑料电路连接起来是件很麻烦。因为不能用电烙铁焊接，一焊接，塑料就会化掉。于是先将导线两端的铜线拔出，在电阻很小的可用电路两边扎两个洞（避开坏的那一段），将导线拨出的铜线从洞中穿过去，就像绑住电路一样，另一头也用相同的方法穿过。用万用表测量，能导电。然后用外壳将其压牢，垫些纸以防松动。重新使用，故障排除。

14.4.5　故障 5：鼠标按键无法自动复位

1. 故障表现

电脑鼠标以前使用都很正常，但最近使用总是发现鼠标按键无法自动复位。

2. 故障诊断

这类故障是由于鼠标按键下的微动开关损坏。

3. 故障处理

对于三键式鼠标，可以使用其中间键对应的微动开关来替换坏的微动开关。卸下鼠标背面的螺丝，取下橡胶球，再拨动舌卡打开鼠标外壳。取下内部电路板，拨动鼠标机械部分与电路板连接处的长舌，取下机械部分。此时，会看到电路板上有三个微动开关，将两微动开关分别取下，把好的一只安装在坏的那只原来的位置上，然后将鼠标安装好。

14.4.6　故障 6：鼠标不能正常使用

1. 故障表现

电脑使用的是一杂牌鼠标，安装在PS/2口，但在Windows10系统中，有时鼠标会无缘无故不动，只能用键盘操作。

2. 故障诊断

这说明鼠标驱动程序有问题，因为在Windows中，应该使用图形界面下的鼠标驱动程序，而不用在CONFIG.SYS或AUTOEXEC.BAT中挂入驱动程序，所以问题一定是出在Windows的驱动程序不能和鼠标兼容。

3. 故障处理

此故障只需要使用该鼠标厂家提供的Windows下的驱动程序即可解决问题。

14.5 打印机常见故障诊断与维修

本节视频教学录像：4分钟

打印机是计算机的输出设备之一，用于将计算机处理结果打印在相关介质上。本章主要介绍打印机常见故障诊断与维修，通过学习本节内容，读者可以了解打印机的常见故障现象，通过对故障的诊断，解决故障问题。

14.5.1 故障1：装纸提示警报

【故障表现】：打印机装纸后出现缺纸报警声，装一张纸胶辊不拉纸，需要装两张以上的纸胶辊才可以拉纸。

【故障诊断】：一般针式或喷墨式打印机的字辊下都装有一个光电传感器，来检测是否缺纸。在正常的情况下，装纸后光电传感器感触到纸张的存在，产生一个电讯号返回，控制面板上就给出一个有纸的信号。如果光电传感器长时间没有清洁，光电传感器表面就会附有纸屑、灰尘等，使传感器表面脏污，不能正确地感光，就会出现误报。因此此类故障是光电传感器表面脏污所致。

【故障处理】：查找到打印机光电传感器，使用酒精棉轻拭光头，擦掉脏污，清除周围灰尘。通电开机测试，问题解决。

14.5.2 故障2：打印字迹故障

【故障表现】：使用打印机打印时字迹一边清晰，而另一边不清晰。

【故障诊断】：此类故障主要是打印头导轨与打印辊不平行，导致两者距离有远有近所致。

【故障处理】：调节打印头导轨与打印辊的间距，使其平行。分别拧松打印头导轨两边的螺母，在左右两边螺母下有一调节片，移动两边的调节片，逆时针转动调节片使间隙减小，顺时针可使间隙增大，最后把打印头导轨与打印辊调节平行就可解决问题。要注意调节时找准方向，可以逐渐调节，多试打几次。

14.5.3 故障3：通电打印机无反应

【故障表现】：打印机开机后没有任何反应，根本就不通电。

【故障诊断】：打印机都有过电保护装置，当电流过大时就会引起过电保护，此现象出现基本是打印机保险管烧坏。

　　【故障处理】：打开机壳，在打印机内部电源部分找到保险管（内部电源部分在打印机的外接电源附近可以找到），看其是否发黑，或用万用表测量一下是否烧坏，如果烧坏，换一个与其基本相符的保险管就可以了（保险管上都标有额定电流）。

14.5.4　故障 4：打印纸出黑线

　　【故障表现】：打印时纸上出现一条条粗细不匀的黑线，严重时整张纸都是如此。

　　【故障诊断】：此种现象一般出现在针式打印机上，原因是打印头过脏或是打印头与打印辊的间距过小或打印纸张过厚引起。

　　【故障处理】：卸下打印头，清洗一下打印头，或是调节一下打印头与打印辊间的间距，故障就可以排除。

14.5.5　故障 5：无法打印纸张

　　【故障表现】：在使用打印机打印时感觉打印头受阻力，打印一会就停下发出长鸣或在原处震动。

　　【故障诊断】：这类故障一般是由于打印头导轨长时间滑动会变得干涩，打印头移动时就会受阻，到一定程度就可以使打印停止，严重时可以烧坏驱动电路。

　　【故障处理】：这类故障的处理方法是在打印导轨上涂几滴仪表油，来回移动打印头，使其均匀。重新开机，如果还有此现象，那有可能是驱动电路烧坏，这时候就需要进行维修了。

14.6　U 盘常见故障诊断与维修

本节视频教学录像：5 分钟

　　U 盘是一种可移动存储设备，本节主要介绍 U 盘常见故障诊断与维修，通过学习本章，读者可以了解 U 盘的常见故障现象，通过对故障的诊断，解决 U 盘故障问题。

14.6.1　故障 1：电脑无法检测 U 盘

　　【故障表现】：将一个 U 盘插入电脑后，电脑无法被检测到。

　　【故障诊断】：这类故障一般是由于 U 盘数据线损坏或接触不良、U 盘的 USB 接口接触不良、U 盘主控芯片引脚虚焊或损坏等原因引起。

　　【故障处理】：① 先检查 U 盘是不是正确地插入电脑 USB 接口，如果使用 USB 延长线，最好去掉延长线，直接插入 USB 接口。

　　② 如果 U 盘插入正常，将其他的 USB 设备接到电脑中测试，或者将 U 盘插入另一个 USB 接口中测试。

　　③ 如果电脑的 USB 接口正常，然后查看电脑 BIOS 中的 USB 选项设置是否为 "Enable"。如果不是，将其设置为 "Enable"。

④ 如果 BIOS 设置正常，然后拆开 U 盘，查看 USB 接口插座是否虚焊或损坏。如果是，要重焊或者更换 USB 接口插座；如果不是，接着测量 U 盘的供电电压是否正常。

如果供电电压正常，然后检查 U 盘时钟电路中的晶振等元器件。如果损坏，更换元器件，如果正常，接着检测 U 盘的主控芯片的供电系统，并加焊，如果不行，更换主控芯片。

14.6.2 故障 2：U 盘插入提示错误

【故障表现】：U 盘插入电脑后，提示"无法识别的设备"。

【故障诊断】：这种故障一般是由于电脑感染病毒、电脑系统损坏、U 盘接口问题等原因造成的。

【故障处理】：① 首先用杀毒软件杀毒后，插入 U 盘测试。如果故障没解除，将 U 盘插入另一台电脑检测，发现依然无法识别 U 盘，应该是 U 盘的问题引起的。

② 然后拆开 U 盘外壳，检查 U 盘接口电路，如果发现有损坏的电阻，及时更换电阻。

如果没有损坏，然后检查主控芯片是否有故障。如果有损坏及时更换。

14.6.3 故障 3：U 盘容量变小故障

【故障表现】：将 8GB 的 U 盘插入电脑后，发现电脑中检测到的"可移动磁盘"的容量只有 2MB。

【故障诊断】：产生这类故障的原因如下。

① U 盘固件损坏问题。

② U 盘主控芯片损坏问题。

③ 电脑感染病毒问题。

【故障处理】：① 首先是要杀毒软件，对 U 盘进行查杀病毒，查杀之后，重新将 U 盘插入电脑测试，如果故障依旧，接着准备刷新 U 盘的固件。

② 先准备好 U 盘固件刷新的工具软件，然后重新刷新 U 盘的固件。

③ 刷新后，将 U 盘接入电脑进行测试，发现 U 盘的容量恢复正常，U 盘使用正常，故障排除。

14.6.4 故障 4：U 盘无法保存文件

【故障表现】：将文件保存 U 盘中，但是尝试几次都无法保存。

【故障诊断】：这类故障是由闪存芯片、主控芯片以及其固件引起的。

【故障处理】：① 首先使用 U 盘的格式化工具将 U 盘格式化，然后测试故障是否消失。如果故障依然存在，就拆开 U 盘外壳，检查闪存芯片与主控芯片间的线路中是否有损坏的元器件或断线故障。如果有损坏的元器件，更换损坏的元器件就可以。

② 如果没有损坏的元器件，接着检测 U 盘闪存芯片的供电电压是否正常，如果不正常，

检测供电电路故障。如果正常，重新加焊闪存芯片，然后看故障是否消失。

③ 如果故障依旧，更换闪存芯片，然后再进行测试，如果更换闪存芯片后，故障还是存在，则是主控芯片损坏，更换主控芯片就可以。

高手私房菜

📽 本节视频教学录像：8 分钟

技巧 1：鼠标的常见故障诊断

鼠标是电脑重要的输入设备，也是需要经常维护的电脑设备，下面介绍鼠标和键盘常见故障的排除方法。

1. 鼠标无反应

【故障现象】：鼠标在使用一段时间后，突然没有任何反应。

建议采用如下步骤进行处理。

❶ 先查看是否电脑已经死机。

❷ 如果电脑没有死机，则需要查看鼠标与电脑主机的连接线是否脱落或松动，重新将连接线插好。

2. 鼠标定位不准确

【故障现象】：鼠标使用一段时间后，出现鼠标定位不准确，反应迟缓。

建议采用如下步骤进行处理。

❶ 鼠标长时间使用后，大量的灰尘会使鼠标反应迟缓，定位不准确，如果是机械鼠标，可以将鼠标下方的小球取出，将鼠标内部清洁干净。

❷ 如果是光电鼠标，则将鼠标下方的光源处清理干净即可。

技巧 2：传真机常见故障排除

随着传真机的功能越来越全面，内部构造也越来越复杂。传真机在日常使用过程中也难免会出现许多问题，如果不能及时排查问题消除故障，将会影响正常办公。因此，办公人员除了要学会使用传真机外，还需要了解一些常见故障的解决办法，以便在出现问题后能够及时解决，提高工作效率。

在日常工作中，常见的传真机故障主要有以下 10 种。

1. 卡纸

卡纸是传真机很容易出现的故障，发生卡纸现象后，用户必须手工将纸张取出。在取纸张的时候用户要注意两点，一点是只可扳动传真机说明书上允许动的部件，不要盲目拉扯上盖，第二点是尽可能一次将整张纸取出，不要把破碎的纸片留在传真机内。

2. 传真或打印时，纸张为全白

如果用户所使用的传真机为热感式传真机，出现纸张全白的原因有可能是记录纸正反面

安装错误。因为热感传真机所使用的传真纸只有一面涂有化学药剂，因此如果纸张装反在接收传真时不会印出任何文字或图片。在这种情况下，用户可将记录纸反面放置后重新尝试传真或打印。

如果传真机为喷墨式传真机，出现纸张全白的原因可能是喷嘴头被堵住了，这时用户应清洁喷墨头或者更换墨盒。

3. 传真或打印时纸张出现黑线

当用户在接收传真或者自己在复印时发现文件上出现一条或数条黑线时，如果是 CCD 传真机，可能是反射镜头脏了；如果是 CIS 传真机，则可能是透光玻璃脏了。这时用户可根据传真机使用手册说明，用棉球或软布蘸酒精擦清洁相应的部件。如果清洁完毕后仍无法解决问题，则需要将传真机送修检查。

4. 传真或打印时纸张出现白线

如果用户在传真或打印文件时发现纸张上出现白线，通常是热敏头（TPH）断丝或沾有污物所致。如果是断丝，应更换相同型号的热敏头；如果有污物可用棉球清除。

5. 无法正常出纸

这种情况下用户应检查进纸器部分是否有异物阻塞、原稿位置扫描传感器是否失效、进纸滚轴间隙是否过大等。此外，还应检查发送电机是否转动，如果不转动则需要检查与电机有关的电路及电机本身是否损坏。

6. 电话正常使用，无法收发传真

如果电话机与传真机共享一条电话线，出现此故障后应检查电话线是否连接错误。正确的连接方法是将电信局电话线插入传真机的"LINE"插孔，将电话分机插入传真机的"TEL"插孔。

7. 传真机功能键无效

如果传真机出现功能键无效的现象，首先应检查按键是否被锁定，然后检查电源，并重新开机让传真机再一次进行复位检测，以清除某些死循环程序。

8. 接通电源后报警声响下不停

出现报警声通常是由于主电路板检测到整机有异常情况，应该检查纸仓里是否有记录纸，且记录纸是否放置到位；纸仓盖、前盖等是否打开或全上时不到位；各个传感器是否完好；主控电路板是否有短路等异常情况。

9. 更换耗材后，传真或打印效果差

如果在更换感光体或铁粉后传真或打印效果还没有原先的好，用户可检查磁棒两旁的磁棒滑轮是不是在使用张数超过 15 万张后还没更换过，而使磁刷摩擦感光体，从而导致传真或打印效果及寿命减弱。建议每次更换铁粉及感光体时，请一起更换磁棒滑轮，以确保延长感光体寿命。

10 接收到的传真字体变小

一般传真机会有压缩功能将字体缩小以节省纸张，但会与原稿版面不同，用户可参考购买传真机时所带的使用手册将省纸功能关闭或恢复出厂默认值。

第  章

操作系统故障处理

本章视频教学录像：30 分钟

高手指引

在用户使用计算机过程中，由于操作不当、误删除系统文件、病毒木马危害性文件的破坏等原因，会造成系统出现启动故障、蓝屏、死机、注册表遭到破坏等操作系统故障。计算机突然出现以上操作系统故障时，用户应该如何解决呢？本章将从以上几个方面进行详细的介绍。

重点导读

- 解决 Windows 系统启动故障
- 解决蓝屏故障
- 解决死机故障
- 解决注册表常见故障

15.1 Windows 系统启动故障

本节视频教学录像：9 分钟

Windows 无法启动是指能够在正常开关机的情况下，电脑无法正常进入系统，这种问题也是较为常见的，本节介绍常见的几种 Windows 无法启动的现象及解决办法。

15.1.1 电脑启动后无法进入系统

【故障表现】：电脑之前使用正常，突然无法进入系统。

【故障分析】：无法进入系统的主要原因是系统软件损坏、注册表损坏等问题。

【故障处理】：如果遇到此类问题，可以尝试使用操作系统的【高级启动选项】解决该问题。具体操作步骤是：重启电脑，按【F8】键，进入【高级启动选项】界面，选择【最近一次的正确配置（高级）】选项，并按【Enter】键，使用该功能以最近一次的有效设置启动计算机。

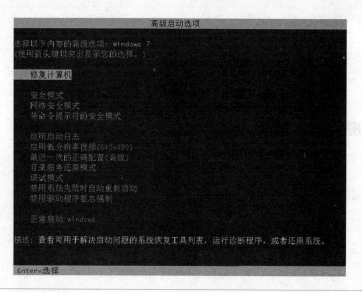

 提示 各菜单项的作用如下。

(1) 安全模式：选用安全模式启动系统时，系统只使用一些最基本的文件和驱动程序启动。进入安全模式是诊断故障的一个重要步骤。如果安全模式启动后无法确定问题，或者根本无法启动安全模式，就需要使用紧急修复磁盘修复系统或重装系统了。

(2) 网络安全模式：和安全模式类似，但是增加了对网络连接的支持。

(3) 命令提示符的安全模式：和安全模式类似，只使用基本的文件和驱动程序启动系统，但登录后屏幕出现命令提示符，而不是 Windows 桌面。

(4) 启用启动日志：启动系统，同时将由系统加载的所有驱动程序和服务记录到文件中。文件名为 ntbtlog.txt，位于 Windir 目录中。该日志对确定系统启动问题的准确原因很有用。

(5) 启用低分辨率视频（640×480）：使用当前视频驱动程序和低分辨率及刷新率设置启动 Windows。可以使用此模式重置显示设置。

(6) 最后一次的正确配置（高级）：使用最后一次正常运行的注册表和驱动程序配置启动 Windows。

(7) 目录服务还原模式：该模式是用于还原域控制器上的 Sysvol 目录和 Active Directory（活动目录）服务的。它实际上也是安全模式的一种。

(8) 调试模式：如果某些硬件使用了实模式驱动程序并导致系统不能正常启动，可以用调试模式来检查实模式驱动程序产生的冲突。

(9) 禁用系统失败时自动重新启动：因错误导致 Windows 失败时，阻止 Windows 自动重新启动。仅当 Windows 陷入循环状态时，即 Windows 启动失败，重新启动后再次失败，使用此选项。

⑽ 禁用强制驱动程序签名：允许安装包含了不恰当签名的驱动程序。

如果不能解决此类问题，可以选择【修复计算机】选项，修复系统即可。

如果电脑系统是 Windows 10 操作系统，可以采用以下方法解决。

❶ 当系统启动失败两次后，第三次启动即会进入【选择一个选项】界面，单击【疑难解答】选项。

❷ 打开【疑难解答】界面，单击【高级选项】选项。

❸ 打开【高级选项】界面，单击【启动修复】选项。

❹ 此时电脑重启，准备进入自动修复界面。

❺ 进入"启动修复"界面，选择一个账户进行操作。

❻ 输入选择账户的密码，并单击【继续】按钮。

❼ 此时，即会重启，诊断电脑的情况。

15.1.2 系统引导故障

【故障表现】：开机后出现"Press F11 start to system restore"错误提示，如下图所示。

【故障分析】：由于 Ghost 类的软件在安装时往往会修改硬盘 MBR，以达到优先启动的目的，在开机时就会出现相应的启动菜单信息。不过，如果此类软件存在有缺陷或与操作系统不兼容，就非常容易导致系统无法正常启动。

【故障处理】：如果是由于上述问题造成的，就需要对硬盘主引导进行操作，用户可以使用系统安装盘的 Bootrec.exe 修复工具解决该故障。

❶ 使用系统安装盘启动电脑，进入【Windows 安装程序】对话框，单击【下一步】按钮。

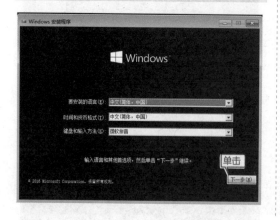

❷ 进入如下界面，按【Shift+F10】组合键。

❸ 弹出命令提示符窗口，输入"bootrec /fixmer"DOS 命令，并按【Enter】键，完成硬盘主引导记录的重写操作。

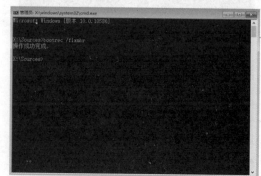

15.1.3　系统启动停留在"正在启动 Windows"画面

【故障表现】：电脑开机时，长时间停留在"正在启动 Windows"画面，系统启动太慢。

【故障分析】：系统启动慢，主要原因是系统加载的启动项过多，一般禁用没有必要的加载项，而长时间停留在"正在启动 Windows"画面，主要是由于"Windows Event log"服务有问题引起的，需要检查该项服务。

【故障处理】：检查 Windows Event log 服务的具体步骤如下。

❶ 右键单击【计算机】图标，在弹出的快捷菜单中单击【管理】菜单命令。

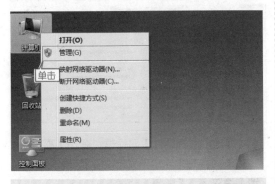

❷ 打开【设备管理器】窗口，在左侧的窗格中单击【服务和应用程序】列表下的【服务】选项，右侧窗格即可显示服务列表。

❸ 在服务列表中选择"Windows Event log"服务，查看该服务的启动类型，如本机的目前启动类型为"手动"。

❹ 双击此项服务，打开【Windows Event log 的属性（本地计算机）】对话框。在【常规】选项卡下，单击【启动类型】的下拉列表，并选择【自动】选项，然后单击【确定】按钮，重启电脑即可排除故障。

15.1.4 电脑关机后自动重启

【故障表现】：电脑关机后，会重新启动进入操作系统。

【故障分析】：电脑关机后自动重启，一般是由于系统设置不正确、电源管理不支持及 USB 设备等引起的。

【故障处理】：电脑关机后自动重启的解决办法有以下三种方法。

1. 系统设置不正确

Windows 操作系统默认情况下，当系统遇到故障时，会自动重启电脑。如果关机时系统出现错误，就会自动重启，此时可以修改设置，具体操作步骤如下。

❶ 右键单击【此电脑】图标，在弹出的快捷菜单中，选择【属性】菜单命令。

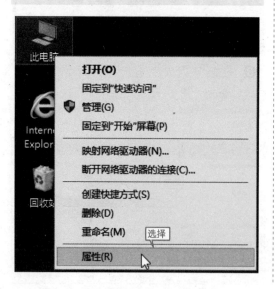

❷ 在弹出的【系统】窗口，单击【高级系统设置】链接。

❸ 弹出【系统属性】对话框，单击【高级】选项卡，并单击【启动和故障恢复】区域下的【设置】按钮。

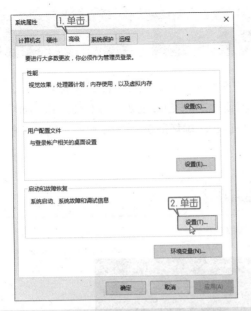

❹ 弹出【启动和故障恢复】对话框，撤销选中【系统失败】区域下的【自动重新启动】复选框，并单击【确定】按钮即可。

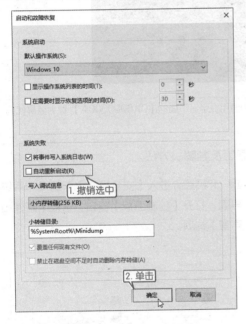

2. 电源管理

电源对系统支持不好，也会造成关机故障，如果遇到此类问题可以使用以下步骤解决。

❶ 打开控制面板，在【类别】查看方式下，单击【系统和安全】链接。

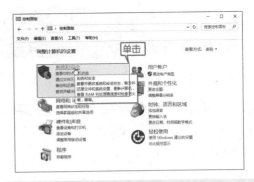

❷ 打开【系统和安全】窗口，单击【电源选项】链接。

❸ 弹出【电源选项】窗口，如果发生故障时使用的是【高性能】的单选项，可以撤销选中该单选项，可以将其更改为【平衡】或【节能】选项，尝试解决电脑关机后自动开机的问题。

3.USB 设备问题

例如鼠标、键盘、U 盘等 USB 端口设备，容易造成关机故障。当出现这种故障时，可以尝试将 USB 设备拔出电脑，再进行开关机操作，看是否关机正常。如果不正常，可以外连一个 USB Hub，连接 USB 设备，尝试解决。

15.2 蓝屏

本节视频教学录像：7分钟

蓝屏是计算机常见的操作系统故障之一，用户在使用计算机过程中会经常遇到。那么计算机蓝屏是由于什么原因引起的呢？计算机蓝屏和硬件关系较大，主要原因有硬件芯片损坏、硬件驱动安装不兼容、硬盘出现坏道（包括物理坏道和逻辑坏道）、CPU 温度过高、多条内存不兼容等。

15.2.1 启动系统出现蓝屏

系统在启动过程中出现如下屏幕显示，称作蓝屏。

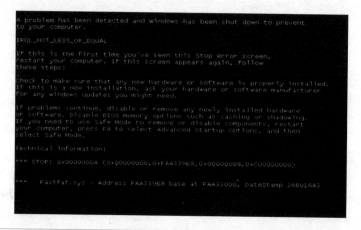

> **提示** 【technical information】以上的信息是蓝屏的通用提示，下面的【0X0000000A】称为蓝屏代码，【Fastfat.sys】是引起系统蓝屏的文件名称。

下面介绍几种引起系统开机蓝屏的常见故障原因及其解决方法。

1. 多条内存条的互不兼容或损坏引起运算错误

这是个最直观的现象，因为这个现象往往在一开机的时候就可以见到。不能启动计算机，画面提示出内存有问题，计算机会询问用户是否要继续。造成这种错误提示的原因一般是内存的物理损坏或者内存与其他硬件的不兼容。这个故障只能通过更换内存来解决问题。

2. 系统硬件冲突

这种现象导致蓝屏也比较常见，经常遇到的是声卡或显示卡的设置冲突。具体解决的操作步骤如下。

❶ 开机后，进入【安全模式】下的操作系统界面。打开【控制面板】窗口，选择【硬件和声音】选项。

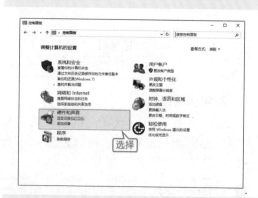

❷ 弹出【硬件和声音】窗口，单击【设备管理器】链接。

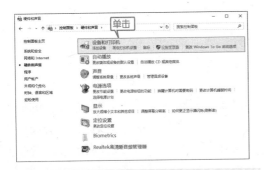

❸ 弹出【设备管理器】窗口，在其中检查是否存在带有黄色问号或感叹号的设备，如存在可试着先将其删除，并重新启动电脑。

带有黄色问号表示该设备的驱动未安装，带有感叹号的设备表示该设备的驱动安装的版本错误。用户可以从设备官方网站下载正确的驱动包安装，或者在随机赠送的驱动盘中找到正确的驱动安装。

15.2.2　系统正常运行时出现蓝屏

系统在运行使用过程中由于某种操作，甚至没有任何操作会直接出现蓝屏。那么系统在运行过程中出现蓝屏现象该如何解决呢？下面介绍几种常见的系统运行过程中蓝屏现象的原因及其解决办法。

1. 虚拟内存不足造成系统多任务运算错误

虚拟内存是 Windows 系统所特有的一种解决系统资源不足的方法。一般要求主引导区的硬盘剩余空间是物理内存的 2~3 倍。由于种种原因，造成硬盘空间不足，导致虚拟内存因硬盘空间不足而出现运算错误，所以就会出现蓝屏。 要解决这个问题比较简单，尽量不要把硬盘存储空间占满，要经常删除一些系统产生的临时文件，从而可以释放空间。或可以手动配置虚拟内存，把虚拟内存的默认地址转到其他的逻辑盘下。

虚拟内存具体设置方法如下。

❶ 在【桌面】上的【此电脑】图标上单击鼠标右键，在弹出的快捷菜单中选择【属性】菜单命令。

❷ 弹出【系统】窗口，在左侧的列表中单击【高级系统设置】链接。

❸ 弹出【系统属性】对话框，选择【高级】选项卡，然后在【性能】选区中单击【设置】按钮。

4 弹出【性能选项】对话框，选择【高级】选项卡，单击【更改】按钮。

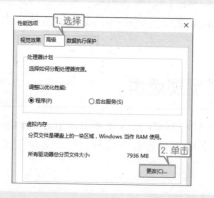

5 弹出【虚拟内存】对话框，更改系统虚拟内存设置项目，单击【确定】按钮，然后重新启动计算机。

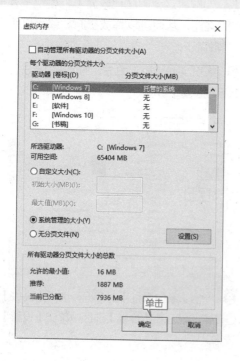

自动管理所有驱动器的分页文件大小：选择此选项 Windows 10 自动管理系统虚拟内存，用户无需对虚拟内存做任何设置。

自定义大小：根据实际需要在初始大小和最大值中填写虚拟内存在某个盘符的最小值和最大值单击【设置】按钮，一般最小值是实际内存的 1.5 倍，最大值是实际内存的 3 倍。

系统管理的大小：选择此项系统将会根据实际内存的大小自动管理系统在某盘符下的虚拟内存大小。

无分页文件：如果计算机的物理内存较大，则无需设置虚拟内存，选择此项，单击【设置】按钮。

2. CPU 超频导致运算错误

CPU 超频在一定范围内可以提高计算机的运行速度，就其本身而言就是在其原有的基础上完成更高的性能，对 CPU 来说是一种超负荷的工作，CPU 主频变高，运行速度变快，但由于进行了超载运算，造成其内部运算过多，使 CPU 过热，从而导致系统运算错误。

如果是因为超频引起系统蓝屏，可在 BIOS 中取消 CUP 超频设置，具体的设置根据不同的 BIOS 版本而定。

3. 温度过高引起蓝屏

如果由于机箱散热性问题或者天气本身比较炎热，致使机箱 CPU 温度过高，计算机硬件系统可能出于自我保护停止工作。

造成温度过高的原因可能是 CPU 超频、风扇转速不正常、散热功能不好或者 CPU 的硅脂没有涂抹均匀。如果不是超频的原因，最好更换 CPU 风扇或是把硅脂涂抹均匀。

15.3 死机

本节视频教学录像 2 分钟

"死机"指系统无法从一个系统错误中恢复过来，或系统硬件层面出问题，以致系统长时间无响应，而不得不重新启动系统的现象。它属于电脑运作的一种正常现象，任何电脑都会出现这种情况，其中蓝屏也是一种常见的死机现象。

15.3.1 "真死"与"假死"

计算机死机根据表现症状的情况不同分为"真死"和"假死"。这两个概念没有严格的标准。

"真死"是指计算机没有任何反应，鼠标键盘都无任何反应，大小写切换、小键盘都没有反应。

"假死"是指某个程序或者进程出现问题，系统反应极慢，显示器输出画面无变化，但系统有声音，或键盘、硬盘指示灯有反应，当运行一段时间之后系统有可能恢复正常。

15.3.2 系统故障导致死机

Windows 操作系统的系统文件丢失或被破坏时，无法正常进入操作系统，或者"勉强"进入操作系统，但无法正常操作电脑，系统容易死机。

对于一般的操作人员，在使用电脑时，要隐藏受系统保护的文件，以免误删破坏系统文件。下面详细介绍隐藏受保护的系统文件的方法。

❶ 打开【此电脑】窗口。选择【文件】➢【更改文件夹和搜索选项】菜单命令。

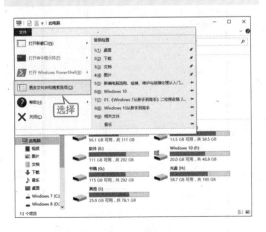

❷ 打开【文件夹选项】对话框。选择【查看】选项卡，选择【隐藏受保护的操作系统文件】选项，单击【确定】按钮。

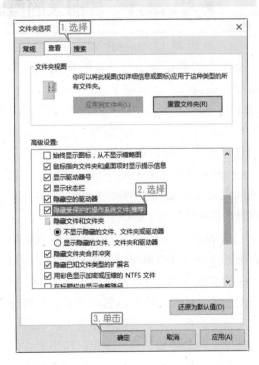

15.3.3 软件故障导致死机

一些用户对电脑的工作原理不是十分了解，出于保证计算机的稳定工作，甚至会在一台电脑装上多个杀毒软件或多个防火墙软件，造成多个软件对系统的同一资源调用或者是因为系统资源耗尽而死机。当计算机出现死机时，可以通过查看开机随机启动项进行排查原因。因为许多应用程序为了用户方便都会在安装完以后将其自动添加到 Windows 启动项中。

打开【任务管理器】窗口。选择【启动】

选项卡。将启动组中的加载选项全部禁用，然后逐一加载，观察系统在加载哪个程序时出现死机现象，就能查出具体死机的原因了。

15.4 注册表的常见故障

本节视频教学录像：4 分钟

下面将讲述注册表常见故障的处理方法。

15.4.1 注册表的概念

注册表是 Microsoft Windows 中的一个重要的数据库，用于存储系统和应用程序的设置信息。早在 Windows 3.0 推出 OLE 技术的时候，注册表就已经出现。随后推出的 Windows NT 是第一个从系统级别广泛使用注册表的操作系统。但是，从 Microsoft Windows 95 开始，注册表才真正成为 Windows 用户经常接触的内容，并在其后的操作系统中继续沿用至今。

在 Windows 7 操作系统中，使用系统自带的注册表编辑器可以导出一个扩展名为 .reg 的文本文件，在该文件中包含了导出部分的注册表的全部内容，包括子健、键值项和键值等信息。注册表既保存关于缺省数据和辅助文件的位置信息、菜单、按钮条、窗口状态和其他可选项，同样也保存了安装信息（比如说日期）、安装软件的用户、软件版本号、日期、序列号等。根据安装软件的

不同，包括的信息也不同。

在 Windows 7 操作系统中启动注册表的方法有两种。

(1) 单击【开始】按钮，在弹出菜单的搜索框中输入"regedit"，按【Enter】键即可。

> **提示** 打开注册表的用户必须具有管理员的身份。

(2) 按【Windows+R】组合键，打开【运行】对话框，在【打开】文本框中输入"regedit.exe"命令，按【Enter】键即可。

注册表编辑器的项主要包括【HKEY_CLASSES_ROOT】、【HKEY_CURRENT_USER】、【HKEY_LOCAL_MACHINE】、【HKEY_USER】和【HKEY_CURRENT_CONFIG】。

各个项的具体含义如下。

1. HKEY_CLASSES_ROOT

HKEY_CLASSES_ROOT 是系统中控制所有数据文件的项。包括了所有文件扩展和所有和执行文件相关的文件。它同样也决定了当一个文件被双击时起反应的相关应用程序。

2. HKEY_CURRENT_USER

HKEY_CURRENT_USER 管理系统当前的用户信息。在这个根键中保存了本地计算机中存放的当前登录的用户信息，包括用户登录用户名和暂存的密码。

3. HKEY_LOCAL_MACHINE

HKEY_LOCAL_MACHINE 是一个显示控制系统和软件的处理键。保存着计算机的系统信息，它包括网络和硬件上所有的软件设置。例如文件的位置、注册和未注册的状态、版本号等等，这些设置和用户无关，因为这些设置是针对使用这个系统的所有用户的。

4. HKEY_USERS

HKEY_USERS 仅包含了缺省用户设置和登录用户的信息。虽然它包含了所有独立用户的设置，但在用户未登录时用户的设置是不可用的。

5. HKEY_CURRENT_CONFIG

HKEY_CURRENT_CONFIG 根键用于保存计算机的当前硬件配置。例如计算机的显示器、打印机等外设的设置信息。

15.4.2 注册表常见故障汇总

注册表在使用中经常会出现故障，下面对常见故障进行介绍。

1. 【我的文档】无法打开，提示【我的文档】被禁用

此故障可能是电脑感染病毒后被更改了系统注册数值表引起的。打开注册表 HKEY_CURRENT_USER\Software\Microsoft\Windows\CurrentVersion\ Policies\Explore 子键，在右边窗口中将 NosMMyDocs 键值改为 0，可解决此问题，具体操作步骤如下。

❶ 选择【开始】➤【运行】菜单命令，在弹出的【运行】对话框中输入"regedit"，单击【确定】按钮，打开【注册表编辑器】对话框。

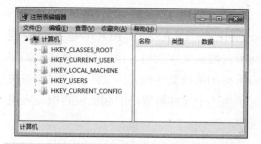

❷ 选 择【HKEY_CURRENT_USER】➤
【Software】➤【Microsoft】➤【Windows】➤
【Current Version】➤【Policies】➤【Explorer】
选项组。

❸ 右键单击【NosMMyDocs】选项，修改【数
值数据】为"0"。

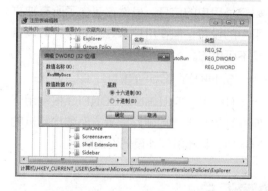

> **提示** 桌面上如【计算机】、【回收站】、【网
> 络】等图标无法打开的故障，通常是由于注册
> 表被更改所致，一般修复注册表中相应的值即
> 可排除故障。

2. 单击鼠标右键无法弹出快捷菜单

遇到此故障一般先检查鼠标是否损坏，
再检查注册表是否设置错误。鼠标故障不再
介绍，针对注册表故障，解决方法如下。

在【注册表编辑器】中，选择【HKEY_
CURRENT_USER】➤【Software】➤
【Microsoft】➤【Windows】➤【Current
Version】➤【Policies】➤【Explorer】子键，
在右边窗口中将【NoViewContextMenu】
键值改为"0"，完成故障修复。具体操作
方法与上一故障相似，这里不再详细介绍。

3. 用卸载程序无法将软件卸载

当用户卸载软件的时候会出现软件无法
卸载的现象，此故障可能是电脑感染病毒或
软件卸载模块被损坏引起的，具体的解决办
法如下。

❶ 用杀毒软件查杀病毒。

❷ 选 择【HKEY_CURRENT_USER】➤
【Software】➤【Microsoft】➤【Windows】➤
【CurrentVersion】➤【Uninstall】 子 键，
找到该软件的注册项并将其删除，重启计算机
生效。

4. 注册表不可用

此故障可能是电脑感染了恶意病毒引
起的，需要在【本地组策略编辑器】中配
置【阻止访问注册表编辑工具】，具体操
作步骤如下。

❶ 选择【开始】➤【运行】菜单命令，在【运
行】对话框中输入"gpedit.msc"命令。

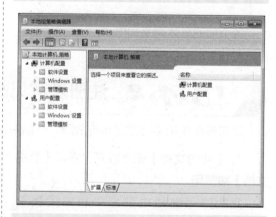

❷ 选择【用户配置】➤【管理模板】➤【系统】
选项组，双击右侧窗口中的【阻止访问注册表
编辑工具】选项。

编辑工具】选项。

❸ 打开【阻止访问注册表编辑工具】窗口，选择【已禁用】选项，单击【确定】按钮。

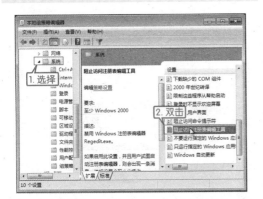

 高手私房菜

本节视频教学录像：8 分钟

技巧 1：通过注册表在计算机右键菜单中添加【删除】菜单

具体操作如下所示。

❶ 选择【开始】➢【运行】菜单命令，在【运行】对话框中输入"regedit"，单击【确定】按钮，打开【注册表编辑器】对话框。

❷ 选 择 HKEY_CLASSES_ROOT➢CLSID➢ {20D04FE0-3AEA-1069-A2D8-08002B30309D}➢shell 注册项。

> **提示** 在【shell】注册项下默认已经有了【find】、【Manage】等几项内容。这几项其实对应的就是右键单击【计算机】图标快捷菜单中的菜单命令。也就说可以通过注册表更改【计算机】右键菜单的选项。依此类推，可以通过添加注册表的"数值"，添加【计算机】右键菜单。

❸ 右键单击【shell】选项组，选择【新建】➢【项】快捷菜单命令。

❹ 新项命名为【组策略】。

275

❺ 右键单击【组策略】选项组，选择【新建】➤【项】快捷菜单命令，新建项命名为"command"。

❻ 选择【command】选项组，在右侧窗口中双击【默认】选项，弹出【编辑字符串】对话框。

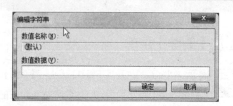

❼ 在【数值数据】输入框中输入注册表数据，单击【确定】按钮。字符串的值修改为运行【组策略】的命令参数："C:\Windows\system32\mmc.exe" "C:\Windows\system

32\gpedit.msc"。

❽ 右键单击【桌面】➤【计算机】图标。快捷菜单中多出来一个【组策略】菜单命令。

技巧2：如何保护注册表

注册表的功能虽然强大，但是如果随意更改，将会破坏系统，影响电脑的正常运行。下面将讲述如何保护注册表。

首先在组策略中禁止访问注册表编辑器。具体的操作步骤如下。

❶ 选择【开始】➤【所有程序】➤【附件】➤【运行】菜单命令。

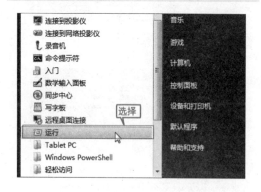

❷ 弹出【运行】对话框，在【打开】文本框中输入"gpedit.msc"命令。

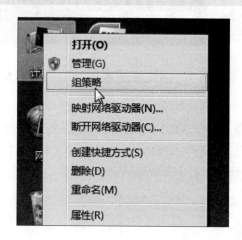

❸ 在【本地组策略编辑器】窗口中，依次展开【用户配置】➤【管理模板】➤【系统】项，即可进入【系统设置】界面。

④ 双击【阻止访问注册表编辑工具】选项,弹出【阻止访问注册表编辑工具属性】对话框。从中选择【已启用】单选按钮,然后单击【确定】按钮,即可完成设置操作。

其次,用户可以禁止编辑注册表,具体操作步骤如下。

❶ 选择【开始】➤【所有程序】➤【附件】➤【运行】菜单命令。弹出【运行】对话框,在弹出的【运行】对话框中输入"regedit"命令。

❷ 单击【确定】按钮打开【注册表编辑器】窗口,从中依次展开 HKEY_CURRENT_USER\Software\Microsoft\ Windows\

CurrentVerslon\Policies\ 子项。

❸ 选中【Policies】项并右键单击,在弹出的快捷菜单中选择【新建】➤【项】菜单命令,即可创建一个项,并将其值修改为 System。

④ 选中刚才新建的 System 项并右键单击,在弹出的快捷菜单中选择【新建】➤【DWORD值】菜单命令,即可在右侧的窗口中添加一个 DWORD 串值,并将其名字修改为 "Disable RegistryTools"。

❺ 双击【Disable RegistryTools】选项,打开【编辑 DWORD 值】对话框,在【数值数据】文本框输入 "1"。

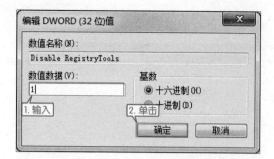

⑥ 单击【确定】按钮，即可完成对其数值的修改。

技巧 3：手工清理注册表

对于计算机高手来说，手工清理注册表是最有效最直接的清除注册表垃圾的方法。手工清理注册表的具体操作步骤如下。

❶ 利用上述方法打开【注册表编辑器】窗口。

❷ 在左侧的窗格中展开并选中需要删除的项，选择【编辑】➤【删除】菜单命令，或右键单击，在弹出的快捷菜单中选择【删除】菜单命令。

❸ 重新启动计算机，这样就可以达到禁止他人非法编辑注册表的目的了。

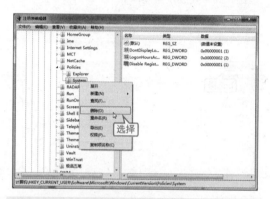

❹ 随即弹出【确认项删除】对话框，提示用户是否确实要删除这个项和所有其子项。

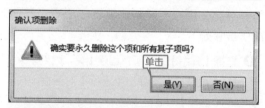

❺ 单击【是】按钮，即可将该项删除。

 提示 对于初学计算机的用户，自己清理注册表垃圾是非常危险的，弄不好会造成系统瘫痪，因此，最好不要手工清理注册表。建议利用注册表清理工具来清理注册表中的垃圾文件。

第16章

常见软件故障处理

 本章视频教学录像：26 分钟

高手指引

在各种各样的电脑故障中，软件故障是出现频率最高的故障，如果软件出现了故障，就不能正常地工作和学习，所以需要用户了解常见的软件故障的处理方法。

重点导读

➕ 解决输入故障
➕ 解决办公软件故障
➕ 解决影音软件故障
➕ 解决其他常见故障

16.1 输入故障处理

本节视频教学录像：5分钟

在使用软件的过程中，输入故障比较常见，特别是输入法出现问题时，往往不能输入文字。

 16.1.1 输入法无法切换

【故障表现】：在记事本中输入文字时，按【Ctrl+Shift】组合键无法切换输入法。

【故障分析】：从故障现象可以判断故障与输入法本身有关。

【故障排除】：首先设置输入法的相关参数，具体操作步骤如下。

❶ 在系统桌面上状态栏上右键单击输入法的小图标，在弹出的快捷菜单中选择【设置】菜单命令。

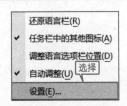

❷ 弹出【文本服务和输入语言】对话框，选择【高级键设置】选项卡，单击【更改按键顺序】按钮。

❸ 弹出【更改按键顺序】对话框，在【切换输入语言】选区中选择【Ctrl+Shift】单选按钮，然后单击【确定】按钮。

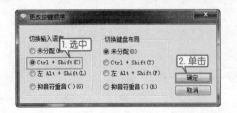

❹ 返回到【文本服务和输入语言】对话框，单击【确定】按钮即可完成操作。重新切换输入法，故障消失。

如果是 Windows 10 操作系统，可执行以下操作。

❶ 打开控制面板，在"类别"查看方式下，单击【更换输入法】链接。

❷ 打开【语言】窗口，单击【高级设置】链接。

❸ 打开【高级设置】对话框，在【切换输入法】区域下，单击【更改语言栏热键】链接。

❹ 弹出【文本服务和输入语言】对话框，选择【高级键设置】选项卡，单击【更改按键顺序】按钮。

❺ 弹出【更改按键顺序】对话框，在【切换输入语言】选区中选择【Ctrl+Shift】单选按钮，然后单击【确定】按钮。

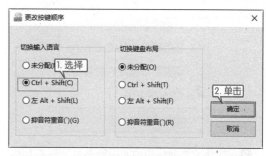

❻ 返回到【文本服务和输入语言】对话框，单击【确定】按钮即可完成操作。重新切换输入法，故障消失。

![16.1.2] **输入法丢失**

【故障表现】：一台电脑出现如下故障：桌面上任务栏上的输入法不见了，按【Ctrl+Shift】组合键也无法切换出输入法。

【故障分析】：输入法丢失后，可以查看输入法是否出现故障和语言设置问题。

【故障排除】：排除故障的具体操作步骤如下。

❶ 在系统桌面上状态栏上右键单击输入法的小图标，在弹出的快捷菜单中选择【设置】菜单命令。

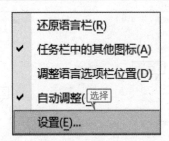

❷ 弹出【文本服务和输入语言】对话框，在【语言栏】列表中选择【停靠于任务栏】单选按钮，然后选中【在任务栏中显示其他语言栏图标】复选框，单击【确定】按钮。

提示 在 Windows 10 操作系统中，打开【文本服务和输入语言】对话框的方法，参见 16.1.1 小节内容。

❸ 如果故障依旧，建议用户用系统自带的系统还原功能进行修复操作系统。

❹ 如果故障依旧，建议重装操作系统。

提示 没有输入法图标，用快捷键一样可以操作输入法。【Ctrl+Space】组合键是在中/英文输入法之间切换。按【Ctrl+Shift】组合键可以依次显示系统安装的输入法。

16.1.3 搜狗输入法故障

【故障表现】：一台电脑开机后总是出现如下提示："DICT LOAD ERROR 创建 FILEMAP（LOACL、MAP－PY－LIST9E49537）失败：3"，杀毒没有发现任何问题，重启后故障依然存在。

【故障分析】：从上述故障可以判断是搜狗输入法出现了故障。

【故障排除】：只要卸载搜狗输入法即可解决问题。如果用户还想使用此输入法，重新安装搜狗输入法即可。

16.1.4 键盘输入故障

【故障表现】：一台正常运行的电脑，在玩游戏时切换了一下界面，然后键盘就不能输入了，重启电脑后，故障依然存在。

【故障分析】：首先看一下键盘指示灯是否还亮，如果不亮，可以将键盘插头重新插拔一次，重新操作后，故障依然存在。然后新换了一个正常工作的键盘，还是不能解决问题。这时可以初步判定是系统的问题。

【故障排除】：升级病毒库，然后全盘杀毒，发现一个名为"TrojanSpy.KeyLogger.uh"的病毒，此病毒是键盘终结者病毒的变种，经过杀毒后，重新启动电脑后，故障消失。

16.1.5 其他输入故障

在使用智能 QQ 拼音输入法输入汉字时，没有弹出汉字提示框，这样就无法选择要输入的具体汉字。

这是由于设置不当造成的问题，可以进行如下设置。

❶ 在系统桌面上状态栏上右键单击输入法的小图标，在弹出的快捷菜单中选择【设置】菜单命令。

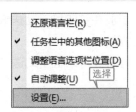

❷ 弹出【文本服务和输入语言】对话框，选择【中文 -QQ 拼音输入法】选项，单击【属性】按钮。

❸ 弹出【QQ 拼音输入法 4.7 属性设置】对话框，选择【高级设置】选项，然后选中【光标跟随】复选框，单击【确定】按钮，重启电脑后，故障消失。

16.2 办公软件故障处理

📽 本节视频教学录像：10 分钟

办公软件是用户使用频率最高的软件，也是最容易出现故障的软件。下面将讲述常见的办公软件故障和处理方法。

 16.2.1 Word 启动失败

【故障表现】：Word 2010 突然不能正常启动，并弹出提示信息"遇到问题需要关闭，并提示尝试恢复。"，但恢复后立即出现提示信息："Word 上次启动时失败，以安全模式启动 Word 将帮助您纠正或发现启动中的问题，以便下一次启动应用程序。但这种模式下，一些功能将被禁用"。确认后仍不能启动 Word 2010。

【故障分析】：通过 Word 的检测与修复后，问题依然存在，然后卸载 Word 2010，并重新安装后，故障依然存在。最后清除注册表中存在的信息，重启电脑后故障依然存在。从故障分析可以初步判断是软件的模板出了故障，用户可以删除模板，然后系统自动创建一个正确的模板，即可解决故障。

【故障排除】：删除模板文件"Normal.dot"的方法很简单，通过搜索在系统文件中找到该模板文件，然后删除即可。

16.2.2 Word 中的打印故障

【故障表现】：使用 Word 打印信封时，每次都要将信封放在打印机手动送纸盒的中间才能正确打印信封，由于纸盒上没有刻度，因此时常将信封打偏。

【故障分析】：可以修改打印机的送纸方式，使信封能够对齐打印机手动送纸盒的某一条边，这样就可以解决打偏的问题。

【故障排除】：设置的具体操作步骤如下。

❶ 启动 Word 2010，切换到【邮件】选项卡，单击【创建】选项组中的【信封】按钮。

❷ 弹出【信封和标签】对话框，单击【选项】按钮。

❸ 弹出【信封选项】对话框，在【送纸方式】选区中选择合适的贴边送信封的方式，单击【确定】按钮即可。

【故障表现】：在 Word 中打印文稿时，每次会多打印一张，如果没有纸，会报出缺纸的信息。

【故障分析】：可能是打印设置引起的故障，通过一定的步骤可以解决问题。

【故障排除】：排除故障的具体操作步骤如下。

❶ 单击【文件】选项卡，在弹出的右侧列表中选择【选项】选项。

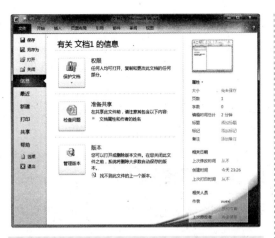

② 弹出【Word 选项】对话框，选择【显示】选项，在【打印选项】选区中取消勾选【打印

文档属性】复选框，单击【确定】按钮。

 16.2.3 Excel 文件受损

【故障表现】：在一次打开 Excel 文件的过程中，突然停电，然后开机后文件无法打开，每次打开时会提示"文件已受损、无法打开"的信息，放在别的电脑上也不能打开。

【故障分析】：此故障和文件本身有关，可以使用软件修复以解决问题。

【故障排除】：修复文件的具体操作步骤如下。

① 启动 Excel 2010 软件，单击【文件】按钮，在弹出下拉菜单中选择【打开】菜单命令。

② 弹出【打开】窗口，选择受损的文件，单

击【打开】右侧的向下按钮，在弹出的下拉菜单中选择【打开并修复】菜单命令，即可打开受损的文件，然后重新保存文件即可排除故障。

16.2.4 以安全模式启动 Word 才能使用

【故障表现】：在打开一个 Word 文件时出错，重新启动 Word 出现以下错误提示："Word 上次启动时失败．以安全模式启动 Word 将帮助您纠正或发现启动中的问题，以便下一次成功启动应用程序。但是在这种模式下，一些功能将被禁用。"然后选择"安全模式"启动 Word，但只能启动安全模式，无法正常启动。以后打开 Word 时，重复出现上述的错

误提示，每次只能以安全模式启动 Word 文件。卸载 Word 软件后重新安装后，故障依然存在。

【故障分析】：模板文件 Normal.dot 已损坏。关闭 Word 时，Word 中的插件都要往 Normal.dot 中写东西，如果产生冲突，Normal.dot 就会出错，导致下一次启动 Word 时，只能以安全模式启动。

【故障排除】：首先删除模板文件 Normal.dot，通过搜索在系统文件中找到该模板文件，然后删除即可。删除文件后，再把 Office 软件卸载，最后重新安装软件，故障消失。

16.2.5 机器异常关闭，文档内容未保存

【故障表现】：在 Word 中编辑文档时，不小心碰到电源插座导致断电，重新启动电脑后发现编辑的文档一部分内容丢失了。

【故障诊断】：Word 没有自动保存文档，主要是该功能被禁用了。

【故障处理】：要想避免上述情况的发生，用户就需要启动 Word 的自动恢复功能，一旦机器异常关闭，当前的文档就会自动保存。启动自动恢复功能的具体操作步骤如下。

❶ 单击【文件】按钮，在弹出的下拉菜单中选择【选项】菜单命令。

恢复信息时间间隔】复选框，并输入自动保存的时间，选中【如果我没保存就关闭，请保留上次自动保留的文件】复选框，单击【确定】按钮。

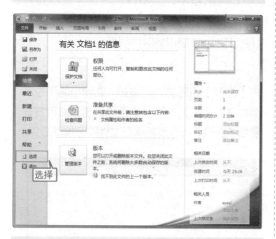

❷ 弹出【Word 选项】对话框，选择【保存】选项，在【保存文稿】选区中选中【保存自动

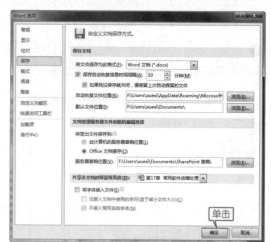

16.2.6 无法卸载

【故障表现】：办公软件在使用的过程中出现故障，在卸载的过程中弹出提示信息："系统策略禁止这个卸载，请与系统管理员联系"，用户本身是以管理员的身份卸载的，重启后故障依然存在。

【故障诊断】：从故障可以判断是用户配置不当操作的。

【故障处理】：设置用户配置的具体操作步骤如下。

❶ 选择【开始】➤【所有程序】➤【附件】➤
【运行】菜单命令。

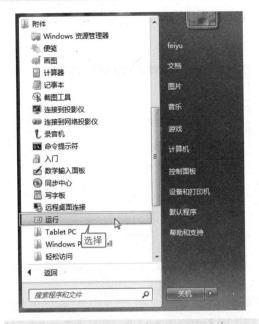

❷ 弹出【运行】对话框，在【打开】文本框
中输入"gpedit.msc"命令，按【Enter】键
确认。

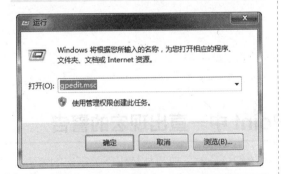

❸ 弹出【本地组策略编辑器】窗口，在左侧
的列表中选择【用户配置】➤【管理模板】➤【控
制面板】选项，在右侧的窗口中选择【删除"添
加或删除文件"】选项并右键单击，在弹出的
快捷菜单中选择【编辑】菜单命令。

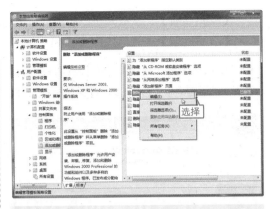

❹ 弹出【删除"添加或删除文件"】窗口，
选择【未配置】单选按钮，单击【确定】按钮。

❺ 返回到【本地组策略编辑器】窗口，重新
删除办公软件，故障消失。

16.2.7　鼠标失灵故障

【故障表现】：在编辑 Word 文档的时候，鼠标莫名其妙地失灵，关闭 Word 2010 软件后，
故障消失，一旦启动 Word 2010 软件，则故障依然存在。

【故障诊断】：从故障可以初步判断是 PowerDesigner 加载项的问题，将其删除即可。
【故障处理】：具体操作步骤如下。

❶ 启动 Word 2010 软件，单击【文件】按钮后，在弹出的下拉菜单中选择【选项】菜单命令。

❷ 选择【加载项】选项，在右侧的窗口中单击【转到】按钮。

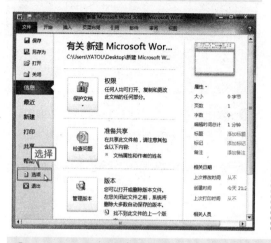

❸ 弹出【COM 加载项】对话框，清除【PowerDesigner12 Requirements COM Add-In for Microsoft Word】加载项的复选框。单击【确定】按钮，重新启动 Word，故障即可排除。

16.2.8 在 PowerPoint 中一直出现宏的警告

【故障表现】：在使用 PowerPoint 2010 播放幻灯片时，总是持续出现关于宏的警告，重启软件后故障依然存在。

【故障诊断】：此类故障在幻灯片的放映过程中非常普遍，常见的原因有 3 种，包括文件中含有宏病毒、宏的来源不安全和 PowerPoint 不能识别宏。

【故障处理】：处理上述 3 种原因引起故障的方法如下。

❶ 如果演示文稿中含有宏病毒，使用杀毒软件进行杀毒操作即可。

❷ 如果允许的宏来源不可靠，在 PowerPoint 中，可以手动设置系统的安全级别，将安全级别设为中或高，并且打开演示文稿，将宏的开发者添加到可靠来源列表中，这样即可解决故障。

❸ 如果是 PowerPoint 不能识别宏，这时软件不能识别宏是否为安全的，所以会不断发出警告。对宏进行数字签名，然后将其添加到 PowerPoint 的可靠列表中即可。

16.3 影音软件故障处理

本节视频教学录像：2 分钟

多媒体软件用于将声音、视频等多媒体信息进行编码、编译后在播放器中播放展示给用户，如果影音软件出了故障，将不能播放声音和视频文件。

16.3.1 迅雷看看故障处理

【故障表现】：迅雷看看在 Windows 8.1 系统下，一播放就出现程序闪退。

【故障诊断】：某些双显卡环境下，NVIDIA 显卡设置中，XMP.exe（播放器进程）无法调用独立显卡，被强制使用集成显卡才导致问题。

【故障处理】：找到安装目录下面的 XMP.exe，重命名为其他名字，重命名之后的这个进程就不会闪退，也可以调用独立显卡了。

16.3.2 Windows Media Player 故障处理

【故障表现】：在使用 Windows Media Player 在线看电影时，弹出【内部应用程序出现错误】提示，关闭软件后弹出【0x569f5691 指令引用的 0x743b2ee5 内存不能 read】的提示。此后不能继续看电影。

【故障诊断】：这个故障的原因主要是由补丁和注册文件引起的。

【故障处理】：如果系统已经升级了所有的补丁，在确保驱动程序正确无误的情况下，可以重新注册两个 DLL 文件，具体操作步骤如下。

❶ 选择【开始】➤【所有程序】➤【附件】➤【运行】菜单命令。

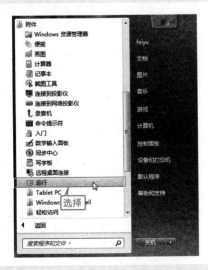

❷ 弹出【运行】对话框，在【打开】文本框中输入"cmd"命令。

❸ 输入"regsvr32 jscript.dll"后按【Enter】键，提示已成功注册，单击【确定】按钮。

④ 输入"regsvr32 VBScript.dll"，按【Enter】键即可解决故障。

16.4 其他常见故障处理

本节视频教学录像：7分钟

本节介绍几种常见的软件故障及处理办法。

16.4.1 安装软件时，提示需要输入密码

【故障表现】：在对电脑安装软件时，提示要输入管理员密码，如下图所示。

【故障诊断】：这是由于系统设置原因，当安装软件时，将提示用户输入管理用户名和密码。如果用户输入正确的密码，该操作才能继续进行

【故障处理】：解决该问题的具体操作步骤如下。

❶ 按【Windows+R】组合键，打开【运行】窗口，输入"gpedit.msc"并单击【确定】按钮。

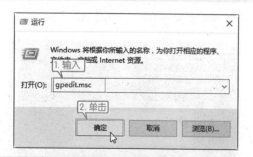

❷ 打开【本地组策略编辑器】，并依次单击左侧的【计算机配置】➤【Windows设置】➤【安全设置】➤【本地策略】➤【安全选项】选项。

在右侧的列表中找到【管理审批模式下管理员的提升权限提示的行为】，并双击该项。

❸ 弹出如下【属性】对话框，在下拉列表中将"提示凭据"改选为"不提示，直接提示"模式，然后单击【确定】按钮即可解决。

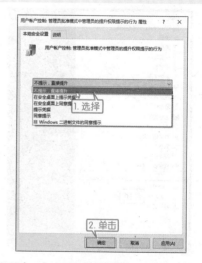

同时，如果将其设置为"提示凭据"，可以防止别人在该电脑上安装软件，有效提高电脑的安全性。

16.4.2 如何取消安装时弹出的"是否允许"对话框

【故障表现】在对电脑安装软件或启动程序时,电脑会默认弹出【用户账户控制】对话框,提示是否对电脑进行更改,如下图所示。

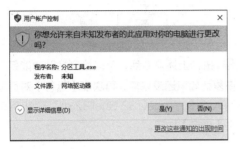

然后单击【确定】按钮即可解决。

【故障诊断】:Windows 系统默认管理员权限设置是,当非 Microsoft 应用程序的某个操作需要提升权限时,将在安全桌面上提示用户选择"是"或"否"。如果用户选择"是",则该操作将允许用户继续进行。

【故障处理】:解决该问题的办法和 16.4.1 小节的方法基本一致,在【属性】对话框下,设置为"不提示,直接提示"模式,

> **提示**　系统默认模式为"非 Windows 二进制文件的同意提示"模式。

 16.4.3 电脑无法进行粘贴操作

【故障表现】:电脑可以正常执行【复制】操作,但是在目标文件夹或文本框中,在右键菜单中,【粘贴】项为不可选状态,无法进行粘贴操作。

【故障诊断】:无法进行粘贴操作,可能由于系统解析出现问题。

【故障处理】:一般出现此类问题,主要的解决方法如下。

(1)首先重启电脑,尝试是否能够解决。

(2)如果重启不能解决,则尝试执行以下步骤。

❶ 按【Windows+R】组合键,打开【运行】窗口,输入"regsvr32 Shdocvw.dll""regsvr32 Oleaut32.dll""regsvr32 Actxprxy.dll""regsvr32 Mshtml.dll""regsvr32 Urlmon.dll"命令,然后单击【确定】按钮。每输入一次命令单击一次【确定】按钮,然后再输入下一组命令。

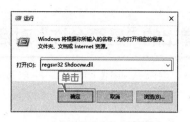

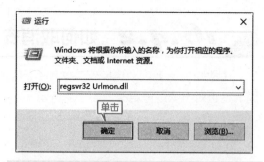

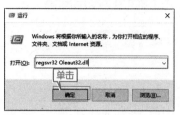

❷ 执行上述命令后，可以检测粘贴功能是否恢复。如果还没恢复，再次在【运行】对话框输入命令"regsvr32 Shell32.dll"，然后单击【确定】按钮。

此时，返回桌面执行复制命令后，在执行粘贴命令时，即可看到【粘贴】命令为可选状态，则表示问题解决。

16.4.4 广告弹窗的拦截处理

【故障表现】：在浏览某些网页或者使用某些软件时，桌面右下角会弹出各类广告弹窗，如下图所示。

【故障诊断】：网页和软件自带的广告弹窗。

【故障处理】：用户可以借助软件屏蔽广告弹窗，如360安全卫士、QQ电脑管家等，本节以360安全卫士为例，介绍屏蔽广告的方法。

❶ 打开360安全卫士，在其主界面单击【功能大全】图标。

❷ 单击左侧的【电脑安全】选项，单击【弹窗拦截】右上角的【添加】按钮。

❹ 添加拦截后，会显示在界面中，并可查看拦截的次数。

❸ 添加完成后，自动打开【360 弹窗拦截器】窗口，可以设置拦截的模式，如设置为"一般拦截"，单击【手动添加】图标，可以添加拦截对象。

高手私房菜

本节视频教学录像：2 分钟

技巧 1：如何修复 WinRAR 文件

【故障表现】：WinRAR 压缩文件损坏，不能打开。

【故障诊断】：使用 WinRAR 软件自身的修复功能可以修复损坏的文件。

【故障处理】：修复文件的具体操作步骤如下。

❶ 启动 WinRAR 后，选择需要修复的文件，选择【工具】➤【修复压缩文件】菜单命令。

❷ 在弹出的对话框中设置修复后文件的位置，单击【确定】按钮即可修复压缩文件。

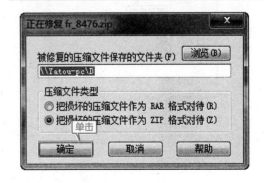

技巧 2：Windows Media Player 经常出现缓冲提示

【故障表现】：使用 Windows Media Player 在线看电影时，经常会出现停滞或断断续续的现象，有时会提示正在缓冲。

【故障诊断】：Windows Media Player 在播放视频之前会把一定数量的数据下载到本地电脑上，这样可以在一定程度上避免网络阻塞而导致的数据中断的现象。现在大部分网上的视频文件都是流媒体，因此可以通过设置缓冲区的时间来解决。

【故障处理】：处理故障的具体操作步骤如下。

❶ 启动 Windows Media Player，在界面的空白处右键单击，在弹出的快捷菜单中选择【更多选项】菜单命令。

❷ 弹出【选项】对话框，选择【翻录音乐】选项卡，然后取消选中【对音乐进行复制保护】复选框。

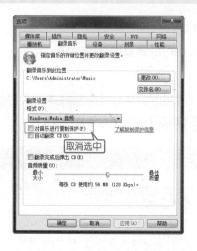

❸ 选择【性能】选项卡，在【网络缓冲】组合框中选择【缓冲】单选按钮，然后在其右侧的文本框中输入缓冲时间"12"，单击【确定】按钮，即可排除故障。

第

17

章

网络故障处理

本章视频教学录像：47 分钟

高手指引

电脑网络是电脑应用中的一个非常重要的领域。网络故障主要来源于网络设备、操作系统、相关网络软件等方面。本章主要讲述常见的宽带接入故障、网络连接故障、网卡驱动与网络协议故障、无法打开网页故障、局域网故障等。

重点导读

- ✚ 解决宽带接入故障
- ✚ 解决网络连接故障
- ✚ 解决网卡驱动与网络协议故障
- ✚ 解决无法打开网页故障
- ✚ 解决局域网故障

17.1 故障诊断思路

本节视频教学录像：12分钟

网络是用通信线路和通信设备将分布在不同地点的多台独立的计算机系统相互连接起来，一旦网络出现故障，用户可以从网络协议、网络硬件和软件等方面进行诊断。

17.1.1 网络的类型

1. 按网络使用的交换技术分类

按照网络使用的交换技术可将计算机网络分类如下。

(1) 电路交换网。

(2) 报文交换网。

(3) 分组交换网。

(4) 帧中继网。

(5) ATM 网等。

2. 按网络的拓扑结构分类

根据网络中计算机之间互联的拓扑形式可把计算机网络分类如下。

(1) 星型网。

(2) 树型网。

(3) 总线型网。

(4) 环形网。

(5) 网型网。

(6) 混合网。

3. 按网络的控制方式分类

网络的管理者则非常关心网络的控制方式，通常把其分类如下。

(1) 集中式网络。

(2) 分散式网络。

(3) 分布式网络。

4. 按作用范围的大小分类

很多情况下人们经常从网络的作用地域范围对网络进行分类。举例如下。

广域网（Wide Area Network，WAN），其作用范围通常为几十到几千公里。广域网有时也称为远程网。

局域网（Local Area Network，LAN），一般用微型计算机通过高速通信线路相连（速率一般在 1MB/s 以上），在地理上则局限在较小的范围，一般是一幢楼房或一个单位内部。

17.1.2 网络故障的产生原因

1. 按网络故障的性质划分

按网络故障的性质划分，一般分为物理性故障和逻辑性故障两类。下面将对这两种故障进行详细讲述。

(1) 物理性故障

物理性故障主要包括线路损坏、水晶头松动、通信设备损坏和线路受到严重的电磁干扰等。一旦出现不能上网的故障，用户首先需要查看水晶头是否有松动、通信设备指示灯是否正常、网络插头是否接错等，同时用户可以使用网络测试命令网络的连通性，从而判断故障的原因。

(2) 逻辑性故障

逻辑性故障主要分为以下几种。

① 配置错误。逻辑故障中最常见的情况就是配置错误，是指因为网络设备的配置原因而导致的网络异常或故障。配置错误可能是路由器端口参数设定有误，或路由器路由配置错误以至于路由循环或找不到远端地址，或者是路由掩码设置错误等。

例如某网络没有流量，但又可以 ping 通线路的两端端口，这时就很有可能是路由配置错误。

【解决方案】：遇到这种情况，通常使用"路由跟踪程序"即 traceroute 检测故障，traceroute 是把端到端的线路按线路所经过的路由器分成多段，然后以每段返回响应与延迟。如果发现在 traceroute 的结果中某一段之后，两个 IP 地址循环出现，这时，一般就是线路远端把端口路由又指向了线路的近端，导致 IP 包在该线路上来回反复传递。traceroute 可以检测到哪个路由器之前都能正常响应，到哪个路由器就不能正常响应。这时只需更改远端路由器端口配置，就能恢复线路正常。

② 一些重要进程或端口关闭，以及系统的负载过高。如果网络中断，用 ping 发现线路端口不通，检查发现该端口处于 down 的状态，这就说明该端口已经关闭，因此导致故障。

【解决方案】：这时只需重新启动该端口，就可以恢复线路的连通了。

2. 按网络故障的对象划分

按网络故障的对象划分，一般分为线路故障、主机故障和路由器故障 3 种。

(1) 线路故障

线路故障最常见的情况就是线路不通，诊断这种故障可用 ping 命令检查线路远端的路由器端口是否还能响应，或检测该线路上的流量是否还存在。一旦发现远端路由器端口不通，或该线路没有流量，则该线路可能出现了故障。

【解决方案】：首先是 ping 线路两端路由器端口，检查两端的端口是否关闭了。如果其中一端端口没有响应则可能是路由器端口故障。如果是近端端口关闭，则可检查端口插头是否松动、路由器端口是否处于 down 的状态；如果是远端端口关闭，则要通知线路对方进行检查。进行这些故障处理之后，线路往往可以正常运行。

如果线路仍然不通，一种可能就是线路本身的问题，看是否线路中间被切断；另一种可能就是路由器配置出错，比如路由循环了，就是远端端口路由又指向了线路的近端，这样线路远端连接的网络用户就不通了。这种故障可以用 traceroute 来诊断。解决路由循环的方法就是重新配置路由器端口的静态路由或动态路由。

(2) 主机故障

主机故障常见的现象就是主机的配置不当。比如，主机配置的 IP 地址与其他主机冲突，或 IP 地址根本就不在子网范围内，这将导致该主机不能连通。

(3) 路由器故障

线路故障中很多情况都涉及路由器，因此也可以把一些线路故障归结为路由器故障。但线路涉及两端的路由器，因此在考虑线路故障时要涉及多个路由器。有些路由器故障仅仅涉及它本身，这些故障比较典型的就是路由器 CPU 温度过高、CPU 利用率过高和路由器内存余量太小。其中最危险的是路由器 CPU 温度过高，因为这可能导致路由器烧毁。而路由器 CPU 利用率过高和路由器内存余量太小都将直接影响到网络服务的质量，比如路由器上的丢包率就会随内存余量的下降而上升。

【解决方案】：检测这种类型的故障，需要利用 MIB 变量浏览器这种工具，从路由器 MIB 变量中读出有关的数据，通常情况下网络管理系统有专门的管理进程不断地检测路由器的关键数据，并及时给出报警。而解决这种故障，只有对路由器进行升级、扩内存等，或者重新规划网络的拓扑结构。

17.1.3 诊断网络的常用方法

快速诊断网络故障的常见方法如下。

1. 检查网卡

网络不通是比较常见的网络故障，对于这种故障，用户首先应该认真检查各连入设备的网卡设置是否正常。如果网络适配器的【属性】对话框的设备状态为【这个设备运转正常】，并且在网络邻居中能找到自己，说明网卡的配置是正确的。

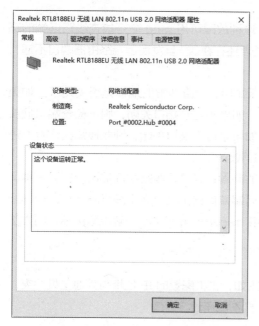

2. 检查网卡驱动

如果硬件没有问题，用户还需检查驱动程序本身是否损坏、安装是否正确。在【设备管理器】窗口中可以查看网卡驱动是否有问题。如果硬件列表中有叹号或问号，则说明网卡驱动未正确安装或没有安装，此时需

要删除不兼容的网卡驱动，然后重新安装网卡驱动，并设置正确的网络协议。

3. 使用网络命令测试

使用 ping 命令测试本地的 IP 地址或电脑名的方法可以用于检查网卡和 IP 网络协议是否正确安装。例如使用"Ping 10.217.87.55"，可以测试本机上的网卡和网络协议是否工作正常。如果不能 ping 通，可以卸载网络协议，然后重新安装即可。

17.2　宽带接入故障

本节视频教学录像：8 分钟

宽带正确连接是实现上网的第一步，下面将介绍常见的宽带接入故障。

17.2.1　ADSL 宽带无法上网的主要原因

电脑无法连接 ADSL 宽带故障，可能是由于电脑的网络设置或硬件连接有问题，或者硬件设备工作不正常，或网络服务器不正常等原因引起的，具体有以下几个原因。

(1) 电话线有问题。

(2) ADSL Modem 或分频器有问题。

(3) 电脑网卡驱动程序没有装好。

(4) 电脑网卡损坏或接触不良。

(5) 网络硬件连接问题。

(6) 拨号程序有问题。

(7) 上网账号和密码出错误。

(8) 网络服务器有问题。

(9) 电脑感染病毒。

17.2.2　ADSL Modem 的 Link 指示灯不亮

【故障表现】：ADSL Modem 的 Link 指示灯不亮。

【故障分析】：ADSL Modem 的 Link 口是连接电话线的，如果灯不亮，则表明 Modem 与电话线没有连接好，很可能是电话线不通或者有其他线路故障。

【故障排除】：重新尝试连接电话线，如果故障依旧存在，可能是电话线路故障，建议联系网络服务商。

17.2.3　使用 ADSL 上网常常掉线

【故障表现】：在使用 ADSL 进行上网时，常常会出现网页无法打开、QQ 掉线、在线视频播放中断等故障。

【故障分析】：上网时常掉线的原因主要分为软件故障和硬件故障两种，其中软件故障主要是网络驱动程序和网络设置问题；而硬件故障主要是 ADSL Modem 设备、线路故障和网卡故障等。

【故障排除】：网络故障排除可以从以下方面入手。

1. 重启 ADSL 设备

有时会因为设备使用时间长，机身发热或质量差，可以尝试重启设备，并重新插拔网线。

2. 检查网卡驱动

造成上网时常掉线原因，主要分为软件故障和硬件故障两种原因造成，其中软件故障主要可能是由于网络驱动程序和网络设置问题；而硬件故障主要原因 ADSL Modem 设备、线路故障和网卡故障等。

3.TCP/IP 协议故障

TCP/IP 协议故障损坏，可尝试重新安装协议。

4. 网线故障

网络连接异常，也有可能是因为网线连接松动，可以检测网线接头是否松动，是否断线。

 ## 17.2.4 拨号时出现 630 错误提示

【Error 630】：无法拨号，没有合适的网卡和驱动。

【故障分析】：可能是由于网卡未安装好、网卡驱动不正常或网卡损坏等。

【故障排除】：检查电脑网卡是否工作正常，或更新网卡驱动，使用正确的用户名和密码重新连接，如果不行，则使用正确的网络服务提供商提供的账号格式。

 ## 17.2.5 拨号时出现 645 错误提示

【Error 645】：网卡未正确响应。

【故障分析】：网卡故障，或者网卡驱动程序故障。

【故障排除】：检查网卡，重新安装网卡驱动程序。

 ## 17.2.6 拨号时出现 678 错误提示

【Error 678】：出现"错误 678：拨入方计算机没有应答，请稍等再试"提示，无法建立连接。

【故障分析】：错误 678 表示远程计算机没有响应，此故障多是因为本地网络没有连通。

【故障排除】：解决错误 678 的具体方法如下。

1. 检查硬件的连接

检查线路连接是否正确，接口是否连接正常，网卡是否正常工作。用户可以观察 ADSL Modem 上的 LAN 口指示灯是否常亮，如果指示灯不亮，则表示 Modem 和网卡未连通，可以尝试更换网线和网卡。如果使用了路由器或交换机，可以尝试更换接口。

2. 重新设置网络

可能由于系统设置问题，可以尝试用以下方法解决。

可以尝试删除并重装 TCP/IP 协议。

禁用网卡片刻后，重新启动网卡。

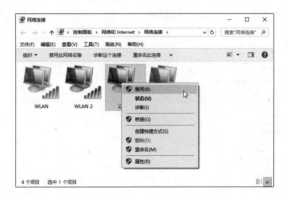

重启 ADSL Modem 和电脑后，再次进行拨号连接。

 17.2.7 拨号时出现 691 错误提示

【Error 691】：输入的用户名和密码不对，无法建立连接。

【故障分析】：用户名和密码错误或 ISP 服务器故障。

【故障排除】：使用正确的用户名和密码重新连接，如果不行，则使用正确的网络服务提供商提供的账号格式。

 17.2.8 拨号时出现 797 错误提示

【Error 797】：ADSL Modem 连接设备没有找到。

【故障分析】：首先查看 ADSL Modem 电源有没有打开、网卡和 ADSL Modem 之间的连接线或网线是否有问题、软件安装以后相应的协议没有正确安装、在创建拨号连接时是否输入正确的用户名和密码等。

【故障排除】：检查电源、连接线是否松动，查看【宽带连接属性】对话框中的【网络】配置是否正确。

17.3 网络连接故障

本节视频教学录像：7分钟

本节主要讲述常见的网络连接故障，包括无法发现网卡、网线故障、无法链接、链接受阻、和无线网卡故障。

 ## 17.3.1 无法发现网卡

【故障表现】一台电脑是"微星2010"的网卡，在正常使用中突然显示网络线缆没有插好，观察网卡的 LED 却发现是亮的，于是重启了网络连接，正常工作了一段时间，同样的故障又出现了，而且提示找不到网卡，打开【设备管理器】窗口多次刷新也找不到网卡，打开机箱更换 PCI 插槽后，故障依然存在。于是使用替换法，将网卡卸下，插入另一台正常运行的电脑，故障消除。

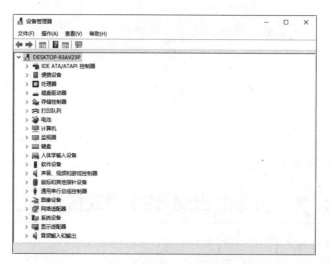

【故障分析】：从故障可以看出，故障发生在电脑上。一般情况下，板卡丢失后，可以通过更换插槽的方式重新安装，这样可以解决因为接触不良或驱动问题导致的故障，既然通过上述方法并没有解决问题，那么导致无法发现网卡的原因应该与操作系统或主板有关。

【故障排除】：首先重新安装操作系统，并安装系统安全补丁，同时，从网卡的官方网站下载并安装最新的网卡驱动程序。如果不能排除故障，这说明是主板的问题，先为主板安装驱动程序，重新启动电脑后测试一下，如果故障仍然存在，建议更换主板试试。

17.3.2　网线故障

【故障表现】：公司的局域网内有 6 台电脑，相互访问速度非常慢，对所有的电脑都实施了杀毒处理，并安装了系统安全补丁，并没有发现异常，更换一台新的交换机后，故障依然存在。

【故障分析】：既然更换交换机后仍然不能解决故障，说明故障和交换机没有关系，可以从网线和主机下手进行排除。

【故障排除】：首先测试网线，查看网线是否按照 T568A 或 T568B 标准制作。双绞线是由 4 对线按照一定的线序绞合而成的，主要用于减少串扰和背景噪声的影响。在普通的局域网中，使用双绞线 8 条线中的 4 条，即 1、2、3 和 6。其中 1 和 2 用于发送数据，3 和 6 用于接收数据。而且 1 和 2 必须来自一个绕对，3 和 6 必须来自一个绕对。如果不按照标准制作网线，由于串扰较大，受外界干扰严重，从而导致数据的丢失，传输速度大幅度下降，用户可以使用网线测试仪测试一下网线是否正常。

其次，如果网线没有问题，可以检查网卡是否有故障。网卡损坏也会导致广播风暴，从而严重影响局域网的速度。建议将所有网线从交换机上拔下，然后一个一个地插入，测试哪个网卡已损坏，换掉坏的网卡，即可排除故障。

17.3.3　链接受限故障

【故障表现】：一台电脑不能上网，网络链接显示链接受限，并有一个黄色叹号，重新启动链接后，故障仍然无法排除。

【故障分析】：对于网络受限的故障，用户首先需要考虑的问题是上网的方式，如果是指定的用户名和密码，此时用户需要首先检查用户名和密码的正确性，如果密码不正确，链接也会受限。重新输入正确的用户和密码后如果还不能解决问题，可以考虑网络协议和网卡的故障，可以重新安装网络驱动和换一台电脑试试。

【故障排除】：重新安装网络协议后，故障排除，所以故障的原因可能是协议遭到病毒破坏。

17.3.4 无线网卡故障

【故障表现】：一台笔记本电脑使用无线网卡上网，在一些位置可以上网，另外一些位置却不能上网，重装系统后，故障依然存在。

【故障分析】：首先检查无线网卡和笔记本是否连接牢固，建议重新拔下再安装一次。操作后故障依然存在。

【故障排除】：一般情况下，无线网卡容易受附近的电磁场的干扰，查看附近是否存在大功率的电器、无线通信设备，如果有，可以将其移走。干扰也可能来自附近的计算机，计算机之间如果离得太近，干扰信号也比较强。如果移动大功率的电器后，还存在故障，可以换一个无线网卡试试。

17.4 网卡驱动与网络协议故障

本节视频教学录像：4 分钟

如果排除了硬件本身的故障，用户首先需要考虑的就是网卡驱动程序和网络协议的故障。

17.4.1 网卡驱动丢失

【故障表现】：一台电脑出现以下故障，在启动电脑后，系统提示不能上网，在【设备管理器】中看不到网卡驱动。

【故障分析】：用户首先可以重新安装网卡驱动程序，并且进行杀毒操作，因为有些病毒也可以破坏驱动程序。如果还是不能解决问题，可以考虑重新安装系统，然后从官方下载驱动程序并安装。运行一段时间后，又出现网卡驱动丢失的现象。

【故障排除】：从故障可以看出，应该是主板的问题，先卸载主板驱动程序，重新启动计算机后再安装驱动程序，故障排除。

17.4.2 网络协议故障

【故障表现】：一台计算机出现以下故障，可以在局域网中可以发现其他用户，但是不能上网。

【故障分析】：首先检查计算机的网络配置，包括 IP 地址、默认网卡、DNS 服务器地址的设置是否正确，然后更换网卡，故障仍然没有解决。

【故障排除】：经过分析可以排除是硬件的故障，可以从网络协议的安装是否正确入手。首先 ping 一下本机 IP 地址，发现不通，考虑是本身计算机的网络协议出了问题，可以重新安装网络协议，具体操作步骤如下。

❶ 单击任务栏右侧的【宽带连接】按钮，在弹出的菜单中单击【打开网络和共享中心】链接。

❷ 弹出【网络和共享中心】窗口，单击【更改网络适配器】链接。

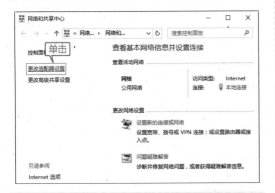

❸ 弹出【网络连接】窗口，选择【本地连接】图标并右键单击，在弹出的快捷菜单中选择【属性】菜单命令。

❹ 弹出【本地连接属性】对话框，然后在【此连接使用下列项目】列表框中选择【Internet 协议版本 4（TCP / IP）】复选框，单击【安装】按钮。

❺ 弹出【选择网络功能类型】对话框，在【单击要安装的网络功能类型】列表框中选择【协议】选项，单击【添加】按钮。

❻ 弹出【选择网络协议】对话框，单击【从磁盘安装】按钮。

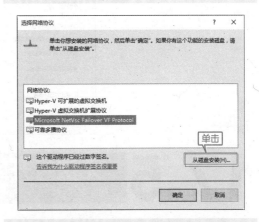

❼ 弹出【从磁盘安装】对话框，单击【浏览】按钮，找到下载好的网络协议或系统光盘中的协议，单击【确定】按钮，系统即将自动安装网络协议。

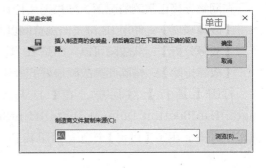

17.4.3 IP 地址配置错误

【故障表现】：一个小局域网中出现以下故障，一台配置了固定 IP 地址的计算机不能上网，而其他计算机却上网，此时 ping 网卡也不通，更换网卡问题依然存在。

【故障分析】：通过测试，发现有故障的计算机可以连接其他的计算机，说明网络连接没有问题，因此导致故障的原因是 IP 地址配置错误。

【故障排除】：首先打开网络连接，重新配置计算机的默认网关、DNS 和子网掩码，使之和其他的配置相同。通过修改 DNS 后，故障消失。

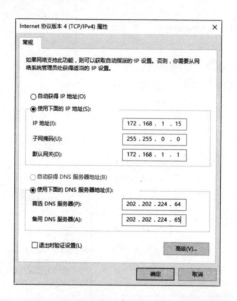

17.5 无法打开网页故障

📹 本节视频教学录像：5 分钟

无法打开网页的主要原因有浏览器故障、DNS 故障和病毒故障等。

17.5.1 浏览器故障

在网络连接正常的情况下，如果无法打开网页，用户首先需要考虑浏览器是否有问题。

【故障表现】：使用 IE 浏览器浏览网页时，IE 浏览器总是提示错误，并需要关闭。

【故障分析】：从故障可以判断是 IE 浏览器的系统文件被破坏所致。

【故障排除】：排除此类故障最好的办法是重新安装 IE 浏览器。

打开【运行】对话框，在【打开】文本框中输入 "rundll32.exe setupapi, InstallHinfSection Default InstallHinfSection Default Install 132%windir%\Inf\ie.inf" 命令，单击【确定】按钮即可重装 IE。

17.5.2 DNS 配置故障

当 IE 无法浏览网页时，可先尝试用 IP 地址来访问，如果可以访问，那么应该是 DNS 的问题，造成 DNS 的问题可能是联网时获取 DNS 出错或 DNS 服务器本身问题，这时用户可以手动指定 DNS 服务。

打开【Internet 协议版本 4（TCP ／ I P）】对话框，在【首选 DNS 服务器】和【备用 DNS 服务器】文本框中重新输入服务商提供的 DNS 服务器地址，单击【确定】按钮即可完成设置。

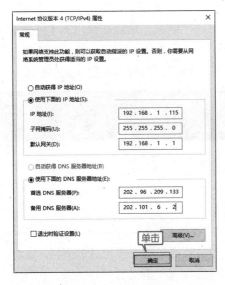

> **提示**　不同的 ISP 有不同的 DNS 地址。有时候则是路由器或网卡的问题，无法与 ISP 的 DNS 服务连接，这种情况的话，可把路由器关一会儿再开，或者重新设置路由器。

【故障表现】：网络出现以下问题，经常的访问的网站已经打不开，而一些没有打开过的新网站却可以打开。

【故障分析】：从故障现象看，这是本地 DNS 缓存出现了问题。为了提高网站访问速度，系统会自动将已经访问过并获取 IP 地址的网站存入本地的 DNS 缓存里，一旦再对这个网站进行访问，则不再通过 DNS 服务器而直接从本地 DNS 缓存取出该网站的 IP 地址进行访问。所以，如果本地 DNS 缓存出现了问题，会导致网站无法访问。

【故障排除】：重建本地 DNS 缓存，可以排除上述故障。

打开【运行】对话框，在【打开】文本框中输入"ipconfig /flushdns"命令，单击【确定】按钮即可重建本地 DNS 缓存。

17.5.3 病毒故障

【故障表现】：一台电脑在浏览网页时出现以下问题，主页能打开，二级网页打不开。过一段时间后，QQ 聊天工具能上，所有网页打不开。

【故障分析】：从故障现象可以分析，原因极有可能是恶意代码（网页病毒）以及一些木马病毒。

【故障排除】：在任务管理器里查看进程，看看 CPU 的占用率如何，如果是 100%，初步判断是感染了病毒，这时就要查查是哪个进程占用了 CPU 资源。找到后，记录名称，然后结束进程。如果不能结束，则启动到安全模式下把该程序结束，然后在弹出的【开始】菜单中选择【所有程序】➢【附件】➢【运行】菜单命令。弹出【运行】对话框，在【打开】文本框中输入"regedit"命令，在弹出的注册表窗口中查找记录的程序名称，然后删除即可。

17.6 局域网故障

本节视频教学录像：8 分钟

常见的局域网故障包括共享故障、IP 地址冲突和局域网中网络邻居响应慢等。

17.6.1 局域网共享故障

虽然可以把局域网定义为"一定数量的计算机通过互连设备连接构成的网络"，但是仅仅使用网卡让计算机构成一个物理连接的网络还不能实现真正意义上的局域网，它还需要进行一定的协议设置，才能实现资源共享。

(1) 同一个局域网内的计算机 IP 地址应该是分布在相同网段里的，虽然以太网最终的地址形式为网卡 MAC 地址，但是提供给用户层次的始终是相对好记忆的 IP 地址形式，而且系统交互接口和网络工具都是通过 IP 来寻找计算机，因此为计算机配置一个符合要求的 IP 是必需的，这是计算机查找彼此的基础，除非你是在 DHCP 环境里，因为这个环境的 IP 地址是通过服务器自动分配的。

(2) 要为局域网内的机器添加"交流语言"——局域网协议，包括最基本的 NetBIOS 协议和 NetBEUI 协议，然后还要确认"Microsoft 网络的文件和打印机共享"已经安装并为选中状态，然后，还要确保系统安装了"Microsoft 网络客户端"，而且仅仅有这个客户端，否则很容易导致各种奇怪的网络故障发生。

（3）用户必须为计算机指定至少一个共享资源，如某个目录、磁盘或打印机等，完成了这些工作，计算机才能正常实现局域网资源共享的功能。

（4）计算机必须开启 139、445 这两个端口的其中一个，它们被用作 NetBIOS 会话连接，而且是 SMB 协议依赖的端口，如果这两个端口被阻止，对方计算机访问共享的请求就无法回应。

但是并非所有用户都能很顺利地享受到局域网资源共享带来的便利，由于操作系统环境配置、协议文件受损、某些软件修改等因素，时常会令局域网共享出现各种各样的问题，如果你是网络管理员，就必须学习如何分析排除大部分常见的局域网共享故障了。

【故障表现】：某局域网内有 4 台电脑，其中 A 机器可以访问 B、C、D 机器的共享文件，而 B、C、D 机器都不能访问 A 机器上的共享文件，提示"Windows 无法访问"的信息。

【故障分析】：首先在其他电脑上直接输入电脑 A 的 IP 地址访问，仍然弹出网络错误的提示信息，然后关闭电脑 A 上的防火墙，检查组策略相关的服务，故障依然存在。

【故障排除】：根据上述的分析，可以从以下几方面排除。

检查电脑 A 的工作组是否和其他电脑一致，如果不一样可以更改，具体操作步骤如下。

❶ 右键单击桌面上的【此电脑】图标，在弹出的快捷菜单中选择【属性】菜单命令。

❷ 弹出【系统】窗口，单击【更改设置】按钮。

❸ 弹出【系统属性】对话框，选择【计算机名】选项卡，单击【更改】按钮。

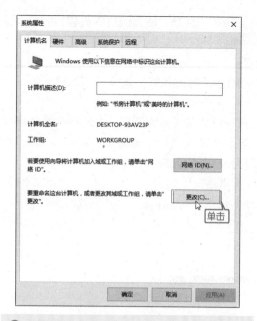

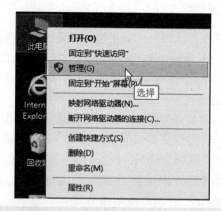

❷ 弹出【计算机管理】窗口，在左侧的窗格中选择【系统工具】➤【本地用户和组】➤【用户】选项，在右侧的窗口中选择【Guest】并右键单击，在弹出的快捷菜单中选择【属性】菜单命令。

❸ 弹出【Guest 属性】对话框，选择【常规】选项卡，取消选中【账号已禁用】复选框，单击【确定】按钮即可完成设置。

❹ 弹出【计算机名 / 域更改】对话框，在【工作组】下的文本框中输入相同的名称，单击【确定】按钮。

检查电脑 A 上的 Guest 用户是否开启，具体操作步骤如下。

❶ 右键单击桌面上的【此电脑】图标，在弹出的快捷菜单中选择【管理】菜单命令。

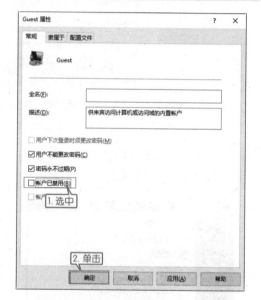

检查电脑 A 是否设置了拒绝从网络上访问该计算机，具体操作步骤如下。

❶ 按【Windows+R】组合键，打开【运行】对话框，在【打开】文本框中输入 "gpedit.msc" 命令，单击【确定】按钮。

❷ 弹出【本地组策略编辑器】对话框，在左侧的窗口中选择【本地计算机策略】➤【计算机配置】➤【Windows 设置】➤【安全设置】➤【本地策略】➤【用户权限分配】选项。

❸ 在右侧的窗口中选择【拒绝从网络访问这台计算机】选项，右键单击并在弹出的快捷菜单中选择【属性】菜单命令。

❹ 弹出【拒绝从网络访问这台计算机 属性】对话框，选择【本地安全设置】选项卡，然后选择【Guest】选项，单击【删除】按钮，单击【确定】按钮即可完成设置。

17.6.2 IP 地址冲突

【故障表现】：某局域网通过路由器接入 Internet，操作系统为 Windows 10 网关设置为 172.16.1.1，各个电脑设置为不同的静态 IP 地址。最近突然出现 IP 地址与硬件的冲突的问题，系统提示"Windows 检查到 IP 地址冲突"。出现错误提示后，就无法上网了。

【故障分析】：在 TCP/IP 网络中，IP 地址代表着电脑的身份，在网络中不能重复。否则，将无法实现电脑之间的通信，因此，在同一个网络中每个 IP 地址只能被一台电脑使用。在电脑启动时，当加载网络服务时，电脑会把当前的电脑名和 IP 地址向网络上广播进行注册，如果网络上已经有了相同的 IP 地址或电脑进行了注册，就会提示 IP 地址冲突。而在使用静态 IP 地址时，如果电脑的数目比较多，IP 地址冲突是经常的事情，此时重新设置 IP 地址即可解决故障。

【故障排除】：重新设置静态 IP 地址的具体操作步骤如下。

❶ 单击任务栏右侧的【网络】图标 ，在弹出的菜单中单击【打开网络和共享中心】链接。

❷ 弹出【网络和共享中心】窗口，单击【更改适配器设置】链接。

❸ 弹出【网络连接】窗口，选择【以太网】图标并右键单击，在弹出的快捷菜单中选择【属性】菜单命令。

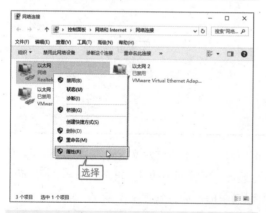

❹ 弹出【本地连接 属性】对话框，然后在【此

连接使用下列项目】列表框中选中【Internet 协议版本 4（TCP／IP）】复选框，单击【属性】按钮。

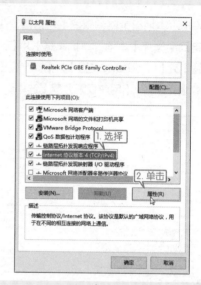

❺ 弹出【Internet 协议版本 4（TCP／IP）】对话框，在【IP 地址】文本框中重新输入一个未被占用的 IP 地址，单击【确定】按钮即可完成设置。

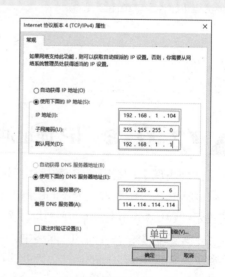

提示 如果使用的是自动获得 IP 地址，可以将网络禁用，重新获取 IP 即可。

17.6.3　局域网中网络邻居响应慢

【故障表现】：某局域网内有 25 台电脑，分别装有 Windows 7、Windows Server 2008 和 Windows 10 操作系统。最近发现，打开网络邻居速度非常慢，要查找好长时间。尝试很多方法（包括更换交换机、服务器全面杀毒、重装操作系统等），都没有解决问题，故障依然存在。

【故障分析】：一般情况下，直接访问【网上邻居】中的用户，打开的速度比较慢是很正常的，特别是网络内拥有很多电脑时。主要是因为打开【网上邻居】时是一个广播，会向网络内的所有电脑发出请求，只有等所有的电脑都作出应答后，才会显示可用的结果。但是如果网卡有故障也会造成上述现象。

【故障排除】：首先测试网卡是否有故障。单击【开始】按钮，在【运行】对话框中输入邻居的用户名，如果可以迅速访问，则可以判断和网卡无关，否则可以更换网卡，从而解决故障。

高手私房菜

本节视频教学录像：3 分钟

技巧 1：可以正常上网，但网络图标显示为叉号

【故障表现】：电脑可以正常打开网页，上 QQ，但是任务栏右侧的【网络】图标显示为红色叉号。

【故障分析】：如果可以上网，说明网络连接正常，主要可能由于系统识别故障，此时重新启用下本地网络连接或重新启动电脑即可。

【故障排除】：具体解决步骤如下。

❶ 打开【网络连接】窗口，选择【以太网】图标并右键单击，在弹出的快捷菜单中选择【禁用】菜单命令。

❷ 禁用后，再次右键单击，选择【启用】菜单命令，即可正常连接，如下图所示，不再显示叉号。

技巧 2：可以发送数据，而不能接收数据

【故障表现】：局域网内一台电脑，出现不能接收数据，但可以发送数据，ping 自己的 IP 地址也不通。

【故障分析】：首次测试网线是否有问题，经测试网线正常，这样就可以排除线路的问题，故障应该出在网卡上。

【故障排除】：卸载网卡驱动程序并重新安装，安装 TCP/IP 协议，然后正确配置 IP 地址信息，故障不能排除，更换网卡的 PCI 插槽后，故障排除。

第 5 篇

高手秘籍篇

第

18

章

制作 U 盘 /DVD 系统安装盘

本章视频教学录像：25 分钟

高手指引

当用户的系统已经完全崩溃并且无法启动了，用户可以使用 U 盘启动盘或 DVD 安装盘等介质，来安装操作系统。本章主要介绍如何制作 U 盘启动盘、如何使用 U 盘启动 PE 后再安装系统，以及如何使用 U 盘安装系统、如何刻录 DVD 系统安装盘等内容。

重点导读

- 掌握制作 U 盘系统安装盘的方法
- 掌握制作 Windows PE 启动盘的方法
- 掌握使用 U 盘安装系统的方法
- 掌握刻录 DVD 系统安装盘的方法

18.1　制作 U 盘系统安装盘

本节视频教学录像：5 分钟

当确认需要使用 U 盘安装系统时，首先必须在能正常启动的计算机上制作 U 盘系统安装盘。制作 U 盘启动盘的方法有多种，下面具体介绍一下如何制作 U 盘系统安装盘。

18.1.1　使用 UltraISO 制作启动 U 盘

UltraISO（软碟通）是一款功能强大而又方便实用的光盘映像文件制作 / 编辑 / 格式转换工具，它可以直接编辑光盘映像和从映像中直接提取文件，也可以从 CD-ROM 制作光盘映像或者将硬盘上的文件制作成 ISO 文件。同时，也可以处理 ISO 文件的启动信息，从而制作可引导光盘。

不过，在制作 U 盘启动盘前，需要做好以下准备工作。

（1）准备 U 盘。如果制作 Windows XP 启动盘，建议准备一个容量为 2G 或 4G 的 U 盘；如果制作 Windows 7/8.1/10 系统启动盘，建议准备一个容量为 8G 的 U 盘，具体根据系统映像文件的大小来选择。

（2）准备系统映像文件。制作系统启动盘，需要提前准备系统映像文件，一般是以 .iso 为后缀的映像文件，如下图所示。

（3）备份 U 盘资料。请先将 U 盘里的重要资料复制到计算机上进行备份操作。因为，用 UltraISO 制作 U 盘启动盘会将 U 盘里的原数据删除，不过，在制作成功之后，用户就可以将制作成为启动盘的 U 盘像平常一样来使用。

使用 UltraISO 制作 U 盘启动盘的具体操作步骤如下。

❶ 下载并解压缩 UltraISO 软件后，在安装程序文件夹中双击程序图标，启动该程序，然后在工具栏中单击【文件】➤【打开】菜单命令。

❷ 此时会弹出【打开 ISO 文件】对话框，选择要使用的 ISO 映像文件，单击【打开】按钮。

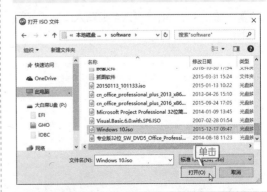

❸ 将 U 盘插入电脑 USB 接口中，单击【启动】➤【写入硬盘映像】菜单命令。

❼ 待消息文本框显示"刻录成功！"后，单击对话框右上角【关闭】按钮即可完成启动U盘制作。

❹ 弹出【写入硬盘映像】对话框，在【硬盘驱动器】下拉列表中选择要使用的U盘，保持默认的写入方式，单击【写入】按钮。

❽ 打开【此电脑】窗口，即可看到U盘的图标发生变化，已安装了系统，此时该U盘即可作为启动盘安装系统，也可以在当前系统下安装写入U盘的系统。双击即可查看写入的内容。

❺ 此时弹出【提示】对话框，如果确认U盘中数据已备份，单击【是】按钮。

❻ 此时，UltraISO进入数据写入中，如下图所示。

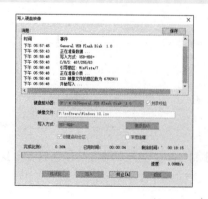

18.1.2　使用软媒魔方制作系统安装盘

除了使用 UltraISO 制作 U 盘外，用户还可以选择使用软媒魔方制作启动 U 盘，其操作方法和 UltraISO 基本差不多，本节就简单介绍下。

❶ 在 http://mofang.ruanmei.com/ 网站中下载并安装软媒魔方，启动软件后，在主界面上单击【U 盘启动】应用图标，安装 U 盘启动工具。

❷ 打开 U 盘启动工具，选择要制作的 U 盘，选择安装的光盘镜像，然后单击【开始制作】按钮即可。

18.1.3　保存为 ISO 镜像文件

ISO(Isolation) 文件一般以 iso 为扩展名，是复制光盘上全部信息而形成的镜像文件，它在系统安装中会经常用到，而如何将系统安装文件保存为 ISO 镜像文件格式，一直困扰了不少用户，本节就讲述如何保存为 ISO 镜像文件的最简单的办法。

❶ 打开 UltraISO 软件，将要保存的文件全部拖到 UltraISO 软件列表框中。

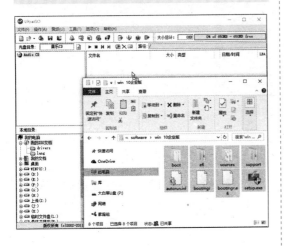

❷ 单击【保存】按钮或按【Ctrl+S】组合键。

❸ 弹出【ISO 文件另存】对话框，设置要保

存的路径和文件名，并单击【保存】按钮。

❹ 此时，弹出【处理进程】对话框，显示保存的进度情况，待结束后即可在保存的路径下查看 ISO 镜像文件。

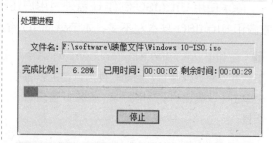

18.2 制作 Windows PE 启动盘

本节视频教学录像：8 分钟

Windows PE 是带有限服务的最小 Win32 子系统，基于以保护模式运行的 Windows XP Professional 内核。它包括运行 Windows 安装程序及脚本、连接网络共享、自动化基本过程以及执行硬件验证所需的最小功能。在进入 Windows PE 环境中之后，就可以安装操作系统了。本节介绍制作 Windows PE 启动盘的两种方法。

18.2.1 使用 FlashBoot 制作 Windows PE 启动盘

制作 U 盘启动盘比较好用的工具是 FlashBoot。FlashBoot 是一款制作 USB 闪存启动盘的工具，具有高度可定制的特点和丰富的选项。

使用 FlashBoot 制作 Windows PE 启动盘，具体操作步骤如下。

❶ 将 FlashBoot 从网上下载并安装好以后，双击桌面上的快捷图标，即可打开 FlashBoot 的 U 盘制作向导对话框。

动闪存盘】单选项。

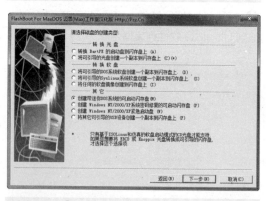

❸ 单击【下一步】按钮，打开【从这里获取 DOS 系统文件】对话框，在这里要选择用户的启动文件来源。如果没有，可以选择【任何基于 DOS 的软盘或软盘镜像】单选项。

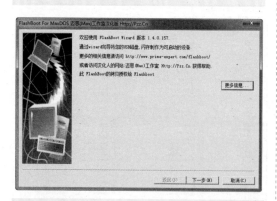

❷ 单击【下一步】按钮，打开【请选择磁盘的创建类型】对话框，由于制作的是 DOS 启动，因此这里勾选【创建带迷你 DOS 系统的可启

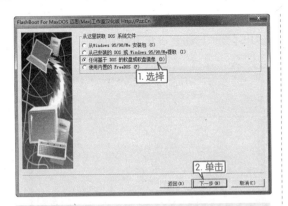

❹ 单击【下一步】按钮，打开【选择软盘或镜像的来源】对话框，这里勾选【从本机或局域网载入镜像文件】单选按钮。

❺ 单击【浏览】按钮，打开【指定载入镜像文件的文件名】对话框，在其中选择 FlashBoot 安装目录中的 DOS98.IMG 镜像文件。

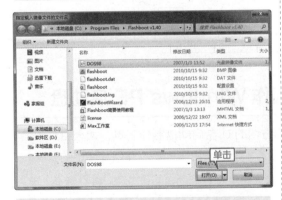

❻ 单击【打开】按钮，返回【选择软盘或镜像的来源】对话框。

❼ 单击【下一步】按钮，打开【选择输出类型】对话框，在其中勾选【将连接在这台计算机的内存盘制作为可引导的设备】单选按钮，单击【驱动器盘符】右侧的下拉按钮，在弹出的下拉列表中选择可移动磁盘，这里是 H 盘。

❽ 单击【下一步】按钮，打开【选择目标 USB 磁盘的格式化类型】对话框，在其中选择 U 盘的启动模式，并勾选【保留磁盘数据（避免重新格式化）】复选框。

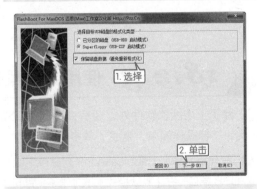

❾ 单击【下一步】按钮，进入【摘要信息】对话框，在其中可以看到之前设置的一些简单信息。

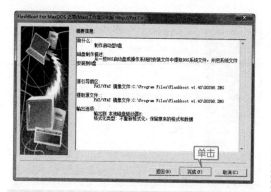

Windows PE 启动盘的操作。单击【关闭】按钮，退出【制作启动型 U 盘】对话框。

⑩ 单击【完成】按钮，即可开始制作启动盘，用户稍等片刻，即可完成利用 U 盘制作

 18.2.2 使用软媒魔方制作 Windows PE 启动盘

虽然 FlashBoot 功能比较强大，但是使用步骤较为烦琐，对于一些用户可以选择使用软媒魔方制作 Windows PE 启动盘，它的方法和制作启动盘差不多，打开软媒 U 盘启动工具，选择【PE 启动盘】选项卡，然后选择安装模式、写入的 U 盘、镜像文件后，单击【制作 PE 启动盘】按钮，即可开始制作，一般约 10~20 分钟可制作完成。

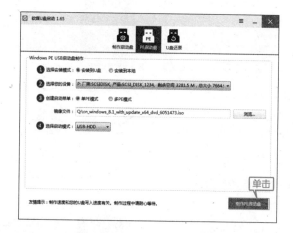

18.2.3 使用大白菜制作 Windows PE 启动盘

除了上述两款软件外，还有许多优秀且使用方便的 U 盘启动盘制作工具，如大白菜和老毛桃，二者操作简单，集成工具多，深受用户喜爱。本节以大白菜为例，介绍其使用的方法。

❶ 在 http://www.dabaicai.com/ 网站中下载并安装大白菜 U 盘启动盘制作工具。将 U 盘插入电脑 USB 端口，在【默认模式】选项卡下，即可看到该软件识别的 U 盘信息，单击【一键制作 USB 启动盘】按钮。

❷ 确定 U 盘中的资料已备份，单击【确定】按钮。

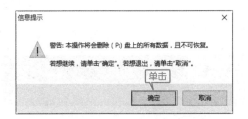

❸ 软件即可格式化并将数据写入 U 盘中。

❹ 写入数据后，软件对 U 盘 UEFI 启动进行扩展，如下图所示。

> **提示** 制作过程中不要进行其他操作以免造成制作失败，制作过程中可能会出现短时间的停顿，耐心等待即可。

❺ 片刻后，弹出完成提示，则表明制作完成。单击【是】按钮，可模拟测试 U 盘的启动情况。如这里单击【是】按钮。

❻ 则弹出如下模拟界面，用户可以通过数字键或上下方向键进行选择。

使用大白菜软件制作 U 盘启动盘外，还可以将系统写入 U 盘，制作 U 盘系统安装盘，用户可单击【ISO 模式】选项卡，选择本地的系统映像 ISO 文件，单击【一键制作 USB 启动盘】按钮，等待文件写入即可。

如果单击【刻录光盘】按钮，则弹出【刻录光盘映像】对话框，如已在光驱中放入空白光盘，单击【刻录】按钮，可将 ISO 系统刻入光盘中。

18.3 使用 U 盘安装系统

本节视频教学录像：7 分钟

在制作 U 盘启动盘完毕后，并把系统安装程序复制到 U 盘，下面就可以使用 U 盘安装操作系统了。

18.3.1 设置从 U 盘启动

要想使用 U 盘安装系统，则需要将系统的启动项设置为从 USB 启动。设置从 U 盘启动的具体操作步骤如下。

❶ 在开机时按下键盘上的【Del】键，进入 BIOS 设置界面。

❷ 按下键盘上的【→】键，将光标定位在【Boot】选项卡下。

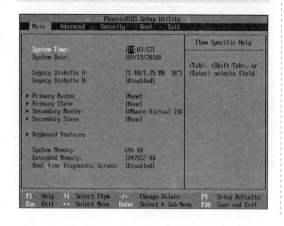

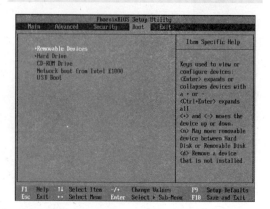

❸ 通过磁盘的上下键把光标移动到【USB】一项上，按小键盘上的【+】号直到不能移动为止。

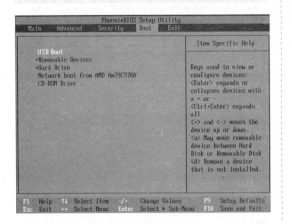

❹ 设置完成后，按下键盘上的【F10】键或【Enter】键，即可弹出一个确认修改对话框，选择【Yes】键，再按下【Enter】键，即可将此计算机的启动顺序设置为 U 盘。

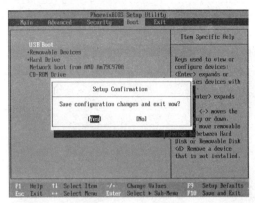

18.3.2 使用 U 盘安装系统

使用 U 盘安装系统的主要难点是制作系统启动盘和设置 U 盘为第一启动，其后序的操作基本是系统自动完成安装，本节简单介绍下其安装方法。

❶ 将 U 盘插入电脑 USB 接口，并设置 U 盘为第一启动后，打开电脑电源键，屏幕中出现 "Start booting from USB device⋯" 提示。

❷ 此时，即可看到电脑开始加载 USB 设备中的系统。

❸ 接下来的安装步骤和光盘安装的方法一致，可以参照 5.2 ～ 5.4 节不同系统的安装方法，在此不再一一赘述。

18.3.3 在 Windows PE 环境下安装系统

在设置好 U 盘启动后，只要 U 盘中存在系统安装程序的镜像文件，就可以使用 U 盘安装操作系统。

具体的操作步骤如下。

第1步：进入 Windows PE 操作桌面

❶ 在 BIOS 中设置好用 U 盘启动之后，重新启动计算机，打开选择启动菜单界面。选择从 Windows PE 启动计算机。

❷ 在 Windows PE 启动的过程中，将弹出【欢迎使用 WINPE 操作系统】界面。

❸ 用户稍等片刻，即可进入 Windows PE 操作桌面。

第2步：格式化系统盘 C 盘

❶ 双击桌面上的【我的电脑】图标，打开【我的电脑】窗口，选中系统盘 C 盘并右键单击，

在弹出的快捷菜单中选择【格式化】菜单项。

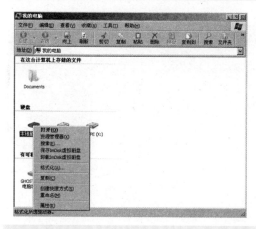

❷ 打开【格式化 本地磁盘（C）】对话框，单击【文件系统】下拉按钮，在弹出的下拉列表中选择格式化文件的方式，并设置格式化选项。

❸ 单击【开始】按钮，打开【警告】信息提示框，提示用户格式化将删除该磁盘上的所有数据。

❹ 单击【确定】按钮，开始格式化本地磁盘（C），并显示格式化的进度。

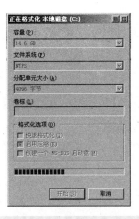

⑤ 格式化完毕后，将弹出一个信息提示框，提示用户格式化完毕。

第 3 步：装载映像文件

❶ 单击【确定】按钮，关闭格式化对话框，然后选择【开始】➤【程序】➤【常用工具】➤【虚拟光驱】菜单项。

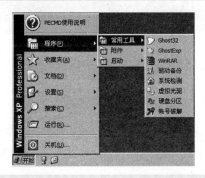

❷ 随即打开【Virtual Drive Manager】（虚拟光驱）窗口。

❸ 单击【装载】按钮，打开【装载映像文件】对话框。

❹ 单击【浏览】按钮，在打开的【Open Image File】（打开镜像文件）对话框中选择装载的 Windows 7 镜像文件。

⑤ 单击【打开】按钮，返回【装载映像文件】对话框。

第 4 步：安装 Windows 7 程序

❶ 单击【确定】按钮，返回【Virtual Drive Manager】（虚拟光驱）窗口，单击右上角的【关闭】按钮，关闭该窗口，然后打开【我的电脑】窗口，即可在虚拟光驱中看到装载的 ISO 文件。

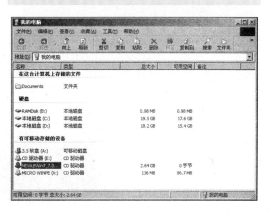

❷ 双击打开该虚拟光驱，即可在其中看到系统安装的文件。

❸ 双击其中的【Setup】图片，即可开始加载 Windows 安装程序。以后的操作就和安装单操作系统一样，这里不再重述。

另外，部分 PE 环境下集成了 Ghost 工具，用户也可以使用 Ghost 安装 GHO 镜像文件，具体可以参第 7 章内容。

18.4 刻录 DVD 系统安装盘

本节视频教学录像：3 分钟

在刻录系统盘之前，需要满足三个条件，才能顺利地将系统镜像文件刻录完成。主要包括刻录机、空白光盘和刻录软件。

1. 刻录机

刻录机是刻录光盘的必要硬件外设，可以用于读取和写入光盘数据。对于很多用户来讲，即便电脑带有光驱，也不确定是否支持光盘刻录。而判断光驱是否支持刻录，可以采用以下几种办法。

(1) 看外观

看光驱的外观，如果有 DVD-RW 或 RW 的标识，则表明是可读写光驱，可以刻录 DVD 和 CD 光盘，如下图所示。如果是 DVD-ROM 的标识，则表面是只读光驱，能读出 DVD 和 CD 碟片，但不能刻录。

(2) 看盘符

在 Windows 系统中,看光驱的盘符,如果显示为 DVD–RW 或 DVD–RAM,则支持刻录。如果显示为 DVD–R 或 DVD–ROM,则不能刻录。

(3) 看设备管理器

右键单击【此电脑】图标,选择【属性】▶【设备管理器】选项,单击展开【DVD/CD–ROM 驱动器】项,查看 DVD 型号,如果是 DVD–ROM,就不能刻录,如果是 DVDW 或 DVDRW 则支持刻录。

当然,除了上面三种方法,还可以通过鲁大师对硬件进行检测,查看光盘是否支持刻录。

2. 空白光盘

做一张系统安装盘之前,首先要看系统镜像的大小,如果是 Windows XP,用户可以考虑使用 700MB 容量的 CD,如果是 Windows7\8.1\10 的系统镜像,建议选用 4.7 GB 的 DVD 光盘。

另外,在光盘选择上,会看到分为 CD–R 和 CD–RW 两种类型,CD–R 的光盘仅支持一次性的刻录,而 CD–RW 的光盘支持反复写入擦除。如果仅用来做系统盘,建议选用 CD–R 类型的光盘,价格相对便宜。

3. 刻录软件

除了买光盘刻录机之外,还必须要安装 CD 光盘刻录软件,如 Easy–CD Pro、Easy–CD Creator、Nero、WinOnCD 等,或者是 DVD 刻录软件,如软碟通、Nero 等,这些都是常用的刻录程序。读者可以根据需要在相应的网站中下载。

刻录机、光盘和软件准备好后，就可以刻录了。本节主要介绍如何使用 UltraISO（软碟通）制作系统安装盘的。

❶ 下载并解压缩 UltraISO 软件后，在安装程序文件夹中双击程序图标，启动该程序，然后在工具栏中单击【文件】➤【打开】菜单命令，选择要刻录的系统映像文件。

❷ 添加系统映像文件后，将空白光盘放入光驱中，然后在工具栏中单击【工具】➤【刻录光盘映像】菜单命令。

❸ 弹出【刻录光盘映像】对话框，在【刻录机】下拉列表中选择要刻录机，保持默认的写入速度和写入方式，单击【刻录】按钮。

提示　勾选【刻录校验】复选项，可以在刻录完成后，对写入的数据进行校验，以确保数据的完整性，一般可不作勾选。

另外，如果光盘支持反复写入和擦除，可以在该对话框中单击【擦除】按钮，擦除光盘中的数据。

❹ 此时，软件即会进入刻录过程中，如下图所示。

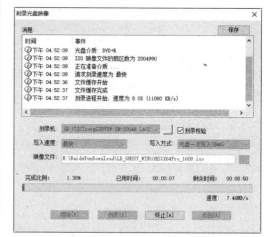

❺ 刻录成功后，光盘即会从光驱中弹出。此时，单击对话框右上角的【关闭】按钮，完成刻录。

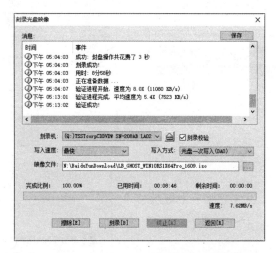

至此，系统盘刻录已完成，用户也可以使用同样方法刻录视频、音乐等光盘。

高手私房菜

📽 本节视频教学录像：2 分钟

技巧：解决制作系统安装盘后，U 盘内无内容的问题

在使用 UltraISO、大白菜或老毛桃等工具制作系统安装盘时，数据写入、刻录校验等都没问题时，但是打开 U 盘后发现里面无任何文件，而且查看容量时，发现容量减少，如下图所示。

这主要因为写入映像文件时，将 U 盘进行了分区，且对写入数据的分区进行了隐藏，此时可取消隐藏即可查看，具体步骤如下。

❶ 打开 DiskGenius 软件，查看 U 盘的情况，如下图即可看到隐藏的分区。

❷ 按【F4】键，弹出如下提示框，单击【确定】按钮。

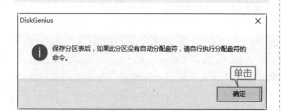

❸ 此时，即可看到所选分区由"活动 隐藏"显示为"活动"，单击【保存更改】按钮。

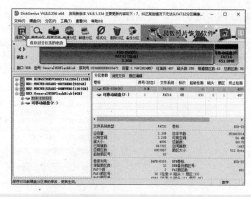

❹ 弹出提示框，单击【是】按钮即可。

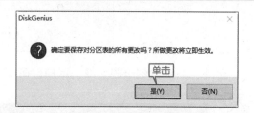

❺ 打开【此电脑】窗口，即可看到显示的 U 盘。

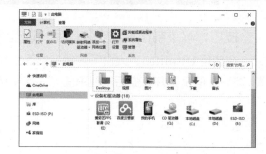

第

19

章

数据的维护与修复

本章视频教学录像：46 分钟

高手指引

随着电脑的普及，数据安全问题也日益突出，保护好自己的数据安全就显得十分重要，尤其是数据的丢失与损坏，会给用户的工作与学习造成影响。本章主要介绍数据维护与修复的方法。

重点导读

+ 掌握数据备份与还原的方法
+ 掌握使用 OneDrive 同步数据的方法
+ 掌握使用云盘同步数据的方法
+ 掌握恢复误删数据的方法

19.1 数据的备份与还原

本节视频教学录像：14 分钟

为了确保数据的安全，用户可以对重要的数据进行备份，必要的时候可进行数据还原。本节主要介绍备份与还原分区表、注册表、QQ 资料、IE 收藏夹及软件的方法。

19.1.1 备份与还原分区表

所谓分区表，主要用来记录硬盘文件的地址。硬盘按照扇区储存文件，当系统提出要求需要访问某一个文件的时候，首先访问分区表，如果分区表中有这个文件的名称，就可以直接访问它的地址；如果分区表里面没有这个文件，那就无法访问。系统删除文件的时候，并不是删除文件本身，而是在分区表里面删除，所以删除以后的文件还是可以恢复的。因为分区表的特性，系统可以很方便地知道硬盘的使用情况，而不必为了一个文件搜索整个硬盘，这大大提高了系统的运行能力。

分区表一般位于硬盘某柱面的 0 磁头 1 扇区，而第 1 个分区表（即：主分区表）总是位于（0 柱面、0 磁头、1 扇区），其他剩余的分区表位置可以由主分区表依次推导出来。分区表有 64 个字节，占据其所在扇区的 447~510 字节。要判定是不是分区表，就看其后紧邻的两个字节（即 511~512）是不是 "55AA"，若是，则为分区表。下图为打开 DiskGenius V4.9.1.334 软件后系统分区表的情况。

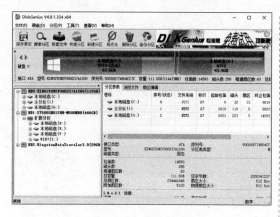

1. 备份分区表

如果分区表损坏，会造成系统启动失败、数据丢失等严重后果。这里以使用 DiskGenius V4.9.1.334 软件为例，来讲述如何备份分区表。具体操作步骤如下。

❶ 打开软件 DiskGenius，选择需要保存备份分区表的分区。

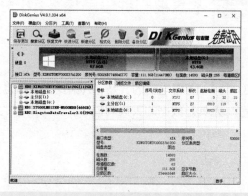

❷ 选择【硬盘】▶【备份分区表】菜单项，用户也可以按【F9】键备份分区表。

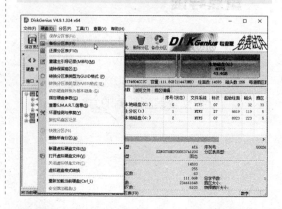

❸ 弹出【设置分区表备份文件名及路径】对话框，在【文件名】文本框中输入备份分区表的名称。

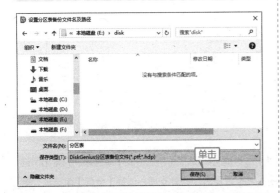

❹ 单击【保存】按钮，即可开始备份分区表。备份完成后，弹出【DiskGenius】提示框，提示用户当前硬盘的分区表已经备份到指定的文件中。

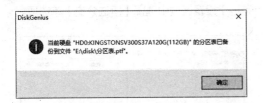

提示　为了分区表备份文件的安全，建议将其保存在当前硬盘以外的硬盘或其他存储介质（如U盘、移动硬盘、光碟）中。

2. 还原分区表

当计算机遭到病毒破坏、加密引导区或误分区等操作导致硬盘分区丢失时，就需要还原分区表。还原分区表具体操作步骤如下。

❶ 打开软件DiskGenius，在其主界面中选择【硬盘】▶【还原分区表】菜单项或按【F10】键。

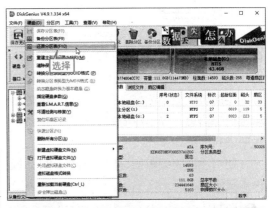

❷ 随即打开【选择分区表备份文件】对话框，在其中选择硬盘分区表的备份文件。

❸ 单击【打开】按钮，即可打开【DiskGenius】信息提示框，提示用户是否从这个分区表备份文件还原分区表。

❹ 单击【是】按钮，即可还原分区表，且还原后将立即保存到磁盘并生效。

19.1.2　导出与导入注册表

注册表是 Microsoft Windows 中的一个重要的数据库，用于存储系统和应用程序的设置信息，在系统中起着非常重要的作用。因此，计算机用户在日常工作和学习的过程中要做好对注册表的备份工作，要能在注册表受损系统不能正常运行时，通过修复注册表解决问题。

1. 导出注册表

在 Windows 操作系统中，使用系统自带的注册表编辑器可以导出一个扩展名为 .reg 的文本文件，该文件中包含了导出部分的注册表的全部内容，包括子健、键值项和键值等信息。导出注册表的过程就是备份注册表的过程。

使用注册表编辑器导出注册表，具体操作步骤如下。

❶ 按【Windows+R】组合键，打开【运行】对话框，在【打开】文本框中输入"regedit"命令，单击【确定】按钮。

❷ 打开【注册表编辑器】窗口，在窗格左侧右键单击【计算机】选项，在弹出的快捷菜单中，单击【导出】命令。

❸ 打开【导出注册表文件】对话框，在其中设置导出文件的存放位置，在【文件名】文本框中输入"regedit"，在【导出范围】设置区域中选择【全部】单选项。

> **提示** 选择【所选分支】单选项，只导出所选注册表项的分支项；选择【全部】单选项，则导出所有注册表项。

❹ 如果要导出注册表的子键，可选择要备份的子键，单击【文件】➤【导出】菜单项，在弹出的【导出注册表文件】对话框，在【导出范围】设置区域中选择【所选分支】单选项。

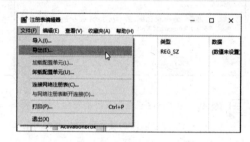

2. 导入注册表

使用注册表编辑器可以导出注册表。同样地，也可以将导出的注册表导入系统之中，以修复受损的注册表。导入注册表的具体操作步骤如下。

❶ 在【注册表编辑器】窗口中选择【文件】➤【导入】菜单项。

❷ 随即打开【导入注册表文件】对话框，在其中选择需要导入的注册表文件。

❸ 单击【打开】按钮，即可开始导入注册表文件，导入成功后，将弹出一个信息提示框，提示用户已经将注册表备份文件中的项和值成功添加到注册表中。单击【确定】按钮，关闭该对话框即可。

> **提示**　用户在还原注册表的时候，也可以直接双击备份的注册表文件。此外，如果用户的注册表被受损之前，并没有备份注册表，那么这时可以将其他计算机的注册表文件导出后复制到自己的计算机上，运行一次就可以导入修复注册表文件了。

19.1.3　备份与还原 QQ 个人信息与数据

QQ 个人信息和数据包括用户信息、聊天资料和系统消息等，用户可以通过 QQ 信息管理器中备份功能来备份 QQ 个人信息与数据，并在重装 QQ 时可以还原 QQ 个人信息与数据。

1. 备份 QQ 个人信息与数据
备份聊天记录的具体操作步骤如下。

❶ 启动 QQ 程序，输入用户名和密码后，登录到个人 QQ 主界面，单击【打开消息管理器】按钮📢。

❷ 弹出【消息管理器】窗口，单击【导入和导出】

右侧的【工具】按钮，在弹出的下拉菜单中选择【导出全部消息记录】菜单命令。

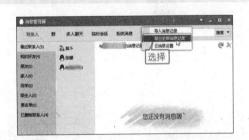

❸ 打开【另存为】对话框，在【文件名】文本框中输入保存文件名称，单击【保存】按钮，即可将聊天消息记录备份。

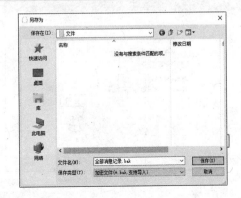

2. 还原 QQ 个人信息与数据

还原 QQ 个人信息与数据，具体操作步骤如下。

❶ 打开【消息管理器】窗口，单击【导入和导出】右侧的【工具】按钮 ▼ ，在弹出的下拉菜单中选择【导入消息记录】菜单命令。

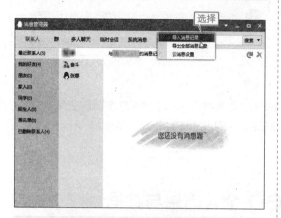

❷ 弹出【数据导入工具】对话框，选中【消息记录】复选框，单击【下一步】按钮。

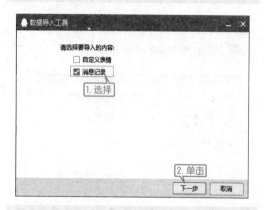

❸ 选择【从指定文件导入】单选项，单击【浏览】按钮。

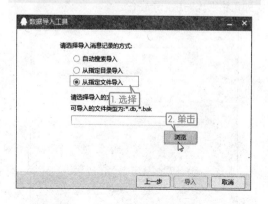

❹ 弹出【打开】对话框，选择保存的备份文件，单击【打开】按钮。

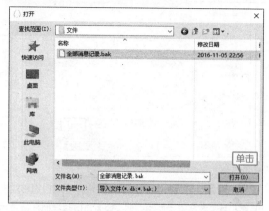

❺ 返回到【数据导入工具】对话框，单击【导入】按钮。

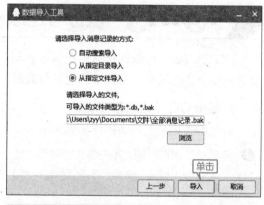

❻ 系统自动恢复备份的文件，导入成功后，单击【完成】按钮即可。

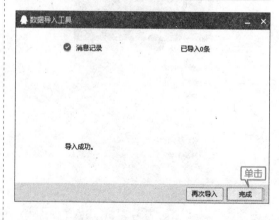

19.1.4 备份与还原 IE 收藏夹

IE 收藏夹中存放着用户习惯浏览的一些网站地址链接，但是重装系统后，这些网站链接将被彻底删除。不过，IE 浏览器自带有备份功能，可以将 IE 收藏夹中的数据备份。

1. 备份 IE 收藏夹

备份 IE 收藏夹，具体的操作步骤如下。

❶ 启动 IE 浏览器，单击【收藏夹】按钮★，弹出收藏夹窗格，单击【添加到收藏夹】右侧的下拉按钮，在弹出的快捷菜单中，单击【导入和导出】命令。

❷ 随即打开【你希望如何导入或导出你的浏览器设置】对话框，在其中选择【导出到文件】单选项。

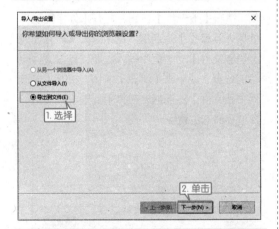

❸ 单击【下一步】按钮，随即打开【你希望导出哪些内容】对话框，在其中选择【收藏夹】单选项。

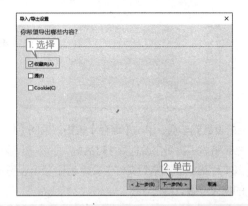

❹ 单击【下一步】按钮，打开【选择你希望从哪个文件夹导出收藏夹】对话框，在其中可以选择【收藏夹栏】选项，或采用默认设置。这里采用默认设置。

❺ 单击【下一步】按钮，打开【你希望将收藏夹导出至何处】对话框。

❻ 单击【浏览】按钮，打开【请选择书签文件】对话框，在其中设置收藏夹文件导出后保存的位置。

❼ 设置完毕后，单击【保存】按钮，返回【您希望将收藏夹导出至何处】对话框，即可在【键入文件路径或浏览到文件】文本框中显示设置的保存位置。

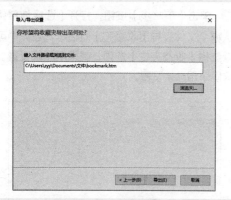

❽ 单击【完成】按钮，关闭【导入 / 导出设置】对话框，完成导出收藏夹文件的操作。

2. 还原 IE 收藏夹

还原 IE 收藏夹的具体操作步骤如下。

❶ 使用上述方法，打开【你希望如何导入或导出你的浏览器设置】对话框，在其中选择【从文件导入】单选项。

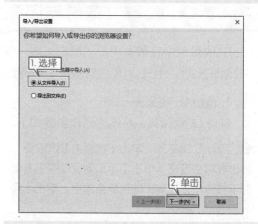

❷ 单击【下一步】按钮，打开【你希望导入哪些内容】对话框，在其中选择【收藏夹】单选项。

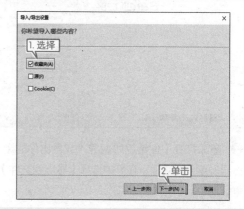

❸ 单击【下一步】按钮，打开【你希望从何处导入收藏夹】对话框，在【键入文件路径或浏览到文件】文本框中输入收藏夹备份文件保存的位置，或单击【浏览】按钮，打开【请选择书签文件】对话框，在其中找到收藏夹备份文件存储的位置。

❹ 单击【下一步】按钮，打开【选择导入收藏夹的目标文件夹】对话框，在下方的列表框中选择导入收藏夹的目标文件夹。

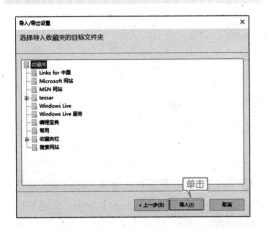

❺ 单击【导入】按钮，即可开始导入收藏夹。导入成功后将打开【你已成功导入了这些设置】对话框，在其中提示为【收藏夹】。至此，就完成了还原 IE 收藏夹的操作。

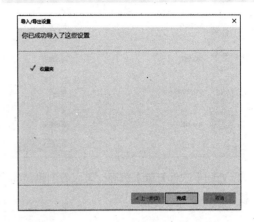

 19.1.5　备份与还原已安装软件

　　用户可以将当前电脑中的软件备份。本节使用 360 安全卫士将当前已安装软件收藏，在重装系统时，可以通过 360 安全卫士重新安装这些软件。

　　具体操作步骤如下。

❶ 启动 360 安全卫士，单击【软件管家】图标，并进入其界面，单击【登录】链接。

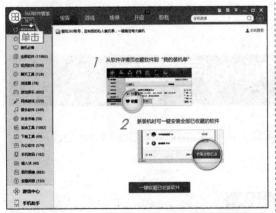

❷ 登录 360 账号，并单击【一键收藏已安装软件】按钮。

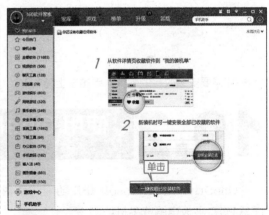

❸ 弹出【360 软件管理 - 软件收藏】对话框，用户可勾选【全选】复选框或着勾选需要收藏的复选框，然后单击【收藏全部已选】按钮。

④ 返回【软件管家】界面，可以看到收藏的
软件。

⑤ 如果要安装收藏的软件，单击左上角的账

号链接，进入账号页面，单击【我的收藏】按钮。

⑥ 可以看到收藏的软件清单，勾选要安装的
软件，单击【安装全部已选】按钮，即可安装
所选软件。

19.2 使用 OneDrive 同步数据

本节视频教学录像：2 分钟

OneDrive 是 Microsoft 账户随附的免费网盘。可将文件保存在 OneDrive 中，便于从任意 PC、平板电脑或手机访问。

19.2.1 OneDrive 的设置

要在 Windows 10 操作系统中使用 OneDrive，首先需要有一个 Microsoft 账户，并且登录 OneDrive。

1. 登录 OneDrive

登录 OneDrive 的具体操作步骤如下。

① 单击任务栏的【OneDrive】图标或者在【此

电脑】窗口中单击【OneDrive】选项。将会弹出【欢迎使用 OneDrive】对话框，单击【开始】按钮。

② 弹出【登录】界面，在【账户名称】和【密码】文本框中输入账户名称和密码，单击【登录】按钮。

> 📑 **提示** 如果没有 Microsoft 账户，可以单击【登录】界面的【立即注册】按钮进行注册。

③ 登录成功，将弹出【正在引入你的OneDrive 文件夹】对话框，单击【更改】按钮，可以更改 OneDrive 文件夹的位置，这里选择默认文件夹，并单击【下一步】按钮。

> 📑 **提示** 如果需要同步的文件过多，会占用大量的硬盘空间，建议将 OneDrive 文件夹更改至空间较大的磁盘分区中。

④ 弹出【将你的 OneDrive 文件同步到此电脑】对话框，保持默认选项，单击【下一步】按钮。

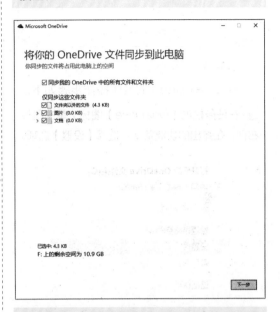

⑤ 弹出【从任何位置获取你的文件】对话框，保持默认选项，单击【完成】按钮，就完成了登录 OneDrive 的操作。

⑥ 在【此电脑】窗口中选择【OneDrive】选项，即可进入【OneDrive】文件夹，并显示内容。

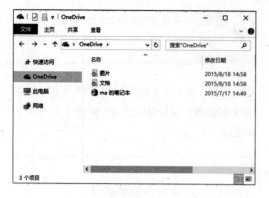

2. 设置 OneDrive

设置 OneDrive 的具体操作步骤如下。

❶ 在任务栏的【OneDrive】图标上单击鼠标右键，在弹出的快捷菜单中选择【设置】选项。

❷ 弹出【Microsoft OneDrive】对话框，在【设置】选项卡下【常规】组中可以设置登录 Windows 时是否自动启动 OneDrive 以及信息。在【取消链接 OneDrive】组中单击【取消链接 OneDrive】按钮，可取消与 OneDrive 的链接。

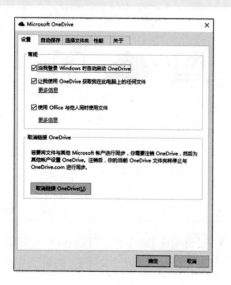

❸ 选择【自动保存】选项卡，在【照片和视频】组中单击选中其中的复选框。

❹ 选择【选择文件夹】选项卡，可以设置此电脑上同步的文件夹，设置完成，单击【确定】按钮即可。

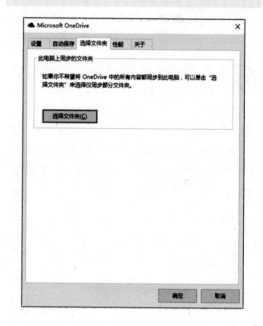

19.2.2　选择同步的文件夹

如果需要同步的文件过多，而有些是暂时不需要同步的，可以仅选择需要同步的文件夹，这样可以节省时间，选择同步文件的具体操作步骤如下。

❶ 在任务栏的【OneDrive】图标上单击鼠标右键，在弹出的快捷菜单中选择【设置】选项。

❷ 弹出【Microsoft OneDrive】对话框，选择【选择文件夹】选项卡，单击【选择文件夹】按钮。

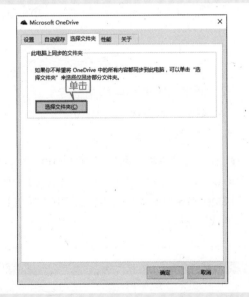

❸ 弹出【将你的 OneDrive 文件同步到此电脑】对话框，单击选中【文档】文件夹，撤销选中其他文件夹，单击【确定】按钮。

❹ 返回至【Microsoft OneDrive】对话框，单击【确定】按钮，就完成了选择同步文件夹的操作。

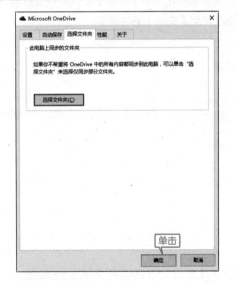

19.2.3　将文档上传至 OneDrive

使用 OneDrive 可以同步文件，方便用户在任意位置通过 OneDrive 访问，下面就来介绍将文档上传至 OneDrive 的操作。

1. 使用电脑上传文档

用户可以直接打开【OneDrive】窗口上传文档，具体操作步骤如下。

❶ 在【此电脑】窗口中选择【OneDrive】选项，或者在任务栏的【OneDrive】图标上单击鼠标右键，在弹出的快捷菜单中选择【打开你的 OneDrive 文件夹】选项，都可以打开【OneDrive】窗口。

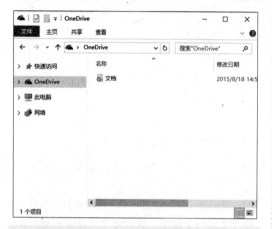

❷ 选择要上传的文档"重要文件.docx"文件，将其复制并粘贴至【文档】文件夹或者直接拖曳文件至【文档】文件夹中。

❸ 在【文档】文件夹图标上即显示刷新图标。表明文档正在同步。

❹ 在任务栏单击【上载中心】图标，在打开的【上载中心】窗口中即可看到上传的文件。

2. 通过 OneDrive 网站上传

在浏览器中登录 OneDrive 也可以上传文档，具体操作步骤如下。

❶ 在浏览器中输入网址"https://onedrive.live.com/"，登录 OneDrive 网站。即可看到 OneDrive 中包含的文件夹。打开【文档】文件夹。

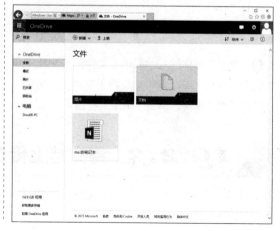

2 即可看到上传的"重要文件 .docx"文件。如果要使用网站上传文档，可以单击顶部的【上传】按钮。

3 弹出【选择要加载的文件】对话框，选择要上传的文档，单击【打开】按钮。

4 即可开始上载文件。

5 上载完成，即可看到上载后的文件。

6 在电脑中即可开始同步。单击状态栏中的【OneDrive】图标，即可看到正在处理的提示，处理完成，单击【打开你的 OneDrive 文件夹】选项。

7 即可打开【OneDrive】窗口，显示上载并同步后的文档。

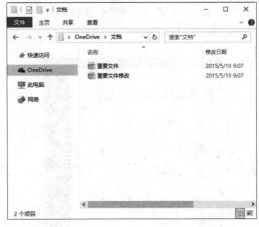

19.2.4 查看 OneDrive 文件夹

查看 OneDrive 文件夹的操作比较简单，在【此电脑】窗口中选择【OneDrive】选项，或者在任务栏的【OneDrive】图标上单击鼠标右键，在弹出的快捷菜单中选择【打开你的 OneDrive 文件夹】选项，都可以打开【OneDrive】文件夹窗口。

19.2.5 在手机上使用 OneDrive

OneDrive 不仅可以在 Windows Phone 手机中使用，还可以在 iPhone、Android 手机中使用，下面以在 Android 手机中使用 OneDrive 为例，介绍在手机上使用 OneDrive 的具体操作步骤。

❶ 在手机中下载并登录 OneDrive，即可进入 OneDrive 界面，选择要查看的文件，这里选择【文件】选项。

❷ 即可看到 OneDrive 中的文件，单击【文档】文件夹。

❸ 即可显示所有的内容，选择要下载到手机

的文件，单击【下载】按钮。

④ 弹出【下载】界面，选择存储的文件夹位置。单击【保存】按钮，即可完成文件下载。

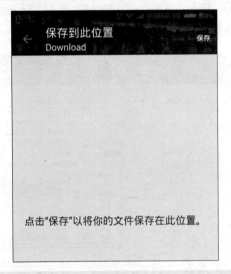

⑤ 选择要分享的文件，单击【分享】按钮，在弹出的列表中选择分享方式，这里单击【共

享链接】选项。

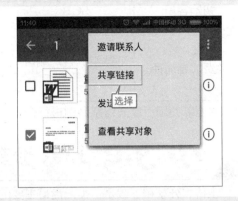

⑥ 在弹出的窗口中选择共享方式，这里单击选中【查看】单选项，使分享者仅有查看文档的权限。单击【确定】按钮，即可在打开的页面中选择共享文件的方式进行文件共享。

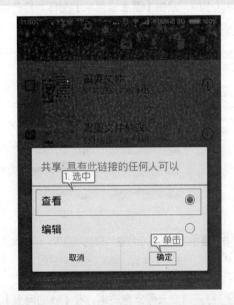

19.3 使用云盘同步重要数据

本节视频教学录像：9 分钟

　　云盘是互联网存储工具，通过互联网为企业和个人提供信息的储存、读取、下载等服务。具有安全稳定、海量存储的特点。

19.3.1 认识常用的云盘

　　常见的云盘主要包括百度云管家、360 云盘和腾讯微云等。这三款软件不仅功能强大，而且具备了很好的用户体验，下面列举了三款软件的初始容量和最大免费扩容情况，方便读者参考。

	百度云管家	360 云盘	腾讯微云
初始容量	5GB	5GB	2GB
最大免费扩容容量	2055GB	36TB	10TB
免费扩容途径	下载手机客户端送 2TB	1. 下载电脑客户端送 10TB 2. 下载手机客户端送 25TB 3. 签到、分享等活动赠送	1. 下载手机客户端送 5GB 2. 上传文件, 赠送容量 3. 每日签到赠送

本节主要以使用百度云管家为例进行介绍。

19.3.2 上传、分享和下载文件

上传、分享和下载是各类云盘最主要的功能，用户可以将重要数据文件上传到云盘空间，可以将其分享给其他人，也可以在不同的客户端下载云盘空间上的数据，方便了不同用户、不同客户端直接的交互。下面介绍百度云盘如何上传、分享和下载文件。

❶ 下载并安装【百度云管家】客户端后，在【此电脑】中，双击【百度云管家】图标，打开该软件。

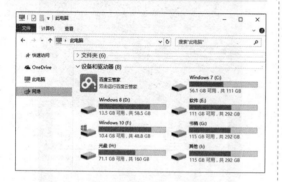

> **提示** 一般云盘软件均提供网页版，但是为了有更好的功能体验，建议安装客户端版。

❷ 打开百度云管家客户端，在【我的网盘】界面中，用户可以新建目录，也可以直接上传文件，如这里单击【新建文件夹】按钮，新建一个分类的目录，并命名为"重要数据"。

❸ 打开"重要数据"文件夹，选择要上传的重要资料，拖曳到客户端界面上。

> **提示** 用户也可以单击【上传】按钮，通过选择路径的方式，上传资料。

❹ 此时,资料即会上传至云盘中,如下图所示。

❺ 上传完毕后，当将鼠标移动到想要分享的

文件后面，就会出现【创建分享】标志 ◂ 。

> 📝 **提示**　也可以先选择要分享的文件或文件夹，
> 单击菜单栏中的【分享】按钮。

❻ 单击该标志，显示了分享的三种方式：公
开分享、私密分享和发给好友。如果创建公开
分享，该文件则会显示在分享主页，其他人
都可下载。如果创建私密分享，系统会自动
为每个分享链接生成一个提取密码，只有获取
密码的人才能通过连接查看并下载私密共享的
文件。如果发给好友，选择好友并发送即可。
这里单击【私密分享】选项卡下的【创建私密
链接】按钮。

❼ 即可看到生成的链接和密码，单击【复制
链接及密码】按钮，即可将复制的内容发送给
好友进行查看。

❽ 在【我的云盘】界面，单击【分类查看】
按钮，并单击左侧弹出的分类菜单【我的分
享】选项，弹出【我的分享】对话框，列出了
当前分享的文件，带有 🔒 标识，则表示为私密
分享文件，否则为公开分享文件。勾选分享的
文件，然后单击【取消分享】按钮，即可取消
分享的文件。

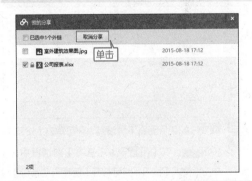

❾ 返回【我的网盘】界面，当将鼠标移动到
列表文件后面，会出现【下载】标志 ⬇，单击
该按钮，可将该文件下载到电脑中。

> 📝 **提示**　单击【删除】按钮 🗑，可将其从云盘中删除。另外单击【设置】按钮 ⚙，可在【设置】▷【传输】
> 对话框中，设置文件下载的位置和任务数等。

⑩ 单击界面右上角的【传输列表】按钮，可查看下载和上传的记录，单击【打开文件】按钮，可查看该文件；单击【打开文件夹】按钮，可打开该文件所在的文件夹；单击【清除记录】按钮，可清除该文件传输的记录。

 19.3.3 自动备份

自动备份就是同步备份用户指定的文件夹，相当于一个本地硬盘的同步备份盘，可以将数据在自动上传并存储到云盘，其最大的优点就是可以保证在任何设备都保持完全一致的数据状态，无论是内容还是数量都保持一致。使用自动备份功能，具体操作步骤如下。

❶ 打开百度云管家，单击界面右下角的【自动备份文件夹】按钮。

> 📝 **提示** 如果界面右下角没有，则可单击【设置】按钮，在【设置】➤【基本】对话框中，单击【管理】按钮，即可打开【管理自动备份】对话框。

❷ 弹出【管理自动备份】对话框，可以单击【智能扫描】按钮，扫描近几天使用频率最高的文件夹；也可单击【手动添加文件夹】按钮，手动添加文件路径。这里单击【手动添加文件夹】按钮。

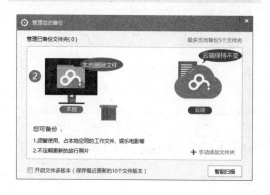

❸ 弹出【选择要备份的文件夹】对话框，在要备份的文件夹前勾选复选框，并单击【备份到云盘】。

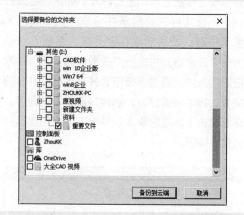

❹ 弹出【选择云端保存路径】对话框，用户可单击选择已有的文件夹，也可以新建文件夹。这里选择【资料】文件夹，然后单击【确定】按钮即可完成自动上传文件夹的添加，软件即会自动同步该文件夹内的所有数据。

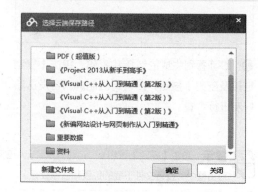

19.3.4 使用隐藏空间保存私密文件

隐藏空间是在网盘的基础上专为用户打造的文件存储空间，用户可以上传、下载、删除、新建文件夹、重命名、移动等，用户可以为该空间创建密码，只有输入密码方可进入，这可以方便地保护用户的秘密文件。另外隐藏空间的文件删除后无法恢复，分享的文件移入隐藏空间，也会被取消分享。使用隐藏空间的具体步骤如下。

❶ 打开百度云管家，单击【隐藏空间】图标，然后单击【启用隐藏空间】按钮。

❷ 弹出【创建安全密码】对话框，首次启用隐藏空间，需要设置安全密码，输入并确定安全密码后，单击【创建】按钮。

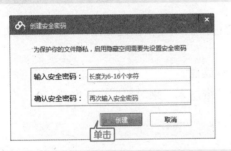

❸ 进入隐藏空间，用户即可上传文件，其操

作步骤和【我的网盘】一致，在此不再赘述。

❹ 再次使用百度云管家的隐藏空间功能时，则需要输入安全密码，如下图所示。

19.4 恢复误删的数据

📹 本节视频教学录像：13 分钟

用户有时会不小心删除本不想删除的数据，而且有时回收站也被清空了，那这时该怎么办呢？这时就需要想办法恢复这些数据。本节主要介绍恢复数据的方法。

19.4.1 恢复删除的数据应注意的事项

在恢复删除的数据之前，用户需要注意以下事项。

1. 数据丢失的原因

硬件故障、软件破坏、病毒的入侵、用户自身的错误操作等都有可能导致数据丢失，但大多数情况下，这些找不到的数据并没有真正丢失，这就需要根据数据丢失的具体原因而定。造成数据丢失的主要原因有如下几个方面。

(1) 用户的误操作。由于用户错误操作而导致数据丢失的情况，在数据丢失的主要原因中所占比例比较大。用户极小的疏忽都可能造成数据丢失，例如用户的错误删除或不小心切断电源等。

(2) 黑客入侵与病毒感染。黑客入侵和病毒感染已越来越受关注，由此造成的数据破坏更不可低估。而且有些恶意程序具有格式化硬盘的功能，这对硬盘数据可以造成毁灭性的损失。

(3) 软件系统运行错误。由于软件不断更新，各种程序和运行错误也就随之增加，如程序被迫意外中止或突然死机，都会使用户当前所运行的数据因不能及时保存而丢失。如在运行 Microsoft Office Word 编辑文档时，常常会发生应用程序出现错误而不得不中止的情况，此时，当前文档中的内容就不能完整保存甚至全部丢失。

(4) 硬盘损坏。硬件损坏主要表现为磁盘划伤、磁组损坏、芯片及其他原器件烧坏、突然断电等，这些损坏造成的数据丢失都是物理性质，一般通过 Windows 自身无法恢复数据。

(5) 自然损坏。风、雷电、洪水及意外事故（如电磁干扰、地板振动等）也有可能导致数据丢失，但这一原因出现的可能性比上述几种原因要低很多。

2. 发现数据丢失后的操作

当发现计算机中的硬盘丢失数据后，应当注意以下事项。

(1)立刻停止一些不必要的操作，如误删除、误格式化之后，最好不要再往磁盘中写数据。

(2)如果发现丢失的是 C 盘数据，应立即关机，以避免数据被操作系统运行时产生的虚拟内存和临时文件破坏。

(3)如果是服务器硬盘阵列出现故障，最好不要进行初始化和重建磁盘阵列，以免增加恢复难度。

(4)如果磁盘出现坏道读不出来时，最好不要反复读盘。

(5)如果磁盘阵列等硬件出现故障，最好请专业的维修人员来对数据进行恢复。

19.4.2 从回收站还原

当用户不小心将某一文件删除时，很可能只是将其删除到【回收站】中。若还没有清除【回收站】中的文件，可以将其从【回收站】中还原出来。这里以还原本地磁盘 E 中的【图片】文件夹为例，来介绍如何从【回收站】中还原删除的文件，具体的操作步骤如下。

❶ 双击桌面上的【回收站】图标，打开【回收站】窗口，在其中可以看到误删除的文件，选择该文件，单击【管理】选项卡下【还原】组中的【还原选定的项目】选项。

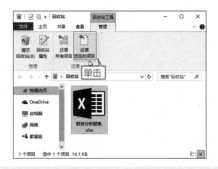

❷　即可将【回收站】中的文件还原到原来的

位置。打开本地磁盘，即可在所在的位置看到
还原的文件。

19.4.3　清空回收站后的恢复

当把回收站中的文件清除后，用户可以使用注册表来恢复清空回收站之后的文件。具体的操作步骤如下。

❶　按【Windows+R】组合键，打开【运行】对话框，在【打开】文本框中输入注册表命令"regedit"，单击【确定】按钮。

❷　即可打开【注册表编辑器】窗口，在窗口的左侧展开【HKEY_LOCAL_MACHINE\SOFTWARE\Microsoft\Windows\CurrentVersion\Explorer\Desktop\NameSpace】树形结构。

❸　在窗口的右侧空白处单击鼠标右键，在弹出的快捷菜单中选择【新建】➤【项】菜单项。

❹　即可新建一个项，并将其命名为"{645FFO40-5081-101B-9F08-00AA002F954E}"。

❺　在窗口的右侧选中系统默认项并单击鼠标右键，在弹出的快捷菜单中选择【修改】菜单项，

打开【编辑字符串】对话框，将数值数据设置为【回收站】，单击【确定】按钮。

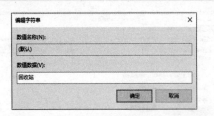

⑥ 退出注册表，重启计算机，即可将清空的文件恢复出来，之后将其正常还原即可。

19.4.4 使用"文件恢复"工具恢复误删除的文件

360 文件恢复是一款简单易用功能强大的数据恢复软件，用于恢复由于病毒攻击、人为错误、软件或硬件故障丢失的文件和文件夹。支持从回收站、U 盘、相机被删除的文件，以及任何其他数据存储的文件。与 EasyRecovery 想比，使用更见简单，具体操作步骤如下。

❶ 启动 360 安全卫士，单击【功能大全】图标，并单击【系统工具】区域中的【文件恢复】工具图标。

❷ 弹出【360 文件恢复】对话框，选择要恢复的驱动器，并单击【开始扫描】按钮。

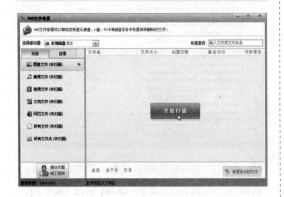

❸ 此时，弹出扫描进度对话框，如下图所示。

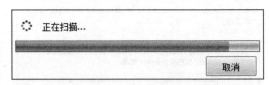

❹ 扫描完成后，会显示丢失的文件情况，分为高、较高、差、较差四种，高和较高一般都能较容易恢复丢失的文件，后两个一般无法恢复，或者恢复后也不完整或有缺失。如果可恢复性是空白，表示此文件完全无法恢复。

❺ 选择要恢复的分类及文件，并单击【恢复选中的文件】按钮。

 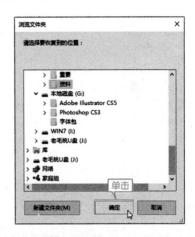

❻ 弹出【浏览文件夹】对话框，选择要保存
的路径，并单击【确定】按钮。

❼ 恢复完成后，即可显示恢复的文件或文件夹，如下图所示。

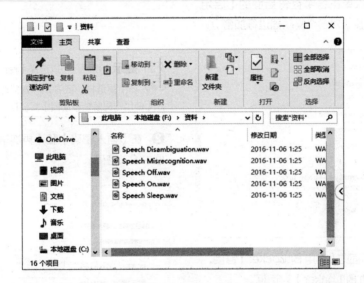

 # 高手私房菜

本节视频教学录像：8 分钟

技巧 1：为 U 盘进行加密

在 Window 操作系统之中，用户可以利用 BitLocker 功能为 U 盘进行加密，用于解决
用户数据的失窃、泄漏等安全性问题。

使用 BitLocker 为 U 盘进行加密，具体操作步骤如下。

第 1 步：启动 BitLocker

❶ 右键单击【开始】按钮，在弹出的菜单中选择【控制面板】菜单项，打开【控制面板】窗口，单
击【BitLocker 驱动器加密】链接。

❷ 打开【BitLocker 驱动器加密】窗口，在窗口中显示了可以加密的驱动器盘符和加密状态，用户可以单击各个盘符后面的【启用 BitLocker】链接，对各个驱动器进行加密。

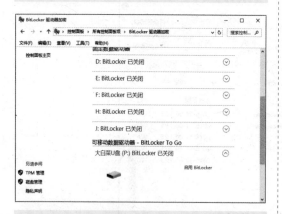

❸ 单击 U 盘后面的【启用 BitLocker】链接，打开【正在启动 BitLocker】对话框。

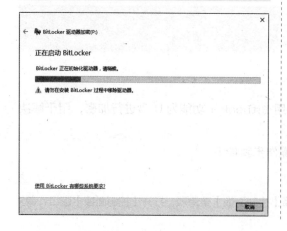

第 2 步：为 U 盘进行加密

❶ 启动 BitLocker 完成后，打开【选择希望解锁此驱动器的方式】对话框，在其中勾选【使用密码解锁驱动器】复选框。

[对话框图：BitLocker 驱动器加密(P:) 选择希望解锁此驱动器的方式 ☑使用密码解锁驱动器(P) 密码应该包含大小写字母、数字、空格以及符号。 输入密码(E) 重新输入密码(R) ☐使用智能卡解锁驱动器(S) 你将需要插入智能卡。解锁驱动器时，将需要智能卡 PIN。 下一步(N) 取消]

> **提示** 用户还可以选择【使用智能卡解锁驱动器】复选框，或者是两者都选择。这里推荐选择【使用密码解锁驱动器】复选框。

❷ 在【输入密码】和【再次输入密码】文本框中输入密码。

[对话框图：BitLocker 驱动器加密(P:) 选择希望解锁此驱动器的方式 ☑使用密码解锁驱动器(P) 密码应该包含大小写字母、数字、空格以及符号。 输入密码(E) ●●●●●●● 重新输入密码(R) ●●●●●●● ☐使用智能卡解锁驱动器(S) 你将需要插入智能卡。解锁驱动器时，将需要智能卡 PIN。 下一步(N) 取消]

❸ 单击【下一步】按钮，打开【你希望如何备份恢复密钥】对话框，用户可以选择【保存到 Microsoft 账户】、【保存到文件】或【打印恢复密钥】选项。这三个选项也可以同时都使用，这里选择【保存到文件】选项。

❹ 随即打开【将 BitLocker 恢复密钥另存为】对话框，在该对话框中选择将恢复密钥保存的位置，在【文件名】文本框中更改文件的名称。

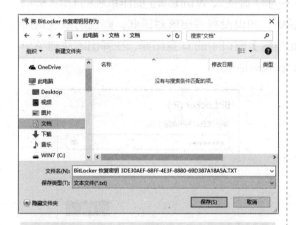

❺ 单击【保存】按钮，即可将恢复密钥保存起来，同时关闭对话框，并返回【您希望如何备份恢复密钥】对话框，在对话框的下侧显示已保存恢复密钥的提示信息，单击【下一步】按钮。

❻ 打开【选择要加密的驱动器空间大小】对话框，用户可以选择【仅加密已用磁盘空间】或【加密整个驱动器】单选项，选择后，单击【下一步】按钮。

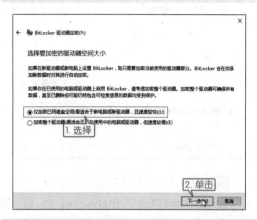

❼ 弹出【是否准备加密该驱动器】对话框，单击【开始加密】按钮。

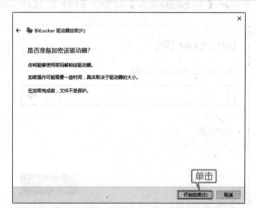

❽ 开始对可移动驱动器进行加密，加密的时间与驱动器的容量有关，但是加密过程不能中止。开始加密启动完成后，打开【BitLocker 启动器加密】对话框，在其中显示了加密的进度。

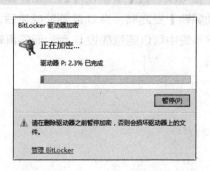

❾ 如果希望加密过程暂停，则单击【暂停】按钮，即可暂停驱动器的加密。

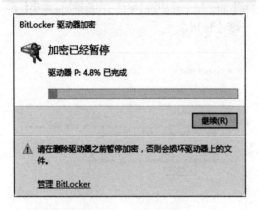

❿ 单击【继续】按钮，可继续对驱动器进行加密，但是在完成加密过程之前，不能取下 U 盘，否则驱动器内的文件将被损坏。加密完成后，将弹出信息提示框，提示用户已经加密完成。单击【关闭】按钮，即可完成 U 盘的加密。

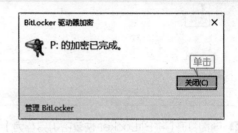

技巧 2：加密 U 盘的使用

如果用户将启动了 BitLocker To Go 保护的 U 盘插入 Windows 操作系统的 USB 接口中，就会弹出【BitLocker 驱动器加密】对话框；如果没有弹出该对话框，则说明系统禁用了 U 盘的自启动功能，这时可以右键单击【此电脑】窗口中的 U 盘图标，在弹出的快捷菜单中单击【解锁驱动器】命令，打开 BitLocker 解锁对话框。

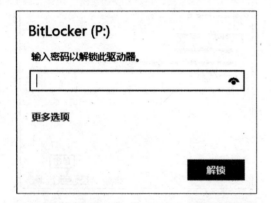

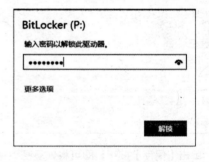

用户在需要在【输入密码以解锁此驱动器】文本框中输入启用 BitLocker 保护时设置的密码，如果选中【键入时显示密码字符】复选框，则在输入密码时显示的是 "*" 号。用户也可以勾选【从现在开始在此计算机上自动解锁】复选框，当 U 盘解锁成功后，在当前系统中可以随意插拔 U 盘，而不再输入密码。

📝 **提示** 用户也可以单击【更多选项】链接，打开如下对话框。可以使用恢复密钥进行解锁，也可以勾选【在这台电脑上自动解锁】复选框，则可在再次使用 U 盘时，无需输入密码解锁。

密码输入完毕后，单击【解锁】按钮，U 盘很快就能成功解锁，然后在【此电脑】窗口中双击 U 盘图标，即可打开 U 盘，在其

中可以正常地访问 U 盘，并可以进行复制、粘贴以及创建文件夹等操作了。

另外，当插入一个启动了 BitLocker 加密的 U 盘时，在【BitLocker 驱动器加密】窗口的驱动列表中会显示出来，用户可以单击【解锁驱动器】链接进行驱动器的解锁操作。

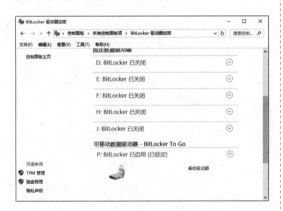

当解锁成功后，则出现【备份恢复密钥】、【更改密码】、【删除密码】、【添加智能卡】、【启用自动解锁】和【关闭 BitLocker】6 个链接，如下图所示。

如果单击【备份恢复密钥】链接，则会弹出【你希望如何备份恢复密钥】对话框，可对密钥进行备份。

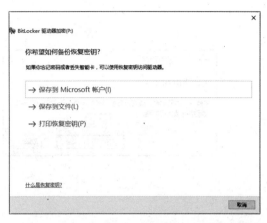

如果单击【更改密码】链接，则会弹出【更改密码】对话框，输入旧密码并设置新密码。如果忘记了密码，可以单击【重置已忘记的密码】链接，重新设置新密码。

如果单击【添加智能卡】链接，添加智能卡加密。

如果单击【启动自动解密】链接，链接名称变为【禁用自动解锁】，则再次在该电脑上使用该 U 盘则不需要输入密码。

如果单击【关闭 BitLocker】链接，弹出【关闭 BitLocker】提示框，单击【关闭 BitLocker】按钮，可则对 U 盘解密并关闭 BitLocker 驱动器加密设置。

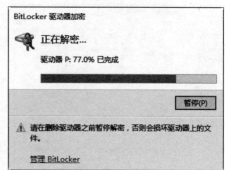